纺织服装高等教育“十四五”部委级规划教材
纺织服装高等教育“十一五”部委级规划教材
普通高等教育服装专业系列教材

服装缝制工艺

（第二版）

主　编　徐　静　王　允
副主编　余海威　孙　斌　伊芹芹　张　洁

東華大學出版社
·上海·

图书在版编目（CIP）数据

服装缝制工艺 / 徐静，王允主编 . -- 2 版 . -- 上海：东华大学出版社，2025. 4. -- ISBN 978-7-5669-2525-1

Ⅰ. TS941.634

中国国家版本馆 CIP 数据核字第 2025S6X136 号

责任编辑：张　煜
整体设计：王建仁

出　　版：东华大学出版社（上海市延安西路 1882 号，200051）
本 社 网 址：dhupress.dhu.edu.cn
天猫旗舰店：http://dhdx.tmall.com
营 销 中 心：021-62193056　62373056　62379558
印　　刷：苏州工业园区美柯乐制版印刷有限公司
开　　本：787 mm×1092 mm　1/16
印　　张：13.5
字　　数：304 千字
版　　次：2025 年 4 月第 2 版
印　　次：2025 年 4 月第 1 次
书　　号：ISBN 978-7-5669-2525-1
定　　价：52.00 元

前言 | PREFACE

本教材从服装专业教学的特点出发，注重对学习者综合动手能力的训练和思想素养的提升，展示了服装从款式到纸样分解再到工艺操作的过程以及各章节内容所蕴含的思想内涵，使学习者逐渐掌握各类常规服装从制板、放样、排料到缝制工艺的整个流程，用于解决一定的生产实际问题。在强调服装缝制工艺的基本原理、基本方法的同时，注重对常规服装传统缝制工艺的创新，提升了本教材的原创性、创新性。

本教材由浅入深、循序渐进的原则进行编写，分为基础部分和成衣制作部分，对学习者进行有序的工艺训练。各部分注重实物制作过程图示的应用，用实拍图片结合文字叙述的方式进行讲解。其中基础部分主要内容为工艺术语、缝纫常用设备、学习方法、基础手针工艺、基础机缝工艺、服装零部件工艺等。成衣部分主要内容为下装、上装、连身服装的制板、放样、排料裁剪、分步及组合的缝制工艺等环节内容。本教材面向服装大专院校学生，也适合服装爱好者应用。本教材既可用作高等院校服装专业的教学用书，也可作为服装爱好者的学习参考资料。

本书的编写人员由高等院校服装专业教师组成。本书主编为德州学院徐静教授及泰山学院王允副教授，副主编为泰山学院余海威老师、孙斌老师及德州学院伊芹芹老师和张洁老师。第一、二、四章由王允编写；第三章由孙斌编写；第五章衬衫、茄克衫部分由伊芹芹编写、西装部分由余海威编写；第六章连衣裙部分由伊芹芹编写、旗袍部分由余海威编写、拓展学习部分由张洁编写。拍照、图片编辑王允、余海威、伊芹芹，服装制作余海威、伊芹芹。统稿、人员及分工统筹徐静。另外纪恩峰、马艳红、陈俊蓉、高雪婷、史晓妮参与衬衫、茄克衫、筒裙、连衣裙的制作；李昕参与图片的修正工作，在此表示衷心的感谢。

编　者

2024 年 12 月

目录 | CONTENTS

第一章　绪论

第一节　服装缝制技术的发展概况

服装产生于远古时代，服装工艺与服装有着同样悠久的历史，经历了由低级阶段向高级阶段发展的过程。追寻人类服装发展的轨迹，我们可以发现人类服装工艺技术的进步是随着缝制工具和服装结构的变化发展而进步的。

一、缝纫工具的发展对服装缝制工艺的影响

远古时期，人类祖先是将兽皮、树叶等原料直接披挂在身上。据现代考古发现，人类最早的缝纫工具——骨针，出现的时间大约在 2～3 万年前。1983 年，我国辽宁海城小孤山旧石器时代晚期的遗址中，发现了 3 件完好的骨针。3 件骨针距今 3 万年左右，用动物肢骨为原料，用石钻在两面相对钻出针眼，再用磨制方法磨出针尖。这说明当时已有了衣服裁缝技术，用动物筋、肠制成线，将兽皮和树叶进行简单的缝制，虽然工艺粗糙但也做成了人类最早的成型服饰，这是人类缝制技术的发端期。

到新石器时代以后，骨针得到了普遍使用。随着纺织品的出现和运用，衣物的制作开始注重细节，追求更高的精致度。例如，在中国陕西省西安市半坡新石器时代遗址出土的骨针，其长度不一，最长可达 160 mm 以上，而最细的直径则小于 2 mm。这些骨针表面光滑、圆润，制作精细，针孔直径大约 0.5 mm，这种精巧的工艺使得人们能够缝制出合体、舒适的衣物。2003 年，黑龙江省依兰县出土了 2 枚年代为战国至汉代、用牛角磨制而成的针。角针尖端尖锐，分别长 60 mm 和 75 mm，针孔直径不足 0.5 mm。这表明，尽管当时的人们已经掌握了较为精细的缝纫技术，但由于使用的工具主要是骨针和角针，这些材料的粗细、硬度和韧性都相对较低，因此所缝制的针脚较大，无法达到现代钢针那样的精细程度。

在我国西汉时期，纺织业已经发展到了一个较高水平，这一点在多个考古遗

址中得到了证实。其中，湖南长沙马王堆、湖北江陵、河北满城等地出土的西汉墓葬中，都发现了丰富的织物遗存，包括绢、纱、绮、罗、锦、绣等多种类型。特别是在 1975 年湖北江陵凤凰山 167 号汉墓中出土的一枚缝衣针和针衣，更是为我们提供了宝贵的信息。这枚缝衣针由高质量的钢制成，全长 59 mm，最大直径约 0.5 mm，整体呈现出均匀细腻的质感。它的针孔非常细小，这不仅体现了高超的制针技艺，也说明了当时缝制工艺的精细程度。据考证，这枚缝衣针属于西汉文景时期的遗物，它的发现证明了我国在汉代就已经具备了生产非常精细缝制针具的能力，同时也反映了当时缝制工艺的高度发展。

在全球范围内，传统的手工缝纫方法持续存在直至 18 世纪末。进入 19 世纪，欧洲资本主义制度下成衣制造业的蓬勃发展，推动了服装加工工具的快速革新。这一时期，多种新型缝纫设备相继问世，如手摇链式缝纫机、链式线迹缝纫机，以及能够以 600 r/min 高速运转的全金属链式线迹缝纫机等，极大地改变了服装制作的作业模式，从完全依赖手工劳动逐步过渡到借助人力驱动的机械化操作。到了 19 世纪末期，随着电动马达驱动缝纫机的诞生，成衣生产领域迎来了革命性的变革，开启了全新的篇章。在此背景下，人们开始致力于提升机械的速度、实现自动化操作以及专业化分工的研究工作。跨入 20 世纪 40 年代以后，缝纫机的旋转速度实现了飞跃式的提升，同时，诸如自动切线机构、缝针自动定位等智能化装置的研究与应用，大幅提升了缝纫工作的效率。至此，服装工艺的发展迈入了工业化的缝制工艺时代，标志着服装制造技术的重大进步，极大地推动了整个行业的现代化进程。

1890 年，我国首次引入了由美国生产的缝纫机。1949 年之前，中国的缝纫机产量非常有限，每年的生产量不足 4 000 台，并且市场主要被美国胜家公司控制。随着新中国的成立，缝制机械工业获得了新的发展机遇。进入 20 世纪 50 年代末，轻工行业对家用缝纫机进行了通用化和标准化处理，统一了设计图纸，提高了零部件的互换性，从而促进了更多企业的涌现。到了 60 年代，质量管理和品种多样性成为生产标准，政府选择了 44 家定点生产企业。据统计，1980 年全国有 56 家缝纫机生产企业，分布在 22 个不同的省份。这一年，中国的缝纫机产量达到了 1 286 万台，位列全球首位。到了 80 年代中期，随着市场和消费者需求的变化，缝纫机的生产重点逐渐从家用缝纫机转向工业缝纫机。至今，中国已成为世界上重要的缝制机械生产国之一。

随着人类科技的不断进步，新型缝纫机械不断的出现，缝制技术也随之不断的改进和发展。缝纫机械的进步是推动服装缝制工艺技术进步的主要力量之一。

二、服装结构的演变对服装缝制工艺的影响

纵观西方服装发展史，可归纳为从古希腊、古罗马的“宽衣”模式（图 1-1-1），经中世纪过渡到文艺复兴以后的“窄衣”模式（图 1-1-2）发展的这样一个明显的大起大落过程。这两个阶段的服装造型区别巨大，这主要是由于服装结构的不同而决定，这个转变也影响了服装工艺的发展轨迹。在我国，服装造型上发生巨大变化是在清王朝灭亡之后，西方服装文化的渗透使得我国服装缝制工艺上也发生了一定程度的改变。

图 1-1-1　古希腊女装

图 1-1-2　西方 18 世纪女装

我国清朝之前和欧洲 14、15 世纪之前的服装形制都是宽大的平面结构，直线裁剪，不需要复杂的缝制技术，人们更多地将精力放在服装装饰工艺的追求上，形成了嵌、镶、滚、包、镂、拼、贴、绘、绣等多种装饰工艺形式。随着对自身美展示方式的变化，人们的着装方式也产生了变化，这促使服装的结构发生了质的飞跃。省的作用的发现使得服装在 14 世纪变得符合人体体型、立体化了，直至 17、18 世纪，服装结构逐渐趋于严谨，服装的完成度逐渐加强，从而对服装的工艺有了更高的要求。

回顾近代以来服装工艺的迅猛进步，历经多代服装缝纫师的不懈探索与实

践，他们积累了深厚的专业知识和丰富的实操经验，逐步形成了一套完善的操作规范和技艺标准，被总结为“四功”、“九势”以及“十六字质量标准”，共同构成了服装制作领域的核心技艺和品质准则。

“四功”：即“剪功”“手功”“车功”“烫功”。“四功”是服装工艺的四个组成部分，各具其能、缺一不可。

剪功：是裁剪时剪刀操作的功夫。它要求起刀稳、运刀准。

手功：手功即用手针缝制衣服的功夫，手缝虽是项传统工艺，但目前仍经常使用。对一些不能直接机缝或者机缝不易达到质量要求的部位进行手针缝制的功夫，尤其是在缝制高档服装时，手针工艺是缝纫机所代替不了的。它要求灵巧圆润，随势手转，缝纫后的服装不皱不翘，不松不紧，平整服帖。

车功：车功是指操作缝纫设备的能力。它要求熟悉缝纫设备的性能，操作熟练，行针运线灵巧自如。

烫功：是指对服装各部位熨烫的工艺，如推、归、拔、压等手法。烫功是塑造服装完美外观的关键工艺，通过熨烫手段消除面料褶皱，实现尺寸稳定和形状固定。此外，烫功还充分利用纤维的可塑性原理，通过精准的推、归、拔等操作手法，巧妙塑造出服装的立体轮廓，巧妙弥补裁剪过程中的不足，使服装最终展现出平整、整齐、美观的外观，同时确保穿着者能够享受到极致的舒适体验。

“九势”：即胁势、胖势、窝势、戤势、凹势、翘势、剩势、圆势和弯势。

这些服装所呈现出的各种形态，都是依赖于精湛的服装制作工艺，通过巧妙的操作技巧，使得衣物的特定部位得以精准地贴合人体的自然曲线和预设的设计风格，从而创造出既符合人体工程学又具有艺术美感的理想服装形态。体现在服装上表现为十六个字：平、服、顺、直、圆、登、挺、满、薄、松、匀、软、活、轻、窝、戤。

这些缝纫技巧囊括了从手工到机器设备操作、从人体结构到服装结构的方方面面，正是循着服装结构从简单到严谨的发展轨迹而来。在某种程度上，服装的美感可以视为线条艺术的展现。无论是通过缝线、收省、镶滚、打褶或其他手法所形成的线条，包括横向、纵向、斜向或曲线的变化，都蕴含着强烈的装饰效果。正是这些线条的巧妙运用，赋予了服装工艺独特的审美魅力和艺术价值。

第二节 服装缝制的常用设备

服装缝制工艺是一个将服装材料加工成服装的技艺和过程。主要由裁剪、缝纫、熨烫三个方面组成。在现代社会中，缝制工艺的实现某种程度上是依赖于服装缝纫设备。因此，了解服装缝制工艺常用设备对每一位服装学习者都是十分必要的。

一、裁剪设备

裁剪是服装制造过程中的一项关键步骤，将面料化“整”(面料)为“零”(衣片)。依据事先规划的版型布局，裁剪工人会使用专门的裁剪设备对面料进行精确切割。这一工序对于服装生产的成功至关重要，因为裁剪的质量直接影响着成品的规格尺寸和最终的产品品质。裁剪常用的设备主要有裁剪台、裁剪刀和黏衬机。

1. 裁剪台

裁剪台是铺料、排料、裁剪工序的操作平台。由台面架和台面组成，台面一般用多层胶合板贴面，表面光滑。目前，也出现了立式旋转裁剪台。这种裁剪台的工作原理是：铺料时将待裁剪面料竖立进行往复连续层叠，每层面料都能够竖立平整挂在立式裁剪台面上，层叠完成后再整体放置水平供裁剪。它和普通平面裁剪台相比，各层面料自然悬挂直立，不会变形移位，裁剪后的各层衣料平整，边缘一致，节省面料。

2. 裁剪机

裁剪机，我们通常称之为“电剪刀”，其中最为常见的是立式直刀裁剪机。这种裁剪机采用的是往复式直刀裁剪方式，需要操作员手持并推动机器，借助切割刀片的上下往复动作来实现对面料的切割。它的切割刀片呈直线状，在切割过程中，除了沿着推进方向移动(由操作员手动控制)，刀片还会沿着刀刃的方向进行上下往复运动。这种裁剪机具有较大的切割厚度范围(9~29 cm)，并且适用性强，能够应对各种材质和不同形状(包括直线和曲线)的裁剪需求，因此在我国众多服装制造厂中得到了广泛的应用(图 1-2-1)。除了立式直刀裁剪机之外，市场上还存在其他类型的裁剪设备，例如圆刀式裁剪机、带刀式裁剪机、摇

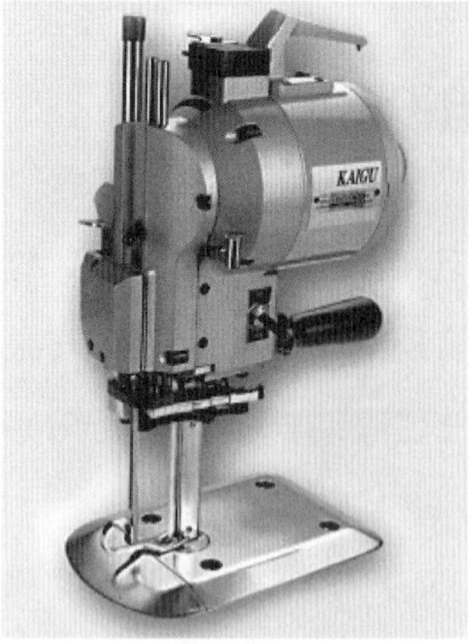
图 1-2-1　直刀式裁剪机

臂式直刀往复裁剪机、冲压裁剪机以及电热裁剪机等。

在过去几十年的快速发展中，由于科技的持续进步，以及服装行业竞争的加剧，人们开始探索如何将先进技术融入到服装制造领域。如今，在裁剪工艺方面，计算机辅助自动裁剪、激光切割和高压力水射流切割等尖端技术已广泛应用，这些技术的应用不仅提高了生产效率，也为服装产业注入了更多的创新活力和技术可能性。

3. 黏合机

为了弥补面料性能，提高服装的保型性，保证服装的形状风格，一般会对衣片前身、领子、腰头等部位的衣片进行黏衬处理。若是单件服装用电熨斗或者小型烫衬机即可操作，但工业化生产中为了提高效率，多采用黏合机进行处理。

黏合机也称压衬机，是用热融、加压的原理，将黏合衬与面料黏合在一起的专用设备。一般情况下，服装缝制过程中黏合要在缝制裁片前进行。与电熨斗烫压衬相比，黏合机采用带式连续输入，加热区温度均匀，黏合效果好、效率高。目前常用的黏合机按其加压形式分类，可将其归纳为两种“加压”形式：一是“面”加压形式的板式黏合机，又称“推位式”黏合机、板黏机等。二是“线”加压形式的压辊式黏合机，又称“连续式”黏合机、辊黏机等（图 1-2-2）。

图 1-2-2　黏合机

二、缝纫设备

缝纫是选择适当的工艺、设备把裁片缝合成服装的工艺，是服装缝制成型过程的重要组成部分。常用设备主要有平缝机、包缝机、锁眼机、钉扣机和缲边机等。

1. 平缝机

平缝机是平缝缝纫机的简称，是缝制服装最常用的机种。它广泛用于缝合机织物服装，如合衣片，裤片，缝制口袋，衣领，门襟，钉商标等。平缝机是以其线迹特征来命名的，缝纫机的线迹大致可以分为两大类别：锁式线迹和链式线迹。其中，平缝机专门用于制造锁式线迹，这种线迹的特点在于两根缝线在面料内部交错缠绕，如同两个互锁的锁扣。当观察线迹的横截面时，可以看到这两根缝线紧密相扣，犹如两把锁相互咬合，因此得名锁式线迹。这种线迹反正面一致，一针一个交叉点，线迹分布密实，所以称其为平缝机。缝后缝料不易散开，缝纫的牢度一般超过手工缝纫（图 1-2-3）。

图 1-2-3　高速平缝机

平缝机形成线迹是由机针、挑线、旋梭、送布四大成缝机构完成的。工作原理是由电动机传动缝纫机主轴，使四大成缝机构配合运动，形成平缝线迹。

平缝机作为缝纫行业的重要工具，经历了长时间的演变和多样化的发展。仅以缝纫速度为例，从 20 世纪五六十年代至今，已经历了从最初的 1 000 r/min，逐步提升至 3 000 r/min、4 500 r/min，直至目前的 5 500 r/min 的不同发展时期。在动力驱动系统方面，平缝机也经历了从有刷电机到离合器马达，再到电子马达、伺服电机，直至当前流行的内置直驱伺服电机的技术迭代。传动结构上，则从传统的齿轮传动过渡到同步带传动，最终实现了直驱传动的革新。至于润滑方式，也由最初的手工定期加油，演变为油泵自动集中供油，再进化到采用高性能固体润滑脂实现无油污清洁润滑。随着科技的飞速进步和创新，越来越多的高科技成果正被应用于缝制机械中。例如，高速电脑平缝机已成为当下广泛使用的先进机型，其最高缝纫速度可达每分钟 5 000 针，配备电脑控制系统，具备自动剪线、拨线、倒缝以及自动润滑等功能，运行流畅且低噪声，显著提升了工作效率和生产环境的舒适度。这些技术的融合与创新，预示着未来缝纫机械将继续朝着智能化、自动化和高效率的方向迈进。

2. 包缝机

包缝机也称锁边机、拷边机，工作原理与平缝机相同，也是由电动机传动缝纫机主轴，使四大成缝机构配合运动，形成包边线迹。它是由一根、两根或多根缝线相互循环穿套在缝料边缘上所形成具有拉伸性的编织线迹，能有效地防止缝料边缘脱散，因此在服装加工中应用非常广泛，其中最常用的是三线、四线和五线包缝线迹（图 1-2-4）。

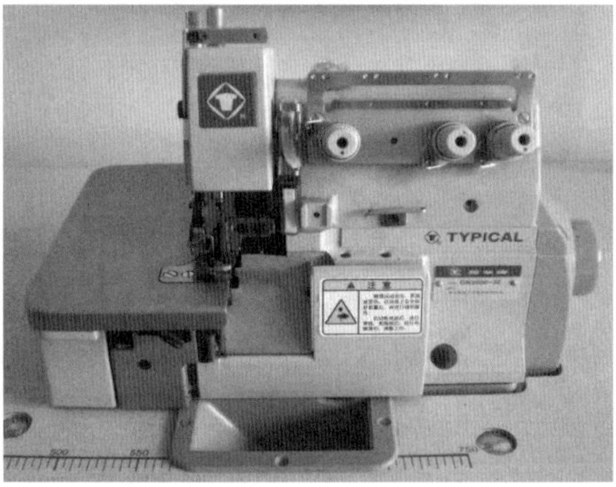

图 1-2-4　三线包缝机

三线包缝机是服装行业中常用的缝纫设备，其主要功能是通过一根带上线的机针、一个带下线的小弯针，以及一个带线的大弯针，通过三个针头的相互穿针和缝合，编织出均匀的环套。这种机器在服装工艺和针织品工艺中有着广泛的应用。通过调整机针上线的松紧程度，可以灵活地改变包缝的密度和宽度，从而满足不同工艺要求。

四线包缝机在结构上与三线包缝机相似，其主要区别在于在原来某根机针的基础上增加为两根机针，使得上缝制线由原来的一根增加到了两根。这种设计使得四线包缝机的缝合强度得到了显著提升，尤其适用于制作高档服装、衣片缝合以及那些需要承受较大拉伸和摩擦的部位，如合肩、合袖等。此外，四线包缝机还广泛应用于针织行业，用于制作内衣、背心、针织服装等，其线迹弹性优良，缝合效果牢固可靠，是针织厂不可或缺的关键设备之一。

五线包缝机是在三线包缝机的基础上增设了一套专门用于缝制双线链式线迹的机械结构。这一改进使得五线包缝机既能完成包边缝制，又能进行加固的合缝工艺，将两个工序合并为一次加工过程，从而提高了工作效率并确保了产品质量。这种机器不仅在针织服装生产中得到了广泛应用，而且在梭织服装制造中也是不可或缺的关键设备。无论是衬衫的侧缝、上袖缝，还是牛仔裤的裆缝，五线包缝机都能提供很好的缝制效果，其线迹的牢度和生产效率比四线机进一步提高，可以满足各种复杂的工艺需求。

3. 锁眼机

锁眼机是一种专业化的缝纫设备，其制造工艺较为复杂，对精度和操作精细度有着严格的要求。它的核心功能是用于制作纽扣孔，即纽洞。锁眼机的工作机制基于齿轮和连杆的联动，驱动针杆与一系列弯针及分线钩针协同作业，完成精确的勾线动作。弯针部分由四种类型的弯针构成：左侧勾线弯针、右侧带线勾线弯针、左侧分线（拨线）钩针以及右侧分线（拨线）叉型钩针。这些组件共同作用，确保了纽洞制作的精准性和高效性。按锁出的扣眼形状可分为平头锁眼机、圆头锁眼机（图 1-2-5）。

图 1-2-5 平头锁眼机

4. 钉扣机

钉扣机是专为服装缝制过程中设计的设备，用于缝钉形状规则的纽扣，以及实施特定的缝纫工艺，例如缝制商标、标签和帽子上的盖片等。该设备最常用于缝钉圆形、带有两个或四个孔的纽扣，这些纽扣通常被称为平扣。通过更换不同的专用钉扣机配件，同一台机器能够适应多种类型的纽扣缝钉需求，包括带柄扣、金属扣、子母扣、缠脚扣、风纪扣等各种纽扣的缝制（图 1-2-6）。

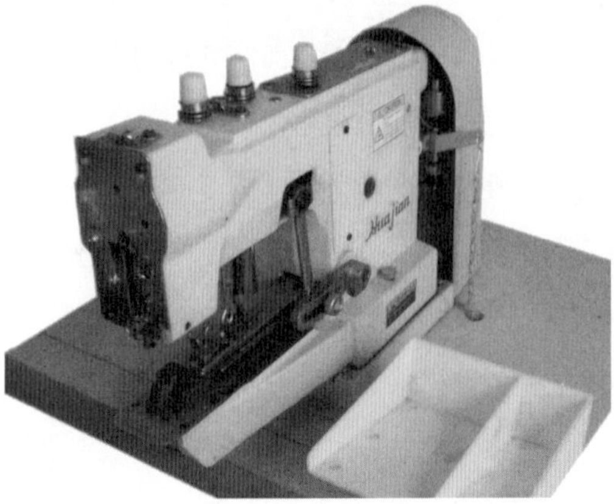

图 1-2-6　钉扣机

5. 缲边机

缲边机也称盲缝机、暗缝机，在服装折边的缝制过程中发挥着重要作用。它能将缝纫线隐藏于衣物内部，从而在外观上不留任何缝纫痕迹，确保了服装的整洁与美观。这种机器广泛适用于各种材质的服装，包括针织、棉质、毛料和化纤等，用于缝制袖口、裤脚、衫口、裙摆以及西装的前胸和后背等部位，实现了无痕暗缝的效果（图 1-2-7）。

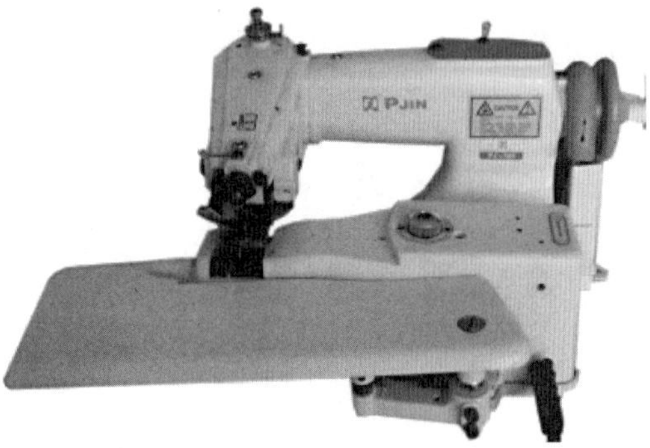

图 1-2-7　缲边机

6. 链式机

链式机也称为链缝机，是服装缝纫的特种设备。采用连杆式送料机构，针杆挑线，弯针勾线，形成链式线迹。线迹正面形态与锁式线迹相同，背面为挽环花线，线迹弹性和强力比锁式线迹要强，不易脱散，耐磨性强。

链式机分为单针式、双针式和多针式。单针链式机适用于内衣、床上用品及薄形包袋和皮革制品的搭接缝、装饰缝；双针链式机适合于针织服装的缝制，在梭织服装中应用也比较广，如西裤裆缝、衬衫袖窿、摆缝等的缝合。多针式则涵盖了单针、双针式功能，常用于缝制运动服的紧腰部位和衣袖裤腿的装饰条，从茄克衫、运动服到被套床罩等，能变化出多种装饰样式（图 1-2-8）。

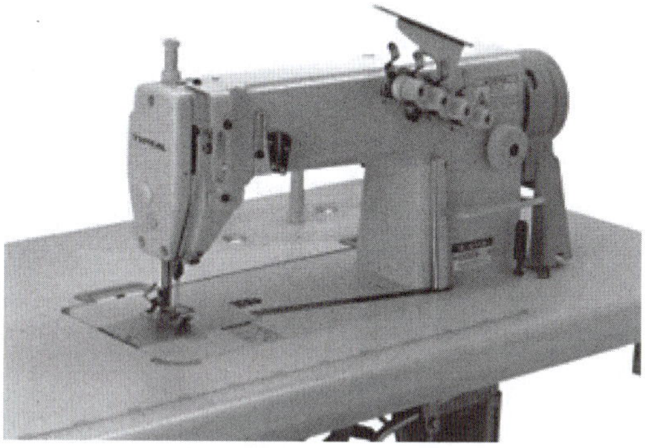

图 1-2-8 双针链式机

三、熨烫设备

在评价一件衣服的好坏时，人们不仅关注其款式和色彩，更注重穿着时的舒适度和外观的整洁度。这种感受很大程度上受到服装熨烫质量的影响。因此，为了制作出成功的服装作品，必须配备适当的熨烫设备，以确保衣物在制作完成后能够达到最佳的视觉和触感效果。熨烫原理是利用织物纤维的热塑性能进行加热操作，通过加湿使面料抵抗变形的能力降低，再利用外力加压（如归、拔等工艺），达到改变面料密度和纱线走向的目的，易于造型，最后是用吸风抽湿的方法，使面料迅速失去水分和热量，提高面料的抵抗变形能力，在完成造型的基础上提高织物的抵抗变形能力，以此达到保型目的。可归纳为加热与喷湿（加湿升温）——加压（成型）——吸风抽湿（干燥定型）三个阶段四个要素。根据不同的熨烫要求，可采用不同的熨烫设备。现代的熨烫设备，主要可将其分为如下几类：熨斗、吸风蒸汽熨烫设备、压烫设备等。

1. 熨斗

熨斗是常用的，也是最古老的熨烫设备，在我国汉代就出现了用木炭加热的青铜熨斗。现代熨斗不采用原始炭火加热的方法，代之以电加热、蒸汽加热。故

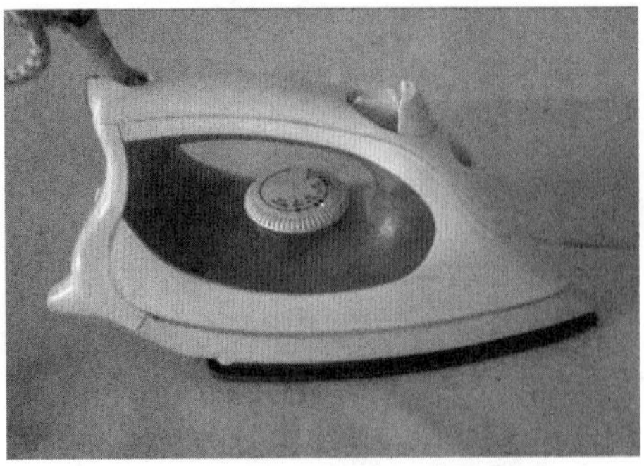

图 1-2-9　调温喷气型电熨斗

又称电熨斗和蒸汽熨斗。熨斗分为普通型、调温型、喷气型、喷气喷雾型几种类型（图 1-2-9）。它通过电加热，用湿布、水蒸气、喷雾器喷湿面料，采用人力平面加压的方式进行熨烫，熨烫时烫台上一般铺设吸水性强的棉毯，起到吸湿作用。电熨斗熨烫方便、灵活，易操作，设备便于移动，但缺点是加热不均匀，手工加压，压力不均匀，塑型、定型能力弱。

2. 吸风蒸汽熨烫设备

在实际的生产流程中，通过组合运用蒸汽熨斗、蒸汽发生器以及具有吸风功能的烫台，有效地克服了仅使用传统熨斗熨烫时可能遇到的一些不足之处。其熨烫过程是由锅炉加热产生蒸汽，通过管道输送至熨斗喷湿衣片，熨斗加压帮助成型，最后采用离心式多翼叶轮吸风抽湿，使面料快速干燥冷却，达到保型目的（图 1-2-10）。吸风蒸汽熨烫效率高、定型强于普通熨斗，占地面积小，被中小服装厂广泛使用，但它还是由人工加压，依然存在压力不匀的缺陷。

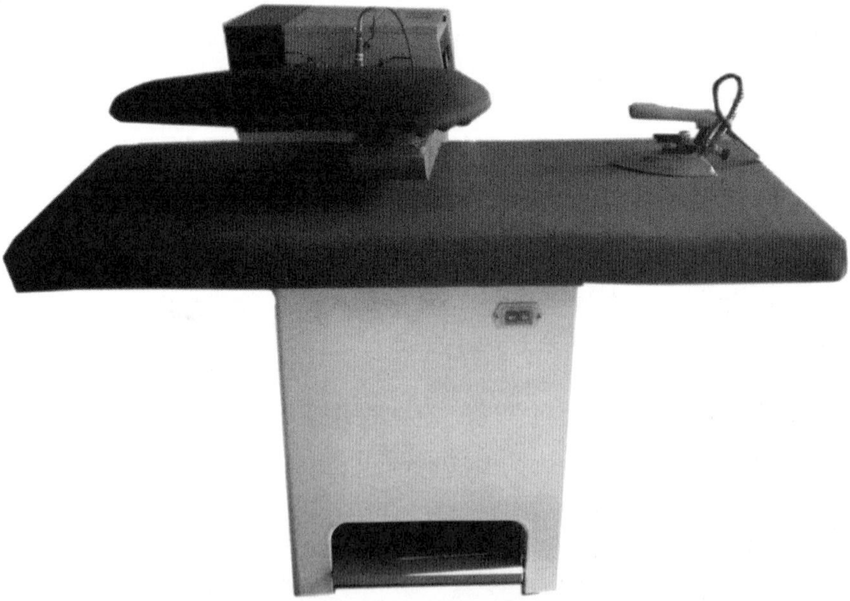

图 1-2-10　熨斗与吸风烫台

3. 压烫设备

加压熨烫是一种通过上下烫模之间的相互作用来实现熨烫的技术。压烫设备主要分为两类：模熨和夹熨。

① 模熨：在模熨过程中，服装首先被模熨机械的上下烫模紧密夹持。随后，烫模内部喷射出高温蒸汽，使其更容易成形。同时，利用空气压缩机产生的压力和真空泵产生的强大吸引力，迅速抽吸走布料中的湿气，促进其快速冷却并定型，从而完成熨烫过程（图 1-2-11）。模熨的服装设备多，如管道、锅炉、真空泵、空气压缩机等，这些设备体积大、能耗高、专业性强，通常更适合于那些专注于专业化、大规模生产的企业。对于规模较小或者生产批次较少的工厂来说，使用模熨设备可能并不经济或实用。在西装生产领域，为了满足高品质和高效率的要求，经常会采用由多种模熨机组成的服装压烫流水线，以实现不同工序的无缝衔接和优化生产流程。

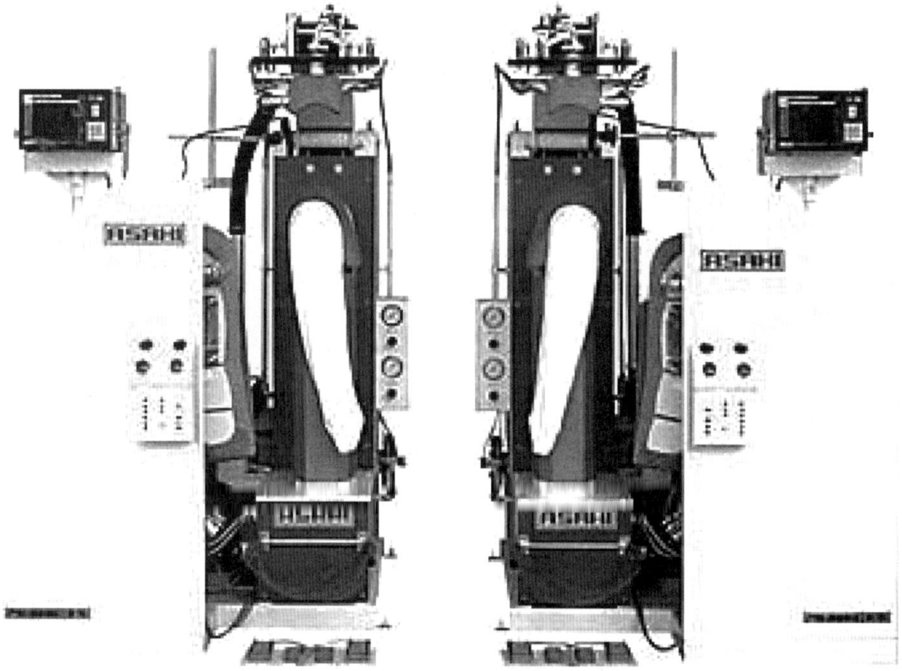

图 1-2-11　模熨设备（肩袖整烫机）

② 夹熨：夹熨是把布料或成品服装平放于上下模之间，然后施加一定的压力，利用高温达到热定型的目的。虽然夹熨设备的基本构造与模熨机械相似，但夹熨机的上下烫模通常设计得更为简单，主要是平面或轻微凹凸的形状。夹熨设

备通常是独立的单机，占地面积小，灵活性强，非常适合小型工厂或小批量生产的服装生产商使用。在一定程度上，夹熨设备可以作为专用性较强的模熨机械的替代品。此外，夹熨技术在干洗行业也得到了应用，为衣物的整理和维护提供了一种有效的解决方案（图 1-2-12）。

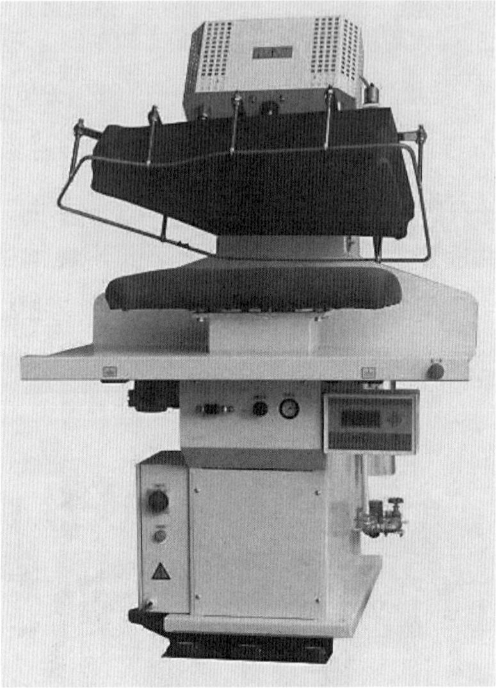

图 1-2-12　夹熨设备

随着科学技术的不断进步，缝制新工艺、新技术、辅助工具层出不穷，高科技技术密集性特点越来越突出，如全自动缝纫系统（又称立体缝纫系统）。此系统可完成自动铺料、自动裁剪及自动缝纫，在缝制前需对缝料缝头进行黏连，然后进行三维立体式缝制，大大提高了生产效率。

四、缝纫工具

① 工作台：一般长度为 100～150 cm，宽度为 80～90 cm，高度可根据身高而定。

② 划粉：在布料上标记图案或线条的工具。它通常制成粉片状，有多种不同的颜色可供选择。在使用划粉时，人们通常会选择与面料颜色相似或相近的粉片，以避免在服装表面留下过于显眼的痕迹。

③ 手针：手工缝制衣物时使用的针，根据针头的粗细可以分为 1～12 号。一般来说，针号越小，针杆越粗。在实际操作中，常用的手针型号通常是 6～7 号针。选择手针还需要根据面料的厚薄和质地来决定。对于薄而质地紧密的面料，更适合使用细针；而对于厚且质地松散的面料，则可以使用粗针。

④ 机针：根据缝纫机的类型和用途，机针也有多种不同的分类，包括家用缝纫机针、工业缝纫机针和专用缝纫机针等。

⑤ 大头针：常用于立体裁剪或试衣时进行临时固定。此外，在缝制较长的衣缝时，有时也会用别针作为分段固定的辅助工具。

⑥ 棉线：打线钉或临时固定用的线。

⑦ 缝纫线：缝纫机用线，应选择与面料相同或相近色的线。

⑧ 顶针：专为手工缝纫设计的金属工具，它被佩戴在右手的中指上，位于第一和第二指节之间。顶针的作用是在缝制时提供支撑，帮助推动针尖穿过布料。

⑨ 锥子：挑出领角、衣角，或在必要时拆解已经缝合的线迹。

⑩ 镊子：在拔除线钉或车缝过程中调整上下层面料间的吃势时使用。

⑪ 小剪刀：缝纫过程中剪线用的工具。

⑫ 裁剪用剪刀：裁剪衣料用的剪刀，其长度一般选择 24～28 cm 为宜。

⑬ 喷水壶：在归拔、整烫时喷水用。

⑭ 烫垫：用比较厚而密且具有一定耐热性的布料制成，中间填充木粉，形状适用于胸部、肩部、臀部形态的专用工具。

⑮ 烫布：在熨烫毛织物或化纤织物时，为了避免因高温产生极光，在衣片上垫一层烫布，一般为纯棉布料。

⑯ 烫凳：熨烫服装的工具，一般长度为 40～55 cm，宽度为 12～15 cm。

第三节 服装缝制工艺的学习方法

服装工艺的学习是循序渐进的，不能急于求成，而应沉下心来，仔细揣摩、勤于实践，才能有所体会、有所收获。通过对服装工艺技术的学习，可以了解掌握服装生产过程中的主要工艺方法，对成衣生产中涉及的技术与工艺有逐渐的认识，并能相对独立地进行这方面的工作。而研究服装生产技术与工艺对提高成衣生产和制作水平是十分必要的，这也是我们学习服装缝制工艺技术的意义所在。

1. 培养学习的兴趣

学习服装工艺这门技能，首先要对这个行业感兴趣，这是学习的原始动力。兴趣取决于人对事物的成就感，如做出一件让自己满意的衣服，人就会有成就感，就促使人对服装工艺产生兴趣，久而久之，通过逐步累积成就感，就会加强这种兴趣。

2. 勤于动手、不怕困难

对服装工艺感兴趣，只是学习服装工艺的基本条件，还要不断地动手实践，才能真正提高自己的服装制作技艺，才能深入地研究服装工艺生产技术。在动手过程中，不能怕麻烦、怕困难，要在动手过程中找到乐趣，增强自己学习的信心。

3. 分阶段学习

对服装工艺的学习可以分成“三阶段”进行，即由浅入深，由易到难。

第一阶段是尝试阶段，将整件服装分成若干部件进行制作练习，可以结合相关资料或跟随老师进行模仿操作，强化技能训练，练好基本功。

第二阶段是提高阶段，将零部件组合成整件的服装，并归纳出省时、合理的工艺流程。

第三阶段是综合训练阶段。可以根据相应的服装款式进行独立制作，培养自己解决实际问题的能力。

4. 勤于思考

学习过程中要学会思考、勤于思考，在实践中总结经验，在观察中思考最佳方法，举一反三、触类旁通。

第四节　服装缝制工艺的学习意义

学习服装缝制工艺的知识和技能，亲手设计并制作服装具有重要的教育意义。在这个过程中将面临各种挑战和机会，可以从中获得许多宝贵的经验和收获。

1. 激发创造力

通过设计和制作服装，可以进一步培养创新思维和实践能力。制作服装的过程中，需要运用自己的想象力和创造力，先从头脑中构思出独特的设计，然后将其转化为实际可穿戴的服装。在将创意付诸实践的过程中，需要不断解决问题、克服困难，这种锻炼有助于培养创新精神和实践能力。

2. 培养审美意识

通过亲手设计制作服装，可以培养审美意识和品味。在设计和选择面料、颜色、款式的同时，能够欣赏不同的美学风格，培养自己的审美观念，并通过不断的实践和反思提升设计水平，这对于培养审美能力和艺术修养具有积极的影响。

3. 培养耐心和细致

服装制作需要耐心和细致的态度，从设计到裁剪再到缝制，每一个环节都需要精确的操作和仔细的处理。在服装制作过程中，需要反复的调试、改进，需要循序渐进地处理问题，这对于培养耐心和细致的精神非常重要。

4. 培养团队合作意识

服装制作包括设计、裁剪、缝纫等，在这个过程中需要相互配合、协调工作，并通过交流和沟通解决问题。在实践中学习倾听他人意见、尊重他人观点，并学会与他人有效地沟通和合作。这对于培养团队合作精神和社交能力非常重要。

5. 培养品质和道德观念

设计制作服装需要遵守一定的道德规范，如尊重他人的劳动成果、遵守规章制度、遵循职业道德、保护知识产权、诚实守信、体现专业素养等。通过这样的实践，能够培养良好的品质和道德观念，增强个人责任感和使命感。

6. 提升自信心和自我价值感

通过设计服装，可以更好地表达个人风格，展现自我独特性。在制作服装时，选择合适的布料和款式来制作服装可以帮助人们更好地了解自己的身形，找到最适合自己的衣着，这有助于提升对自己身体的积极感受。学习并掌握服装设计和制作的技能是一个长期的过程。每成功完成一个项目都是对自我能力的肯定。当想法变成现实时，会有一种成就感。通过分享、展示作品，得到正面的社交反馈，可以极大地提升个人的自我价值感和自信心。

7. 传递社会主义核心价值观

服装制作过程中，可以通过选取合适的图案、颜色和款式等元素，传递社会主义核心价值观。例如，在服装上融入抽象或具象的民族图案、选择能够体现国家精神和民族特色的颜色组合，传递积极向上的社会主义精神；选用环保材料和采用可持续发展的生产工艺，体现对自然的尊重和对生态环境保护的重视；在服装上印制具有教育意义的标语或者口号，传达社会主义核心价值观；挖掘和利用中国传统文化元素，将其与现代设计理念结合，创造出既有传统文化底蕴又符合现代审美的服装，体现文化自信和传承创新。

第二章　服装缝制工艺基础知识

第一节　服装缝制工艺术语

术语是表达各个专业的特殊概念的，是各门学科中的专门用语，用于准确标识专门领域的事物、现象、特征、关系和过程等。服装缝制作为一种行业，也有自身使用和用于交流的语言，这就是服装缝制工艺术语。

掌握服装缝制的专业术语不仅有利于提高学习和工作效率，而且便于行业人士之间的交流，增加信息量。由于我国地域辽阔，南北语言习惯不同，服装缝制工艺作为一种颇具历史渊源的技术，其术语在我国南北方也不尽统一。针对这种现象，为了促进服装生产技术的发展，国家技术监督局于 2008 年颁布了《服装术语》即 GB/T15557—2008 国家标准。下面将标准中有关缝纫工艺的名词术语归类介绍：

一、概念性术语

① 查疵点：检查原、辅料疵点，以便排料时有计划的避让。

② 排料：在裁剪过程中，对面料如何使用及用料的多少所进行的有计划的工艺操作。

③ 画样：按排料确定的样板位置，画出衣片轮廓和相应记号。

④ 复查画片：复查画片的质量、数量以及和样板是否相符。

⑤ 缝合、合、缉：都指用缝纫机缝合两层或两层以上的裁片，俗称缉缝、缉线。为了使用方便，一般将“缝合”“合”称为暗缝，即产品正面无线迹，“合”则是缝合的简易词；“缉”称为明缝，即产品正面有整齐的线迹。

⑥ 缝份：俗称缝头，指两层裁片缝合后被缝住的余份。

⑦ 缝口：两层裁片缝合后正面所呈现的痕迹。

⑧ 绱：亦称装，一般指部件安装到主件上的缝合过程，如绱（装）领、绱袖、绱腰头；安装辅件也称为绱或装，如绱拉链、绱松紧带等。

⑨ 打剪口：亦称打眼刀、剪切口，“打”即剪的意思。在裁片上剪出的小缺口，做对位记号用，如在绱袖、绱领等工艺中，为了使袖、领与衣片吻合准确，而在规定的裁片边缘部位剪 0.3 cm 深的小三角缺口作为定位标记。

⑩ 包缝：亦称锁边、拷边、码边，指用包缝线迹将裁片毛边包光，使织物纱线不脱散。

⑪ 针迹：指在缝纫过程中，缝针穿过织物时所留下的针孔痕迹。

⑫ 线迹：指在缝制物品上，连续针眼的缝线所呈现的模式。

⑬ 缝型：指缝纫机缝合衣片的不同方法。

⑭ 缝迹密度：指在规定单位长度内的针迹数，也可叫做针迹密度。

⑮ 止口：衣服的沿边，如门襟与挂面的连接线，门襟、领子、腰头等结构的外边沿处。

⑯ 挂面：也叫前门贴边，是装在衣襟搭门反面的一层面料，一般比搭门宽。

⑰ 搭门：门襟、里襟叠在一起，为了锁纽眼和钉纽扣所留的部位。

⑱ 门襟、里襟：衣片锁纽眼处为门襟，钉纽扣处为里襟。凡是有搭门的部位都有门襟和里襟的区别。

⑲ 眼档：纽眼位。

⑳ 驳头：门里襟上部翻折部位。

㉑ 褶裥、省：根据体型需要做出的折叠部分，不用缝合的称褶裥，折叠并缝合的称省。

㉒ 对档：指缝制时，两片裁片对准应对的部位标记。

㉓ 圆顺：指弧形线迹不能有折角。

㉔ 圆登：一般指袖山圆顺，后袖缝有戤势（松度）。

㉕ 方登：一般指后背有戤势，因为戤势足，活动方便，美观大方。

㉖ 吃势：亦称层势，“吃”指缝合时使衣片缩短；吃势指缩短的程度。将两片长短略有差异的衣片在缝制中有意将稍长的一片在一定部位缩进一定尺寸，使两衣片缝合后，不仅长短一致，而且有一定的丰满圆顺感。如圆装袖的袖山吃势可使袖山顶部丰满圆润，袋盖两端圆角、领面、领角等部件面的角端吃势可使部件面的止口外吐，从正面看不到里料，还可使面形成自然的窝势，不反翘。

㉗ 里外匀：亦称里外容，指由于部件或部位的外层松、里层紧而形成的窝服形态。其缝制加工的过程称为里外匀工艺，如勾缝袋盖、驳头、领子等，都需

要采用里外匀工艺。

㉘ 修剪止口：指将缝合后的止口缝份剪窄，有修双边和修单边两种方法。其中修单边亦可称为修阶梯状，即两缝份宽窄不一致，一般宽的为 0.7 cm、窄的为 0.4 cm，质地疏松的布料可同时再增加 0.2 cm 左右。

㉙ 撇势：衣片的门襟部位与其基本线撇进的距离。

㉚ 翘势：向上偏高画出弧线，主要指小肩宽外端略向上翘。

㉛ 困势：裤后片与前片的倾斜程度。

㉜ 窝势：多指部件或部位外层比里层长、宽一点，采用里外匀工艺，呈正面略凸、反面凹进的形态。与之相反的形态称反翘，是缝制工艺中的弊病。

㉝ 坐势：把多余部分坐进折平。

㉞ 凹势：衣片袖窿门、裤子窿门、领圈等部位的凹进程度。

㉟ 回口：衣片的横料和斜料容易被拉松，这种现象叫回口。

㊱ 缝始点：缝合时的起点为缝始点，除西服等省缝缉线的缝始点不许打回针外，其余都打回针。

㊲ 缝止点：缝合时的终点称缝止点，除省尖部位缝止点不打回针外，其余部位都打回针。

㊳ 推门：平面的前衣片，经收省后变成立体形状，还须采用熨烫工艺，使衣片更加符合人的体型，这个过程叫推门。

㊴ 回势：亦称还势，指被拔开部位的边缘处呈现出荷叶边形状。

㊵ 外弹：一般指有意识让面料丝缕向外偏出，以防回缩，如前身中腰丝缕向上口方向偏出称外弹。

㊶ 抹落：是为了防止某部位衣片做好后产生丝缕弯斜而事先采用的一种预防措施，如前肩外需事先抹落 0.6 cm，否则衣服做好后，肩头丝缕就会歪斜。

㊷ 劈门：把衬头根据大身的净缝尺寸修净，称为劈门。

㊸ 扎壳：把衣片根据做缝大小用手工缝钉成一件衣服，以备试样用，称为扎壳。

㊹ 戤势：西装类衣服是较合体的服装，袖背处有一定的松度，使手臂活动自如，穿着舒适美观。

㊺ 归：归是归拢之意，指将长度缩短的工艺，有归缝和归烫两种方法。一般容易松宽的地方采用归烫。如前后袖窿边缘，因胸背部位推胖后，袖窿产生回

势，就必须归烫。裁片被烫的部位，靠近边缘处出现弧形绺，被称为余势。另外，为了防止以后操作时产生还口，也可预先采取归缩一点的方法。

㊻ 拔：拔是拔长、拔开之意，指将平面拉长或拉宽。如后背肩胛处的拔长、裤子的拔裆、臀部的拔宽等，都采用拔烫的方法。

㊼ 推：推是归或拔的继续，指将裁片归的余势、拔的回势推向与人体相对应凸起或凹进的位置。

㊽ 套结：亦称封结，指在袋口或各种开衩、开口处用回针的方法进行加固，有平缝机封结、手工封结及专用机封结等。

㊾ 耳朵皮：指西服上衣或大衣的过面上带有像耳朵形状的面料，可有圆弧形和方角形两类。方角耳朵皮须与衣里拼缝后再与过面拼缝；圆弧耳朵皮则是与过面连裁，滚边后搭缝在衣里上，西服里袋开在耳朵皮上。

㊿ 掩皮：亦称眼皮，指衣片里子边缘缝合后，止口能被掀起的部分。如带夹里的衣服下摆、袖口等处都应留掩皮，但在衣面缝接部位出现掩皮则是弊病。

51 手针工艺：运用手工手法进行衣物缝制的各种技艺。

52 装饰手针工艺：既具备实用功能，又注重艺术表现，主要强调审美效果。

53 塑型：通过人工手段将布料加工为预想的形态。

54 定型：通过考虑面料、衬里和辅助材料的特性，施加外部影响，以确保服装材料保持特定的形状稳定性的过程。

二、缝制工艺技术用语

① 烫原料：熨烫原料褶皱。

② 修片（撇片）：指按照既定的标准模板对未加工的裁片进行精确剪裁。

③ 打线钉：在毛呢料等服装的裁片上使用白色棉纱线标示出缝纫位置的一种技术，通常在精细缝制过程中使用。

④ 缉省缝：将多余的面料折叠后，通过机械缝制的方式进行处理。

⑤ 环缝：在毛呢服装的省缝区域，采用环形针法进行环绕缝合，防止纱线脱落。

⑥ 烫省缝：坐倒或分开省缝后进行熨烫，以达到平整效果。

⑦ 缉衬：对衣服的前襟部分进行衬布的缝制。

⑧ 烫衬：将已经缉好的胸衬通过熨烫定型，塑造出符合人体胸部的曲线，

以便与经过推门处理的前衣片完美契合。

⑨ 敷衬：将前衣片平铺在胸衬之上，确保两者紧密结合，同时保持衣片的布纹平衡。

⑩ 纳驳头：又称扎驳头，是一项服装加工技术，可以通过手工操作或者利用专用机械来完成。

⑪ 拼耳朵皮：将大衣挂面上端形状如耳朵的部分进行拼接。

⑫ 包底领：底领四边包光后用缝纫机进行缉边，确保边缘整齐光滑。

⑬ 绱领子：将领子安装到衣物的领窝位置。

⑭ 分熨绱领缝：完成绱领后，将缉缝分开，熨烫平整，并对缝线进行修剪。

⑮ 分熨领串口：将领串口的缉缝分开，并进行熨烫处理。

⑯ 叠领串口：将领串口缝与绱领缝扎牢，注意使串口缝保持齐、直。

⑰ 包领面：将西装、大衣领面外口包转，用三角针将领里绷牢。

⑱ 归拔偏袖：偏袖部位归拔熨烫，使其呈现出符合人体手臂自然弯曲的形态。

⑲ 敷止口牵条：将牵条布敷在止口部位。

⑳ 敷驳口牵条：将牵条布敷在驳口部位。

㉑ 缉袋嵌线：将嵌线料缉在开袋口线两侧。

㉒ 开袋口：将已缉嵌线的袋口中间部分剪开。

㉓ 封袋口：袋口两头机缉倒回针封口，也可用套结机进行封结。

㉔ 敷挂面：将挂面敷在前衣片止口部位。

㉕ 合止口：衣片和挂面在门襟的止口处进行缉缝。

㉖ 扳止口：将止口毛边与前身衬布用斜形针缲牢。

㉗ 扎止口：在翻出的止口上，手工或机扎一道临时固定线。

㉘ 合背缝：将背缝机缉缝合。

㉙ 归拔后背：将平面的后衣片，按体形归烫成立体衣片。

㉚ 敷袖窿牵条：将牵条布缝在后衣片的袖窿部位。

㉛ 敷背衣衩牵条：将牵条布缝在后衣衩的边缘部位。

㉜ 封背衣衩：将背衣衩上端封结，一般有明封与暗封两种方法。

㉝ 扣烫底边：将底边折光或折转熨烫。

㉞ 扎底边：将底边扣烫后扎一道临时固定线。

㉟ 倒钩袖窿：沿袖窿用倒钩针法缝扎，使袖窿牢固。

㊱ 叠肩缝：将肩缝头与衬布扎牢。

㊲ 做垫肩：用布和棉花、中空纤维等做成衣服垫肩。

㊳ 装垫肩：将垫肩装在袖窿肩头部位。

㊴ 倒扎领窝：沿领窝用倒钩针法缝扎。

㊵ 合领衬：在领衬拼缝处机缉缝合。

㊶ 拼领里：在领里拼缝处机缉缝合。

㊷ 归拔领里：将敷上衬布的领里归拔熨烫成符合人体颈部的形态。

㊸ 归拔领面：将领面归拔熨烫成符合人体颈部的形态。

㊹ 敷领面：将领面敷上领里，使领面、领里吻合一致，领角处的领面要宽松些。

㊺ 扎袖里缝：将袖子面、里缉缝对齐扎牢。

㊻ 收袖山：抽缩袖山上的松度或缝吃头。

㊼ 滚袖窿：用滚条将袖窿毛边包光，增加袖窿的牢度和挺度。

㊽ 缲领钩：将底领领钩开口处用手工缲牢。

㊾ 扎暗门襟：暗门襟扣眼之间用暗针缝牢。

㊿ 画眼位：按衣服长度和造型要求画准扣眼位置。

(51) 滚扣眼：用滚扣眼的布料把扣眼毛边包光。

(52) 锁扣眼：将扣眼毛边用线锁光，分机锁和手工锁眼。

(53) 滚挂面：将挂面里口毛边用滚条包光，滚边宽度一般为 0.4 cm 左右。

(54) 做袋片：将袋片毛边扣转，缲上里布做光。

(55) 翻小袢：小袢的面、里布缝合后将正面翻出。

(56) 绱袖袢：将袖袢装在袖口上规定的部位。

(57) 坐烫里子缝：将里布缉缝坐倒熨烫。

(58) 缲袖窿：将袖窿里布固定于袖窿上，然后将袖子里布固定于袖窿里布上。

(59) 缲底边：底边与大身缲牢。有明缲与暗缲两种方法。

(60) 领角薄膜定位：将领角薄膜在领衬上定位。

(61) 热缩领面：将领面进行防缩熨烫。

(62) 压领角：上领翻出后，将领角进行热压定型。

(63) 夹翻领：将翻领夹进领底面、里布内机缉缝合。

⑭ 镶边：用镶边料按一定宽度和形状缝合安装在衣片边沿上。

⑮ 镶嵌线：将嵌线料镶在衣片上。

⑯ 缉明线：机缉或手工缉缝于服装表面的线迹。

⑰ 绱袖衣衩条：将袖衣衩条装在袖片衩位上。

⑱ 封袖衣衩：在袖衣衩上端的里侧机缉封牢。

⑲ 绱拉链：将拉链装在门、里襟及侧缝等部位。

⑳ 绱松紧带：将松紧带装在袖口底边等部位。

㉑ 点纽位：用铅笔或划粉点准纽扣位置。

㉒ 钉纽扣：将纽扣钉在纽位上。

㉓ 画绗缝线：防寒服制作时，需在面料上画出绗棉间隔标记。

㉔ 缲纽袢：将纽袢边折光缲缝。

㉕ 盘花纽：用缲好的纽袢条，按一定花形盘成各式纽扣。

㉖ 钉纽袢：将纽袢钉在门里襟纽位上。

㉗ 打套结：开衣衩口用手工或机器打套结。

㉘ 拔裆：将平面裤片拔烫成符合人体臀部下肢形态的立体裤片。

㉙ 翻门袢：门袢缉好将正面翻出。

㉚ 绱门袢：将门袢安装在门襟上。

㉛ 绱里襟：将里襟安装在里襟片上。

㉜ 绱腰头：将腰头安装在裤腰上。

㉝ 绱串带袢：将串带袢装缝在腰头上。

㉞ 绱雨水布：将雨水布装在裤腰里下口。

㉟ 封小裆：将小裆开口机缉或手工封口，增加前门襟开口的牢度。

㊱ 勾后裆缝：在后裆缝弯处，用粗线作倒钩针缝，增加后裆缝的穿着牢度。

㊲ 扣烫裤底：将裤底外口毛边折转熨烫。

㊳ 绱大裤底：将裤底装在后裆十字处缝合。

㊴ 花绷十字缝：裤裆十字缝分开绷牢。

㊵ 扣烫贴脚条：将裤脚口贴条扣转熨烫。

㊶ 绱贴脚条：将贴脚条装在裤脚口里沿边。

㊷ 叠卷脚：将裤脚翻边在侧缝下裆缝处缝牢。

㊸ 抽碎褶：用缝线抽缩成不定型的细褶。

㉞ 叠顺裥：缝叠成同一方向的折裥。

㉟ 起烫：指消除极光的一种熨烫技法。需在有极光处盖水布，用高温熨斗快速轻轻熨烫，趁水分未干时揭去水布使其自然晾干。

第二节　服装各部位名称介绍

在服装结构设计过程中，为了使结构设计主要部位轮廓线与人体相对应，对结构设计过程中的线条都赋予一定的名称。下面从裙装、裤装、上装做一简单介绍。

一、裙装各部位名称（图 2-2-1）

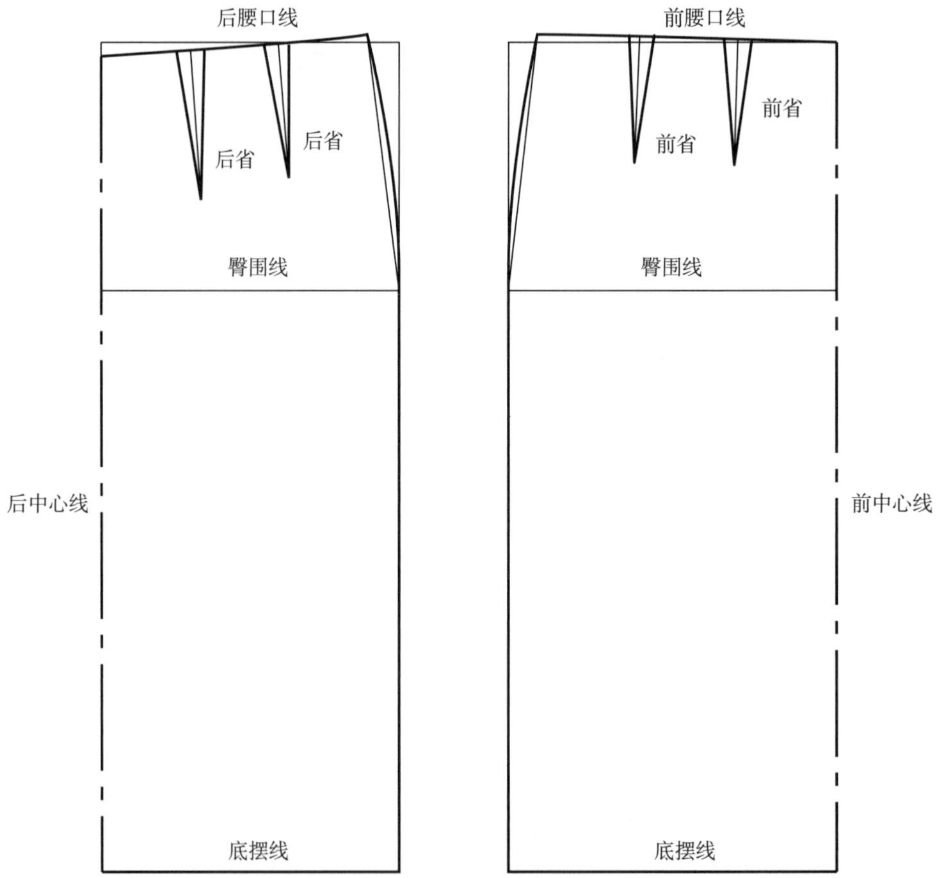

图 2-2-1　裙装各部位名称

二、裤装各部位名称（图 2-2-2）

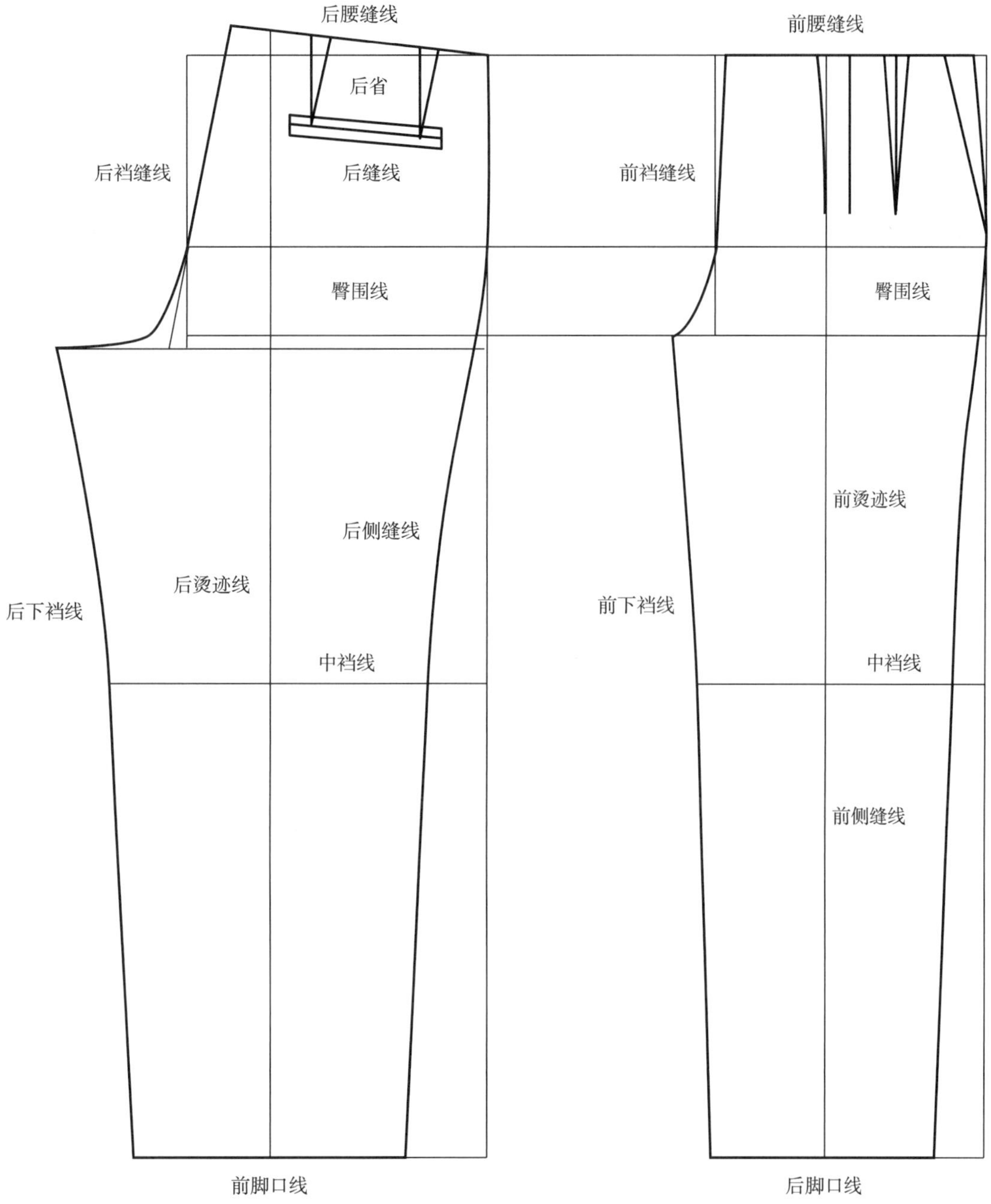

图 2-2-2　裤装各部位名称

三、上装各部位名称（图 2-2-3）

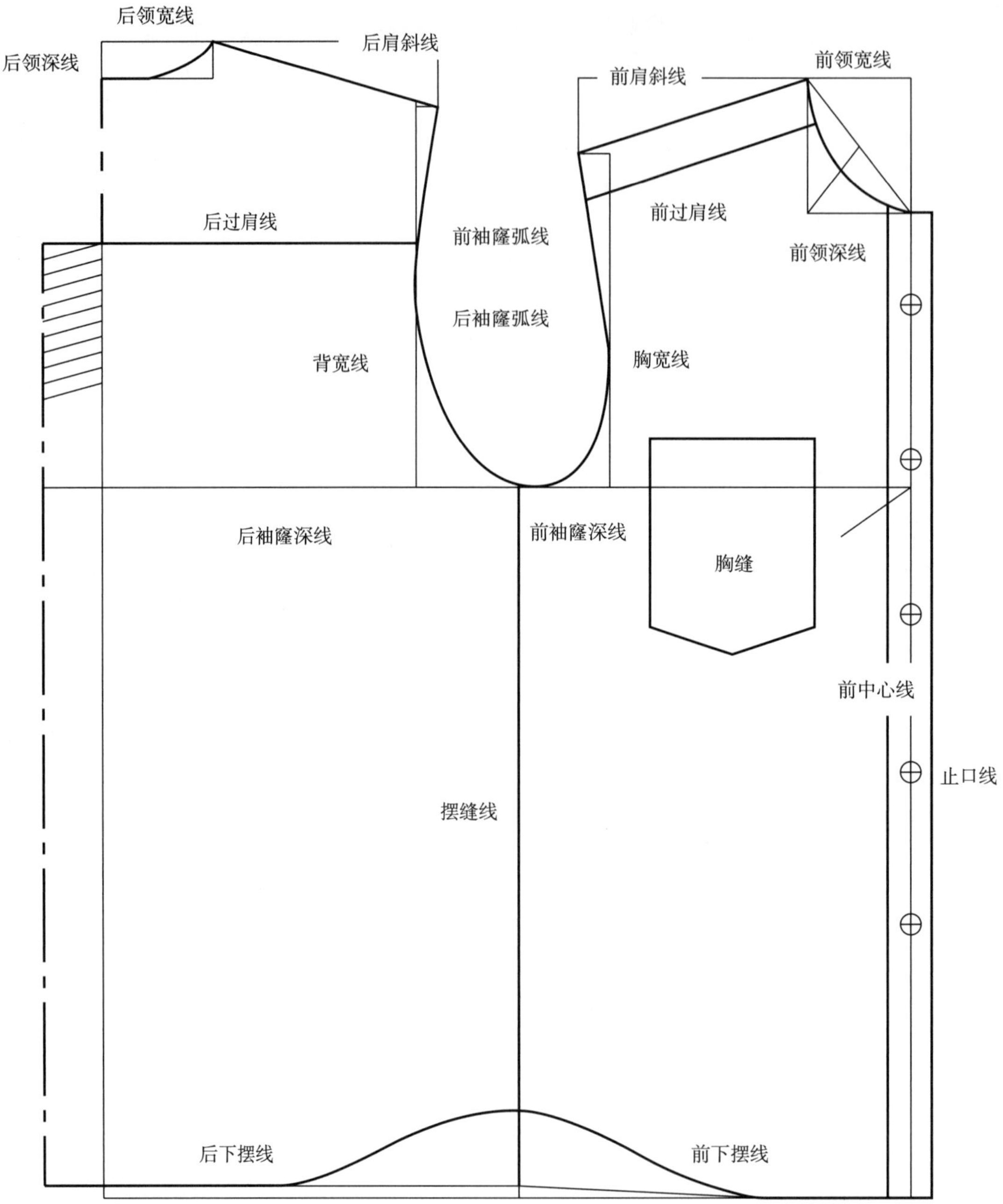

图 2-2-3① 上装各部位名称

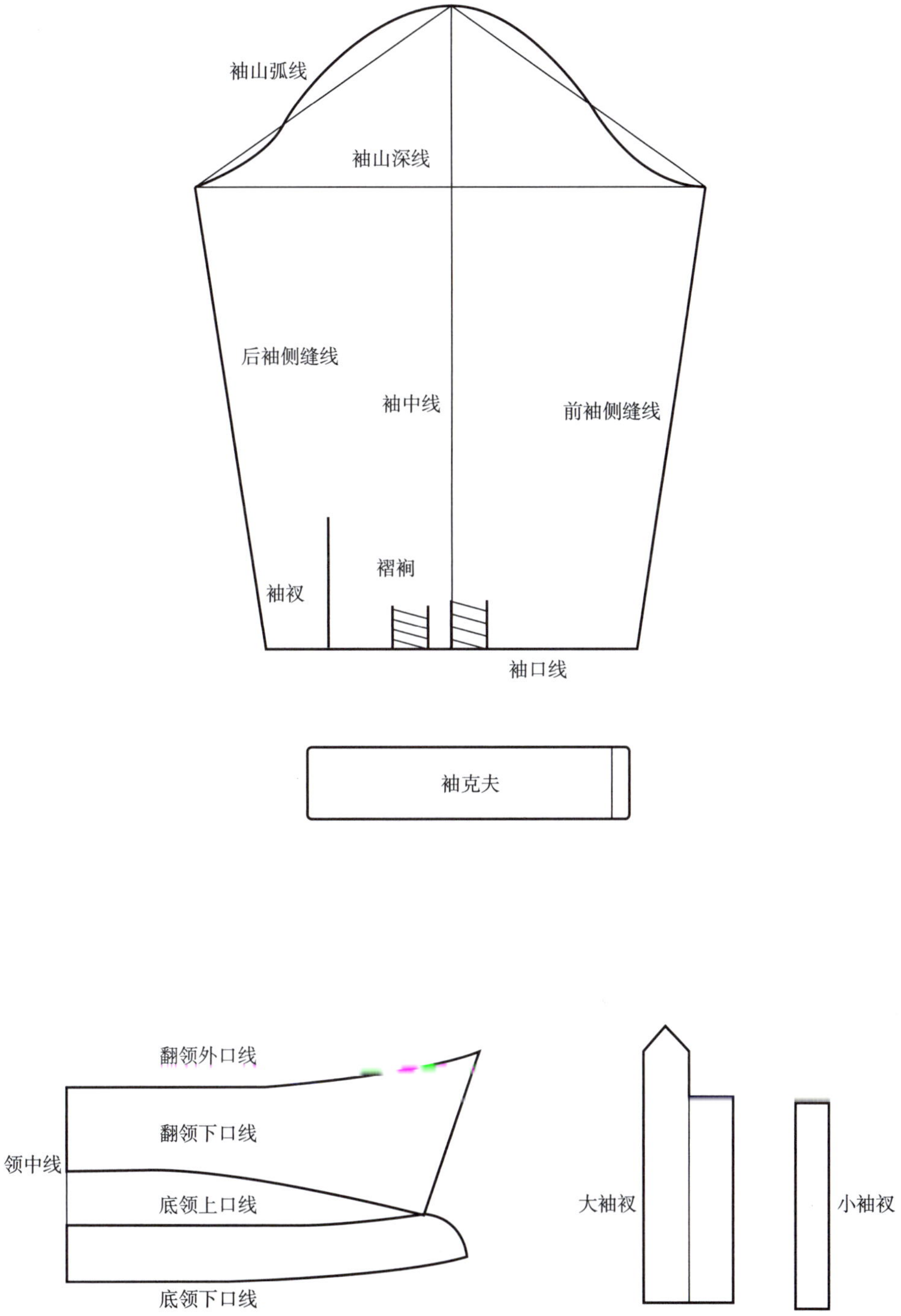

图 2-2-3② 上装各部位名称

拓展学习

传统服饰，如汉服和唐装，曾承载着深厚的文化底蕴和历史传统。然而，随着近代化进程的加速，尤其是19世纪末至20世纪初西方文化的冲击和工业化生产的兴起，西式服装开始在中国城市中占据主导地位。这种转变在一定程度上是由于西式服装在实用性和适应性方面的优势，以及其在新兴的商务、军事和教育领域的广泛应用。新中国成立后，服装规范的建立更加强调统一性和功能性。20世纪50年代，随着社会主义建设的推进，工装和军装成为了主流，体现了新时代的审美观念和实用需求。改革开放以来，中国服装行业经历了从计划经济向市场经济的根本性转变。这一时期，服装规范的发展更加注重个性化和时尚化，同时开始积极采纳国际标准，如ISO质量管理体系。中国服装企业在追求品牌建设和市场扩张的过程中，逐步提升了设计创新能力和生产管理水平。

服装缝制工艺术语、服装各部位详细名称的出现与确定，正是我国服装专业与行业专业化、规范化、标准化的一个体现。

专业化是服装行业发展的重要特征。随着产业链的细化和分工的深化，设计师、生产管理人员、市场营销专家等专业人才的角色日益凸显，他们的专业知识和技能对于提升服装产品的质量和设计水平至关重要。

规范化则是确保服装生产效率和产品质量的基石。通过建立和完善生产流程、质量控制标准以及安全卫生规范，服装企业能够有效地降低成本，减少环境风险，同时提升市场竞争力。

标准化是推动服装行业全球化的关键。采用国际通用的面料分类、尺码体系、测试方法等标准，不仅有助于中国服装企业更好地融入国际市场，还促进了技术交流和创新，从而提升了整个行业的国际竞争力。

服装规范的发展经历了从传统到现代的显著转型。它不仅记录了社会文化的变迁，也映射了中国服装行业从传统到现代的转型轨迹。专业化、规范化和标准化的实现，不仅为中国服装产业的持续发展提供了坚实基础，也为全球服装产业的多元化和创新贡献了中国经验。

第三章　服装基础缝制工艺

第一节　手缝工艺

手针缝制工艺是服装缝制的一项传统工艺，自古以来，我国手针工艺具有悠久历史。手针缝纫工具简单，方便实用，运用广泛。本章主要介绍手缝的基本针法及各种针法的常见用途，并通过实践掌握其基本针法及其应用。

一、穿针、打线结

（一）穿线

左（右）手拇指和食指捏针，右（左）手拇指和食指拿线，线头伸出1.5 cm左右，穿入针眼中，线过针眼随即拉出（图3-1-1）。

（二）捏针

右手拇指和食指捏住缝针中部，中指中节套顶针箍抵住针尾，帮助手针运行（图3-1-2）。

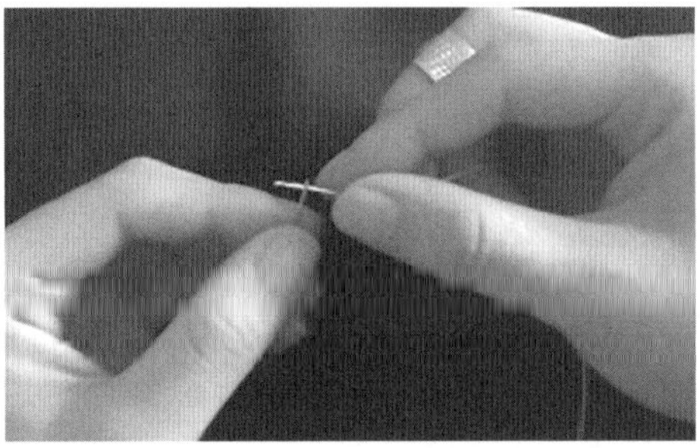

图3-1-1　穿线

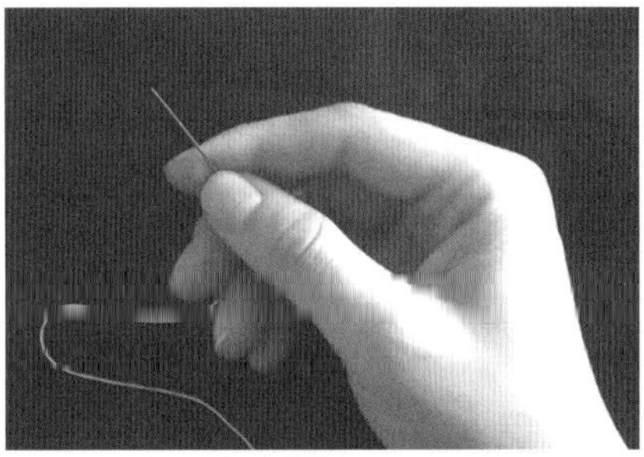

图3-1-2　捏针

（三）打线结

① 打起针结。右手拿针，左手拇指和食指捏住线头，并将线在食指上绕一圈，将线头转入圈内，拉紧线圈即可。注意线结尽量少漏线头（图3-1-3）。

② 打止针结。左手拇指和食指在离开止针约3 cm左右处，把线捏住，用

右手将针套进缝线圈内，抽出针，把线圈打到止针处，左手按住线圈，右手拉紧线圈，使结正好紧贴在布面上，以免缝线松动（图 3-1-4）。

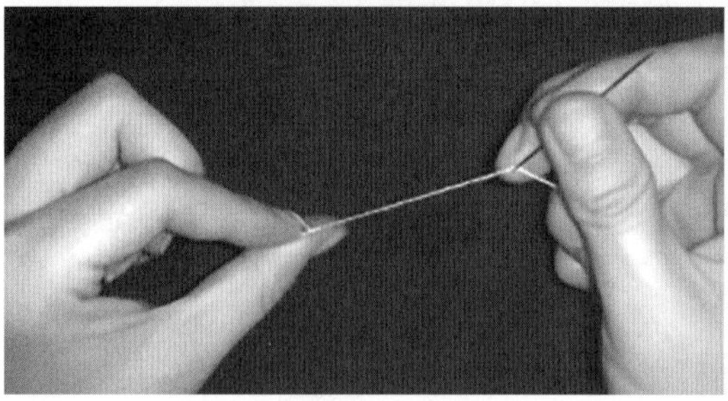

图 3-1-3　打起针结

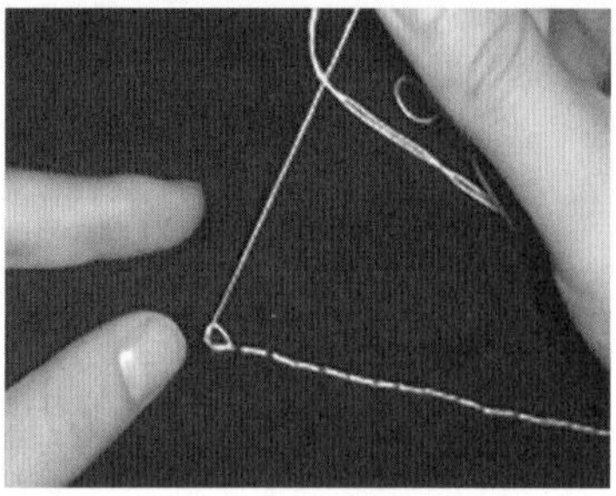

图 3-1-4　打止针结

二、针法运用

（一）基本针法

1. 拱针

拱针是练习收针的基本功，操作时右手大拇指和食指拿针，右手中指带顶针以 0.3 cm 的针距按一上一下自右向左顺向等距运针，左手的无名指和中指夹住布边，拇指和食指推进布料前进。拱针主要用于西服驳头以下的反面止口处、两层衣片的缝合、袖山头吃势等，要求针距均匀。现在也有用装饰作用，拱满西服大身正面止口（图 3-1-5）。

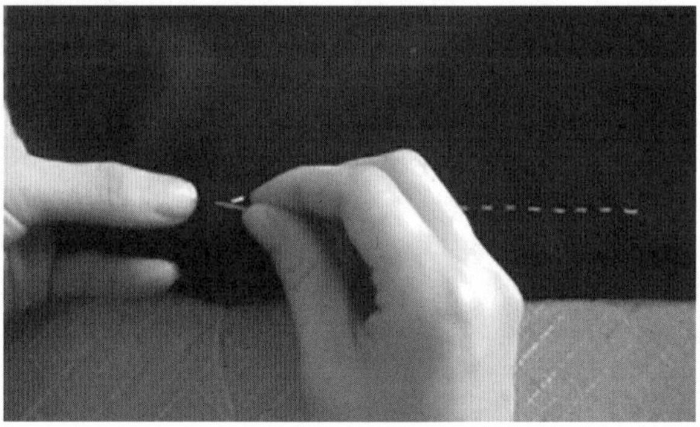

图 3-1-5　拱针

2. 打线钉

打线钉是服装行业的一种传统工艺，用于高档缝制工艺中做缝制标记。打线钉是用棉线把上下层面料缝住，把表层画好的粉印反映到底层，为各部位在操作时表明线路，保证服装各部位的结构准确和左右对称，为缝制时提供依据。

打线钉用双线，线钉的留线长度适宜，过长容易脱落，过短不易修剪。针码距离为 4～6 cm，针脚为 0.2～0.3 cm [图 3-1-6（a）]。线钉缝完时，先将表面层的线剪断，留 0.6 cm 长线头 [图 3-1-6（b）]。然后将上层衣片掀起把线钉拉长 0.4 cm，剪刀平伸进去，由中间剪断。再轻轻拍打线头，让线头散开不易脱落 [图 3-1-6（c）]。

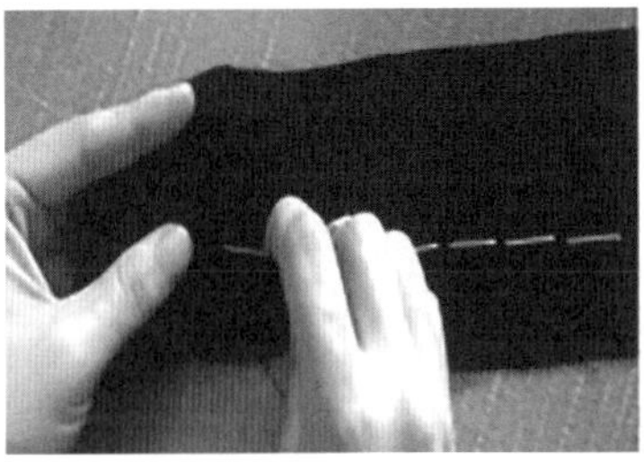
（a）

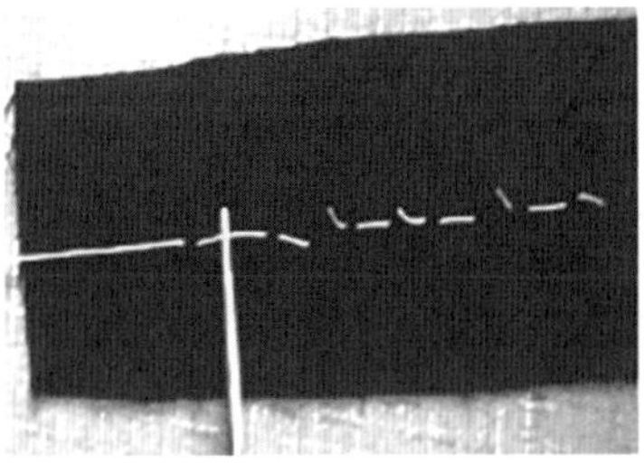
（b）

（c）

图 3-1-6　打线钉

3. 缲针

（1）明缲针

线缝略露在外面的针法。用于袖口、袖窿、领里、裤底、膝盖绸等。把折边的边缘竖起来进行缲针，衣片面、里均可露出细小针迹。正面缲牢 1～2 根纱丝，不能有明显针迹。缝线松紧适宜，针距 0.3 cm 左右（图 3-1-7）。

（2）暗缲针

线缝在底边缝口内的针法。用于西服夹里的底边、袖口、毛呢服装底边的滚条贴边等。衣片正面只能缲牢 1～2 根纱丝，反面不可有明显针迹。夹里底边和贴边都不漏针迹，线缝在折边内，缝线略松，针距 0.5 cm 左右（图 3-1-8）。

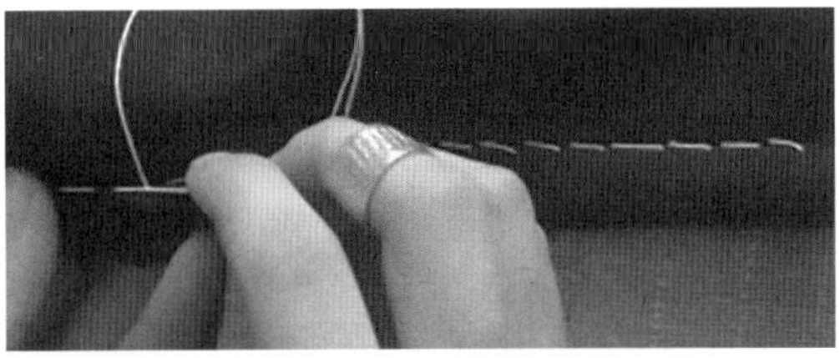
图 3-1-7　明缲针

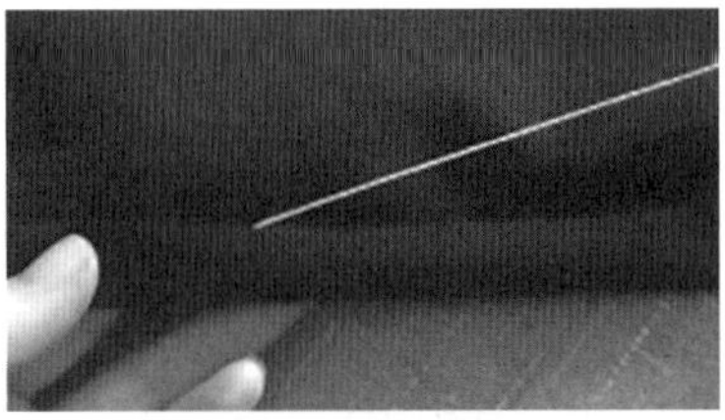
图 3-1-8　暗缲针

4. 倒钩针

倒钩针是在高档服装的斜丝绺部位使用的针法，如袖窿、领圈、裤裆等斜丝容易还口的部位，以加强牢度。针法一般是自左向右，向前缝一针 0.3 cm，再向后缝 1 cm，也可适当调整向前缝、向后缝的针距。要求是每针拉线时，要使线把衣料稍拉紧些，起到局部牢固不松口的作用（图 3-1-9）。

5. 顺钩针

自右向左运针。进一针退半针而形成表面线迹前后相接的仿机器线迹，要求针距相等，紧密相连（图 3-1-10）。

图 3-1-9　倒钩针

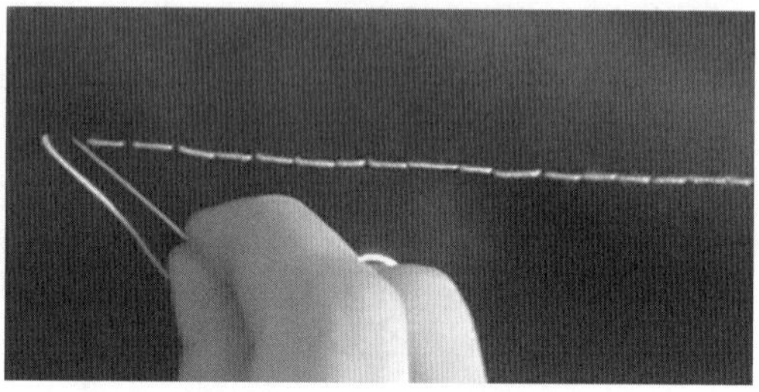

图 3-1-10　顺钩针

6. 三角针

俗称码黄瓜架，是用于衣摆、裙摆、裤脚折边等处的固定折边方法，起装饰作用。三角针的行针方向为自左向右倒退操作的一种针法，方法是第一针从折边起针，把线结藏在折边里，距折边 0.7 cm，然后 45° 向右上方挑绺，针迹为 1 cm 长，依次上下交叉行针。要求针迹整齐，距离均匀，不能太稀疏，正面少露线迹（图 3-1-11）。

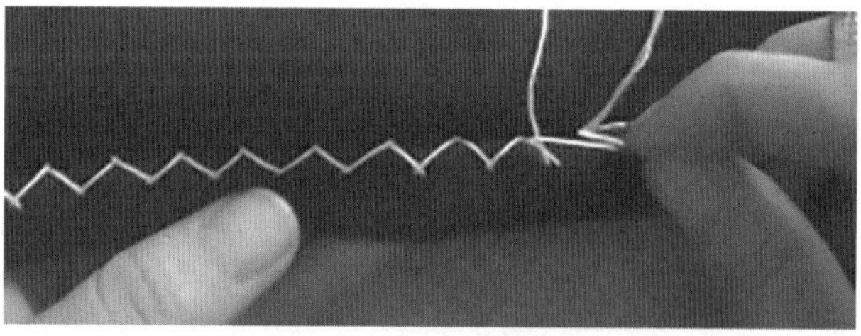

图 3-1-11　三角针

7. 打套结

用于开衩口，插袋口袋的两端和裤子门里襟的封口，以增强牢度和美观。套结长度根据需要而定，起针在开衩口从衣料反面而出，横向先缝 3~4 行衬线，衬线尽量靠拢，长度 0.6 cm［图 3-1-12（a）］。然后按锁针的针法将衬线锁满，要锁的紧密，排列整齐［图 3-1-12（b）］。

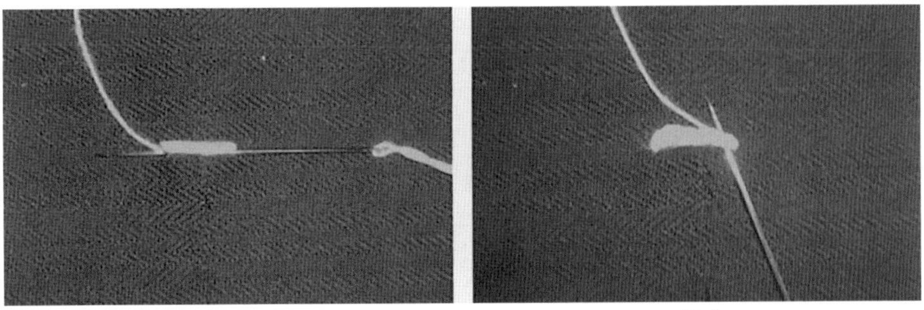

（a）　　　　（b）

图 3-1-12　打套结

8. 拉线袢

用于衣领下角作纽袢用，或夹衣的夹里贴边和面料的摆缝处相连接之用。第一针先从贴边反面穿出，先缝两行线，针穿过两行线内，用左手套住线圈，左手中指钩住缝线［图 3-1-13（a）、（b）］。放开左手套住的线圈，右手拉线，形成线袢［图 3-1-13（c）］。如此循环往复至需要长度，将针穿进末尾线圈内，缝牢夹里摆缝贴边。

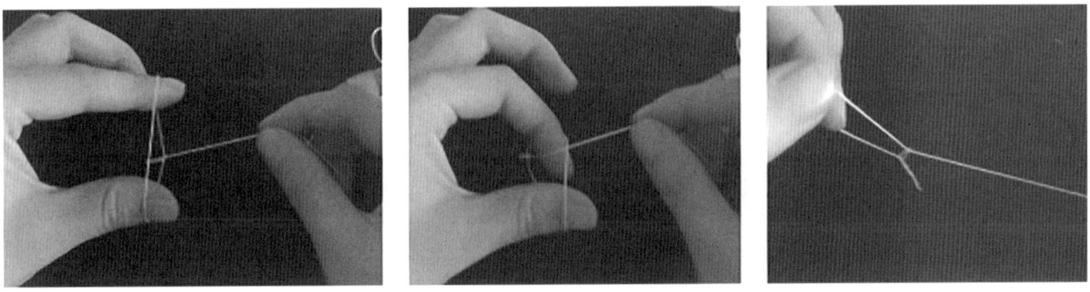

（a）　　　　（b）　　　　（c）

图 3-1-13　拉线袢

9. 锁扣眼

锁扣眼是将面料剪开并且边沿毛茬用手针一针一针地锁成套结线或直接在面料上画上线迹用手针一针一针地锁成套结线装饰。

（1）锁圆头扣眼（图 3-1-14）

① 剪开纽眼：纽眼头一端剪出小圆洞形状［图 3-1-14（a）、（b）］。

② 起针：一般按顺时针方向进行。第一针将线结藏入两层布料之间，针从眼底层向上挑缝，先不要将针拔出，用右手将针尾引线朝左下方套住针尖下部，针向右上角 45° 方向进行抽拉，形成第一个锁眼针迹［图 3-1-14（c）］。

③ 锁转角：锁转角时，锁针和拉线要对准眼顶端，每针抽拉方向都要经过圆心，呈放射状［图 3-1-14（d）］。

④ 锁眼尾：绕锁一周后，线要从最初的线孔里穿过，然后绕两次线，将针从中间拔出，插入尾部反面，打上线结，引入布料。尾线在针上由下而上环绕，然后再抽针拉线，拉线向右上方，使线结靠近扣眼的内侧边缘［图 3-1-14（e）］。

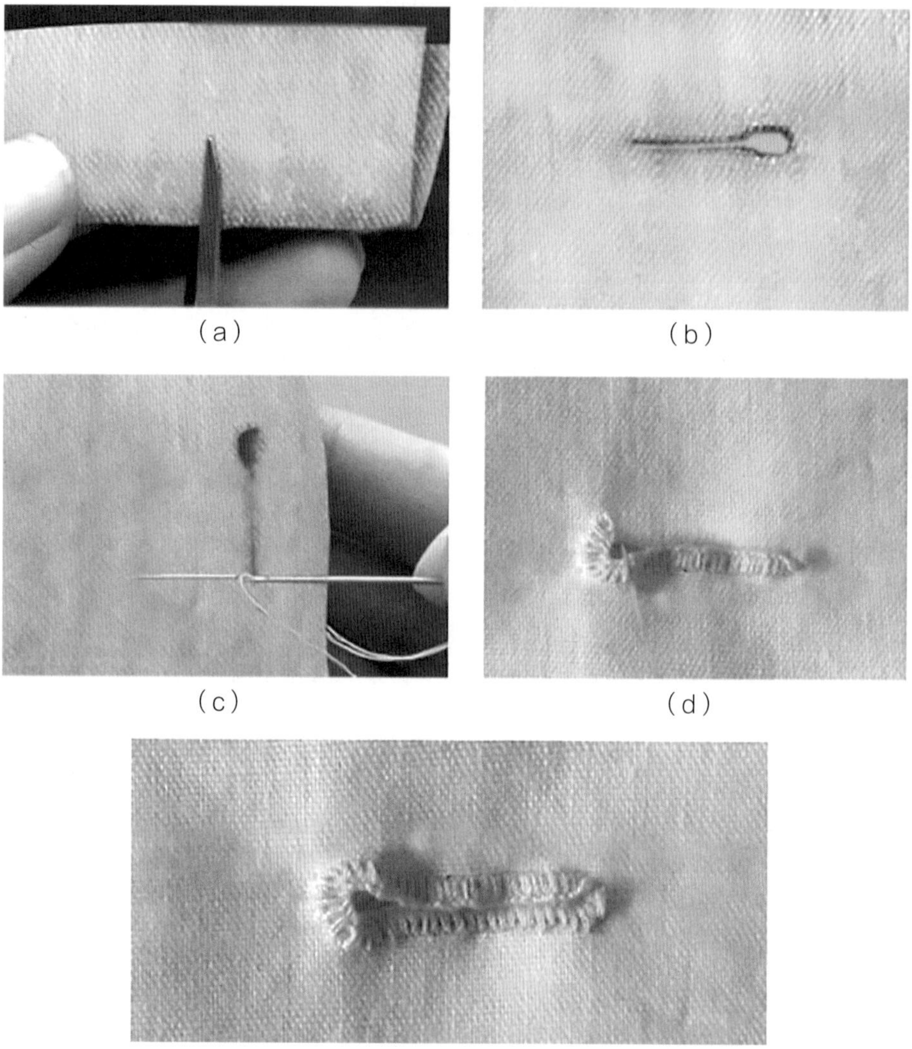

（a） （b） （c） （d） （e）

图 3-1-14　锁圆头扣眼

（2）锁平头扣眼（图 3-1-15）

① 定纽眼位置并剪开，要求剪直剪齐［图 3-1-15（a）］。

② 拉线框，线头要隐藏于两层布料之间，绕线方法同圆头扣眼，针迹要整齐［图 3-1-15（b）、（c）］。

③ 封口要从最后一针针眼扎入和穿出，线打结要从两层布料中间穿过而出，线拉紧后剪断，线头要隐藏于两层布料之间［图 3-1-15（d）］。

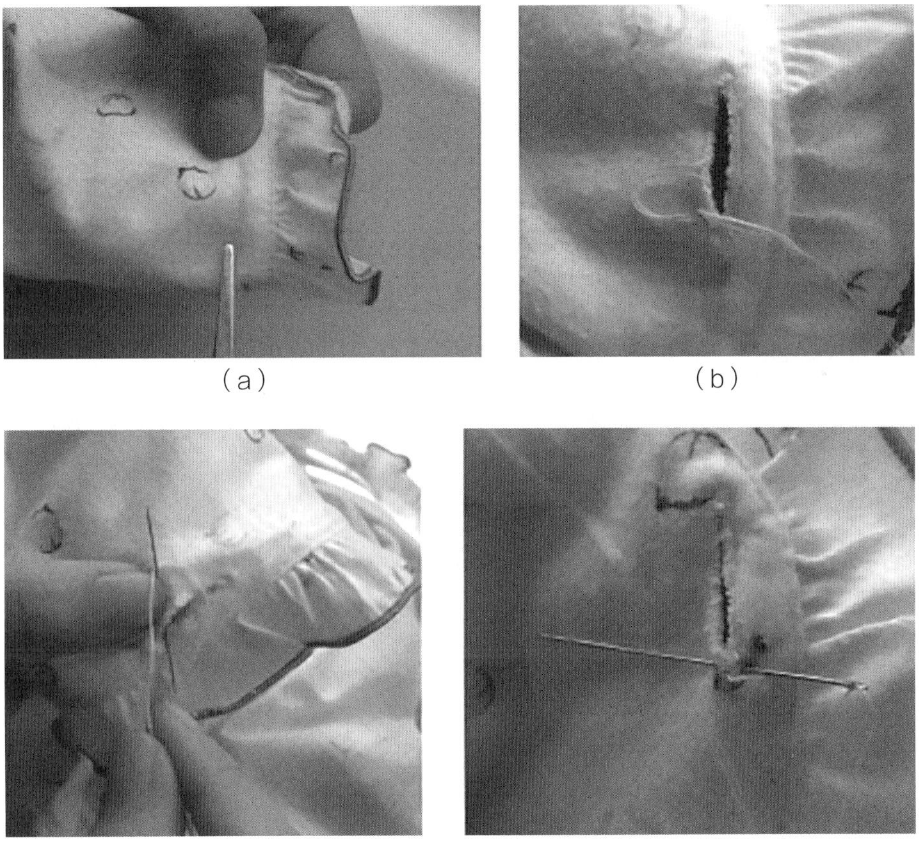

（a）　（b）　（c）　（d）

图 3-1-15　锁平头扣眼

10. 钉纽扣

纽扣的种类繁多，造型各异，按功能分类有实用扣与装饰扣之分；按孔眼分类有无孔、一孔、二孔、四孔之分。实用扣要与扣眼相吻合，装饰扣不与扣眼接触，钉扣时要拉紧钉牢。钉四孔明扣的针法有二字形、十字形等。

（1）钉实用纽扣

先将纽扣用线缝住，再从面料正面起针，也可以直接从面料起针，对穿缝针，缝线底脚要小，线要放松，以便绕纽脚，使纽扣扣入扣眼中平整服帖。纽脚高度根据面料厚薄决定。最后一针从纽孔穿出时，缝线应自上而下排列整齐，绕纽脚数圈，绕满纽脚线，然后将线引到反面打结，再将线结抽入夹层内。对衣料比较厚的大衣钉纽扣时，可以在反面垫上衬垫纽，以增加牢度（图 3-1-16）。

（2）钉装饰纽扣

装饰纽扣一般不需要扣入扣眼，所以不需要绕纽脚，只要平服地钉在衣服上即可（图 3-1-17）。

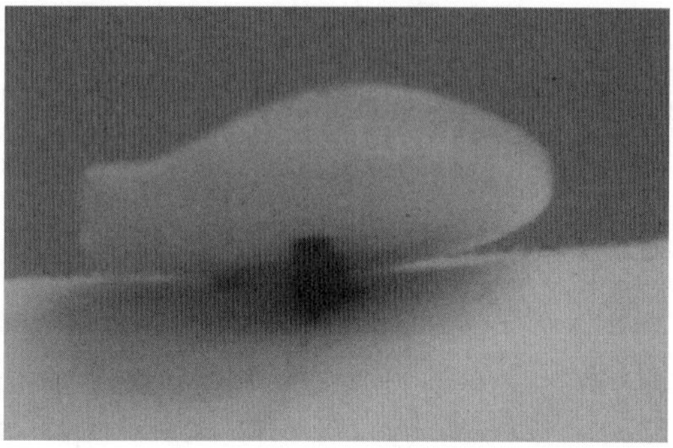

图 3-1-16 钉实用纽扣

图 3-1-17 钉装饰纽扣

11. 包纽扣

将两倍纽扣直径的布剪成圆形，用双线在其边沿均匀拱缝一周，塞进纽扣后将线均匀抽缩、固定（图 3-1-18）。

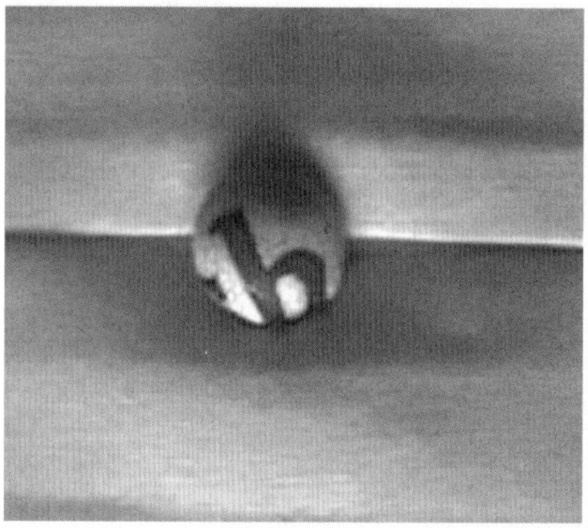

图 3-1-18 包纽扣

（二）装饰针法

1. 杨树花针

用于精做女士两用衫和大衣夹里的下摆贴边处，起装饰作用。可根据针数增减而变化。

① 单杨树花针

针法自右向左。起针从衣料反面穿出，线甩向前右上方。在起针的垂直上方0.6或0.7 cm插入缝第一针，针水平向前0.6或0.7 cm穿出布面，抽出缝线把线收平。然后把线甩向前左下方，在垂直上一针的下方0.6或0.7 cm插入缝第二针，针水平向前0.6或0.7 cm穿出布面，线收平。如此循环，向上一针，向下一针，针迹呈连续勾环状（图3-1-19）。

② 双杨树花针

针法操作与单杨树花针相同。向上两针，向下两针。针距直向0.3~0.4 cm，横向也是0.3~0.4 cm（图3-1-20）。

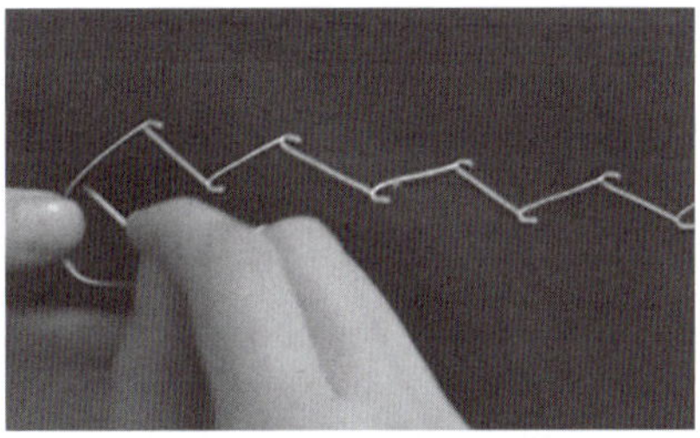

图3-1-19 单杨树花针

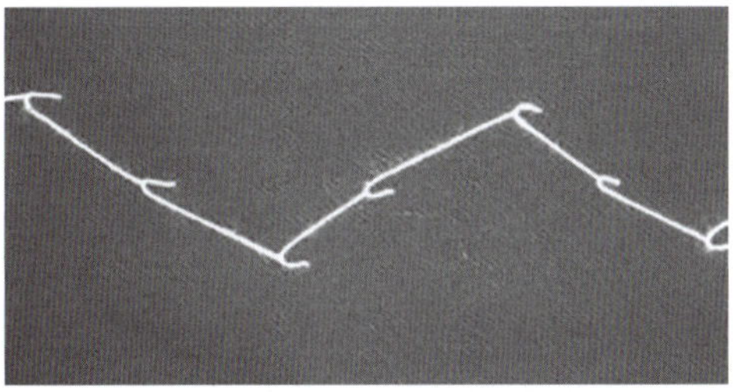

图3-1-20 双杨树花针

2. 链条针

线迹一环紧扣一环，如链状（图3-1-21）。

3. 嫩芽针

将第一针穿出，第二针刺入面料不要拉紧，第三针在前两针的中上方或中下方刺出，针要压住前两针，稍拉紧后成嫩芽状（图3-1-22）。

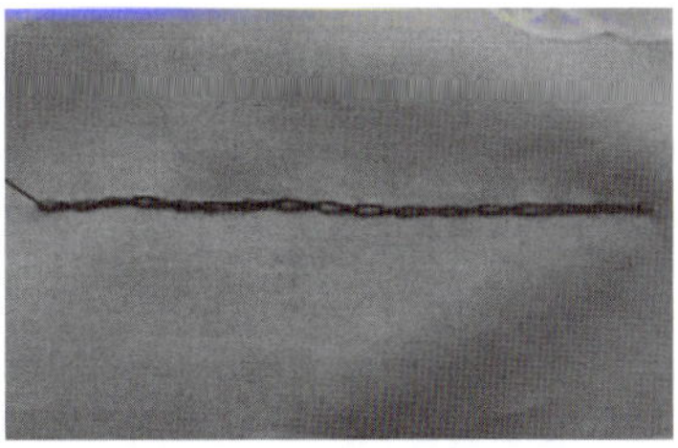

图3-1-21 链条针

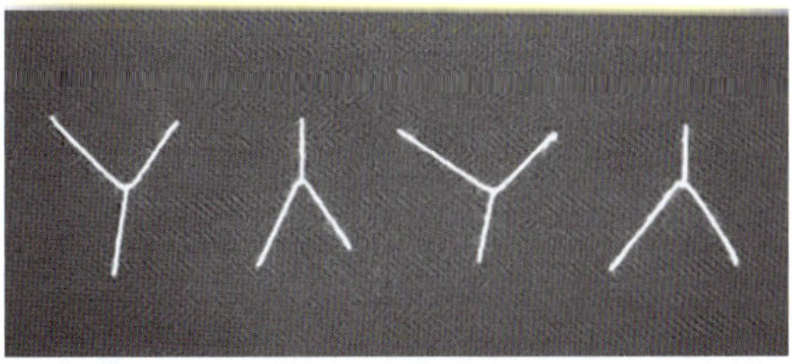

图3-1-22 嫩芽针

4. 绕针

绕针又称缠针，节子针。挑针后在针杆上缠绕数圈，拔针抽线，然后打结，此种针法可组成各种花型、图案［图 3-1-23（a）、（b）］。

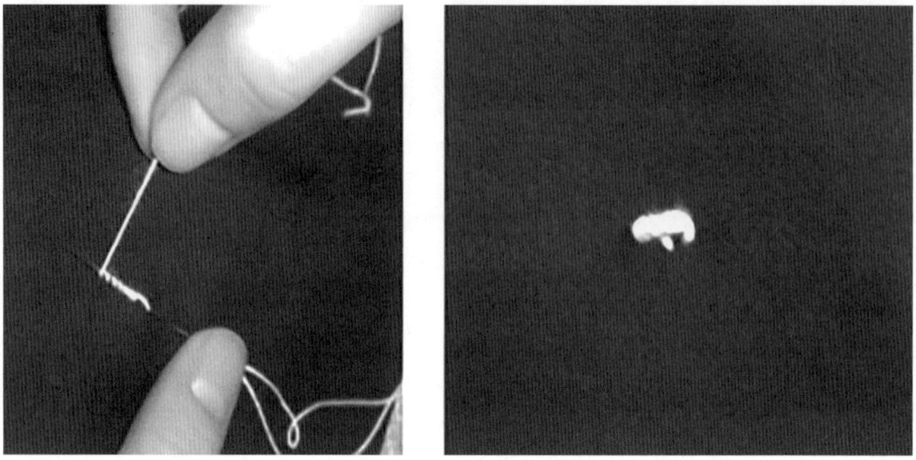

（a）　（b）

图 3-1-23　绕针

（三）盘扣制作（图 3-1-24）

① 先将 45° 斜条布正面相对进行勾缝，宽度为 0.5 cm，然后将扣袢绳翻正（图 3-1-24（a）］。

② 将扣袢绳边分为 A、B 两端。先用左手攥住扣袢绳 B 的绳边，再将扣袢绳 A 绕在左手的拇指上［图 3-1-24（b）、（c）］。

③ 用右手捏住相搭的袢绳放在食指上，形成一个圈状［图 3-1-24（d）、（e）］。

④ 将扣袢绳 B 的绳边绕过扣袢绳 A 穿入挑出的绳圈［图 3-1-24（f）、（g）］。

⑤ 将套在左手手指上的扣绳边稍抽紧，形成八字状，中心为菱形状。将左手背面朝上，将食指上的绳圈提起［图 3-1-24（h）、（i）］。

⑥ 左手捏住绳边，将扣袢绳 B 的绳边向后绕过中心线并穿入菱形［图 3-1-24（j）］。再用同样的方法将扣袢绳 A 的绳边向前绕过中心线并穿入菱形圈。

⑦ 拉紧中心点，后调整扣袢的松紧度［图 3-1-24（k）］。

⑧ 确定扣袢的长度，后用缝纫线将扣袢的左右固定［图 3-1-24（l）］。

⑨ 将扣鼻的毛边固定，折向止口并缲缝［图 3-1-24（m）］。左边为扣鼻，右边为扣袢［图 3-1-24（n）］。

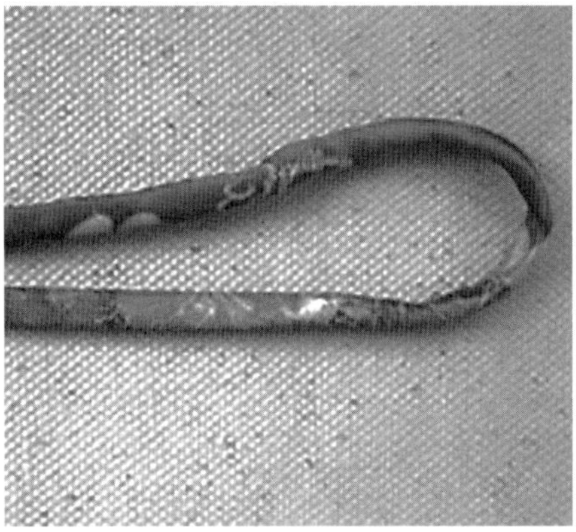

(a)

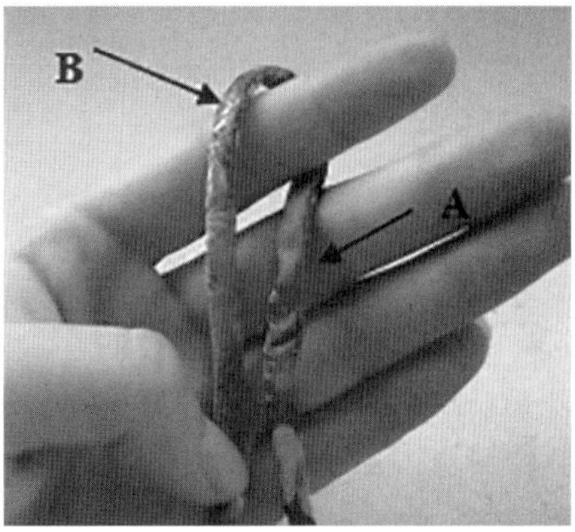

(b)

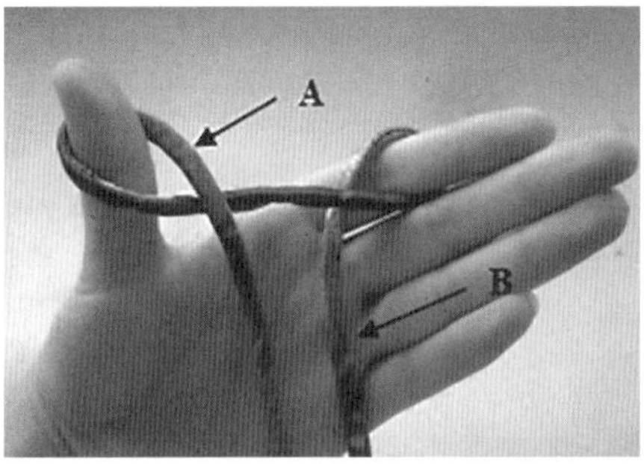

(c)

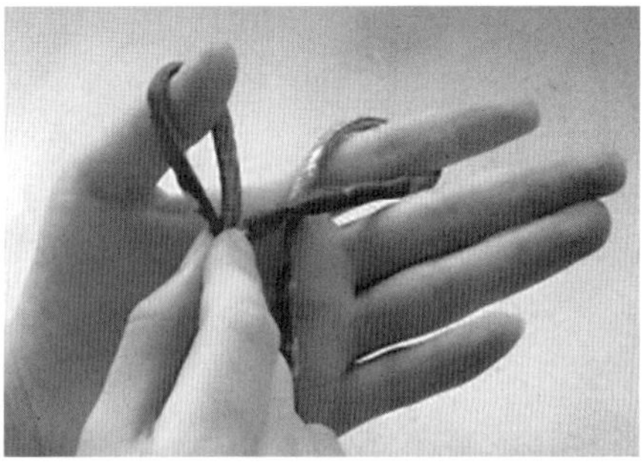

(d)

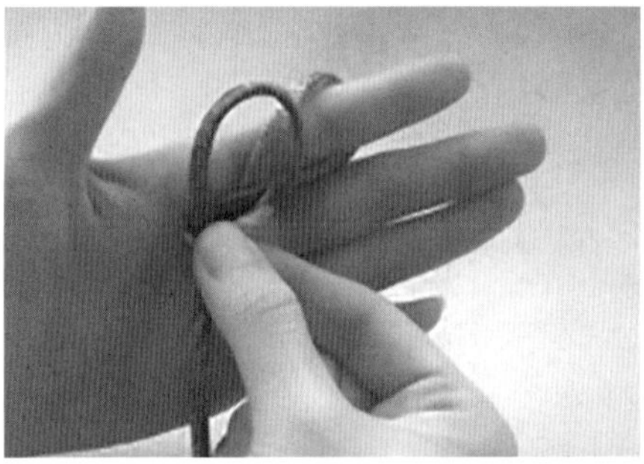

(e)

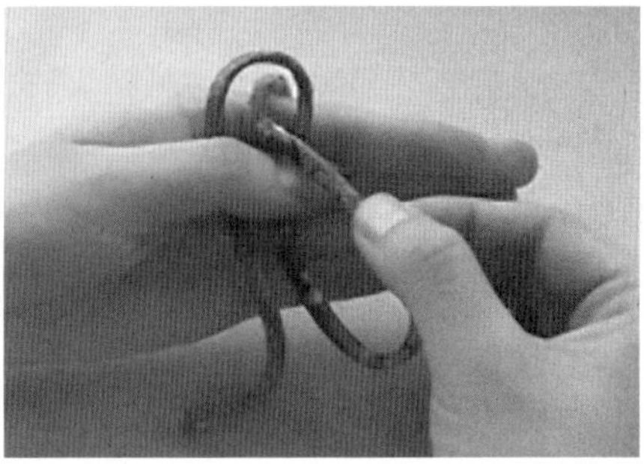

(f)

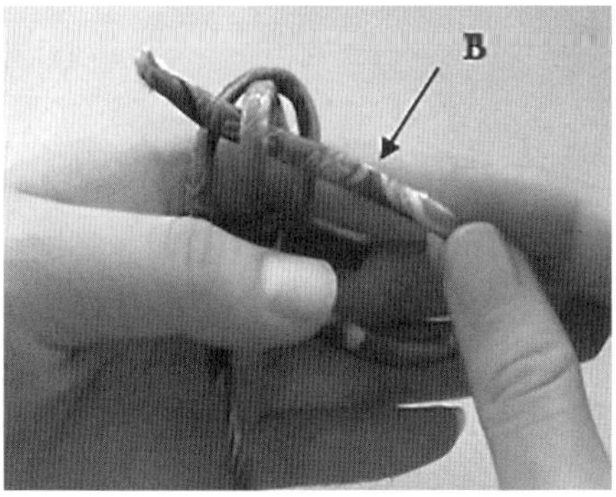

(g)

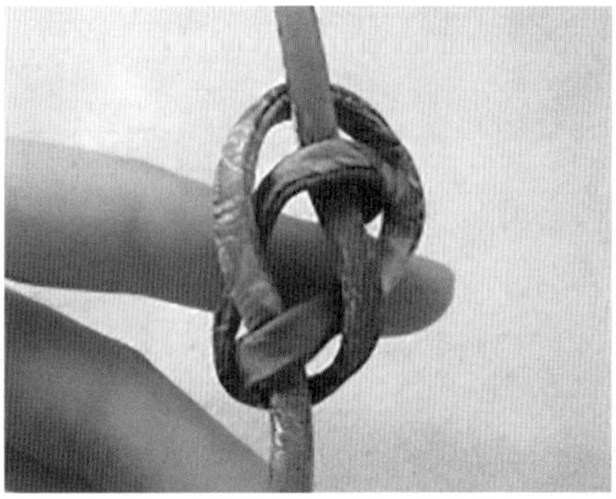

(h)

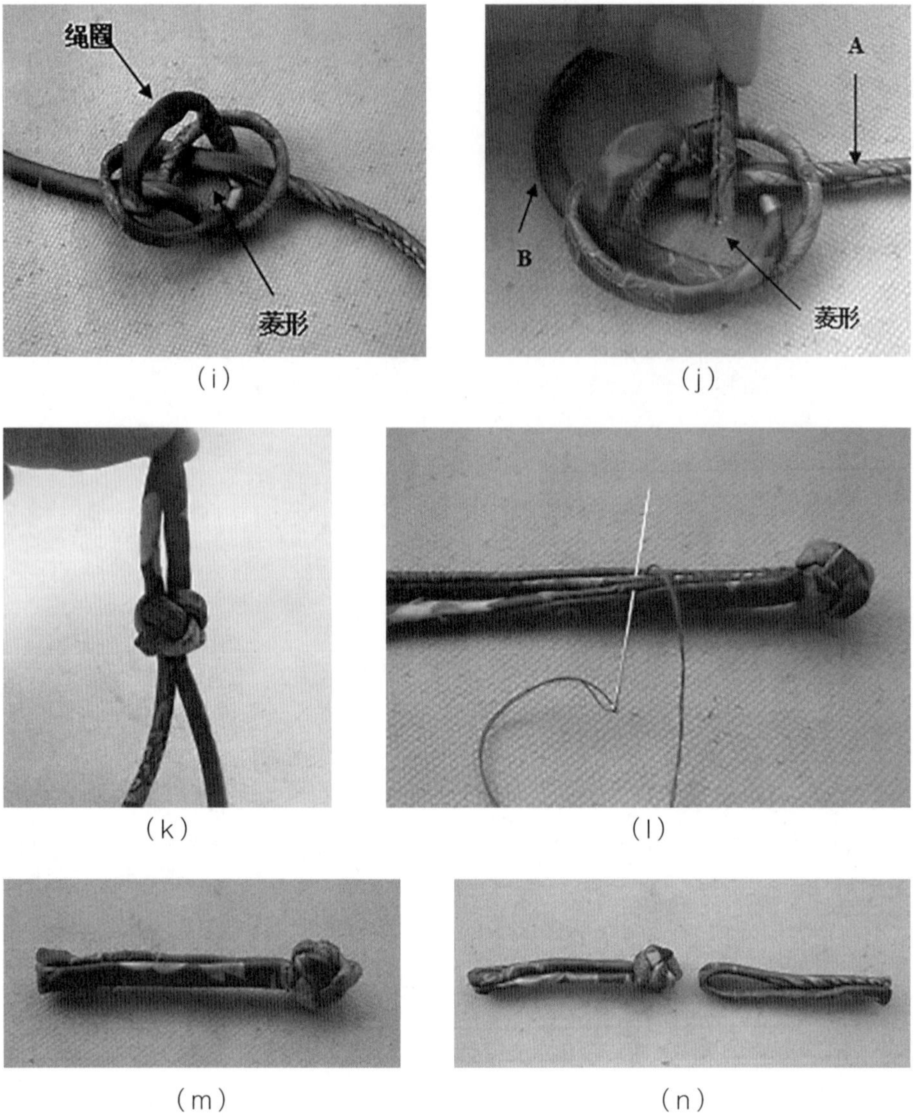

（i）（j）（k）（l）（m）（n）

图 3-1-24　盘扣制作

第二节　机缝工艺

一、机缝准备与练习

（1）机针、缝线的选用

机针型号规格有 9 号、11 号、14 号、16 号、18 号，号码越小针越细，号码越大针越粗。机针的选择是缝料越厚越硬，机针越粗；衣料越薄越软，机针越细（表 3-2-1）。缝线的选用在原则上与所用的机针型号相匹配。

表 3-2-1　机针的选择

机针型号	9	11	14	16	18
用途	薄料	丝绸料	中厚料棉	厚料	牛仔及粗呢

（2）针迹、针距的调节

针迹是否清晰、整齐，针距密度是否合适，都是衡量缝纫质量的重要方面。针迹的调节由针距调节器装置控制，往左旋针迹长，往右旋转针迹短（密）。针距密度也必须按衣料的厚薄、松紧、软硬合理进行，缝薄衣料时，针距密度小，缝厚面料时，针距密度大，缝薄面料时压脚压力送布牙也应适当放低，这样缝纫时可避免皱缩现象，表面起绒的面料，为使线迹清晰，可以略将面线放松，卷缉贴边时，因反缉可将底线略放松。

机缝前必须先将针距调节好。缝纫针距要适当，针距过稀不美观，而且影响牢度。针距过密也不好看，而且易损衣料。一般情况下，薄料、精纺料 3 cm 长度为 14～18 针，厚料、粗纺料 3 cm 长度为 8～12 针。

二、机缝基础训练

踏机练习是正确使用工业平缝机的基本功，每个初学者必须认真学习。电动平缝机是离合器电机传动，这种离合器的传动很灵敏，脚踏的力量越大，缝纫速度越快，反之缝纫速度则慢。通过脚踏用力的大小就可随意调整缝纫机的转数。所以只有加强练习，才能熟练掌握好工业平缝机的机器性能并顺利进行缝纫。

1. 空车练习

身体坐正，坐凳不要太高或太低。用右脚放在脚踏板上，右膝靠在膝控压脚的碰块上，练习抬、放压脚，以会为准。

稳机练习（不安装机针、不穿引缝线）做起步、慢速、中速、停机练习，起步时要缓慢用力（切勿用力过大），停机要迅速准确，练习慢、中速为主，反复进行，熟练掌握为准。倒顺送料练习，用二层纸或一层厚纸，作起缝、打倒顺练习。

2. 空车缉纸训练

先缉直线，后缉弧线，然后进行不同距离的平行直线，弧线的练习，还可以练习各种图形，使手、脚、眼协调配合，做到纸上针孔整齐，直线不弯，弧线圆顺，短针迹或转弯不出头。

3. 机缝的操作要领

① 在衣片缝合无特殊要求的情况下，机缝时一般都要保持上下松紧一致，下层衣片受到送布牙的直接推送作用走得较快，而上层受到压脚的阻力和送布间接推送转慢，衣片缝合后往往产生上层长，下层短，或缝合的衣缝有松紧皱缩现象。为了避免这种现象发生，在开始缝合时就要注意手势，左手向前稍推送衣片，右手把下层稍拉紧，有的缝位过小不宜用手拉紧，可借助缝纫小工具来控制松紧。这样才能使上下衣片始终保持松紧一致，不起涟形。这是最基本的操作要领。

② 起落针根据需要可缉倒顺针。机缝断线一般可以重叠接线，但倒针交接不能出现双轨。

③ 各种机缝要按足缝份进行缝合。

④ 在卷边缝、压止口和各种包缝时，缉线也要注意上下层松紧一致。如果上下层错位，会形成斜纹涟形。

三、机缝工艺

机缝工艺是指机器缝制的工艺，是由各种不同形式的缝型将各个裁片组合在一起，根据服装不同的样式、部位和不同的缝合要求，采取不同的缝型。

（一）平缝

也称合缝、平接缝。是机缝中最基本、使用最广泛的一种缝型。平缝是把两层衣片正面相叠，在反面沿着所留缝份进行缝合。多用于上衣的肩缝、摆缝、袖缝，裤子的侧缝、下裆缝以及拼接裤腰、挂面、滚条等［图 3-2-1（a）、（b）］。

（二）勾压缝

将衣片正面相对叠合沿缝份缉第一道线［图 3-2-2（a）］。修剪后折倒缝份，翻到正面并熨平，沿边压第二道线［图 3-2-2（b）］。

（三）搭拼缝

将两层衣片的缝份相搭 0.8 cm 后，按 0.4 cm 缝份在正中缝一道明线。主要用于衬布或衬头的拼接，可使搭拼处平服、减少厚度（图 3-2-3）。

（四）压缉缝

上层衣片缝口折光，盖住下层衣片缝头或对准下层衣片应缝的位置，正面压缉一道明线，用于装袖衩、袖克夫、领头、裤腰和贴袋等（图 3-2-4）。

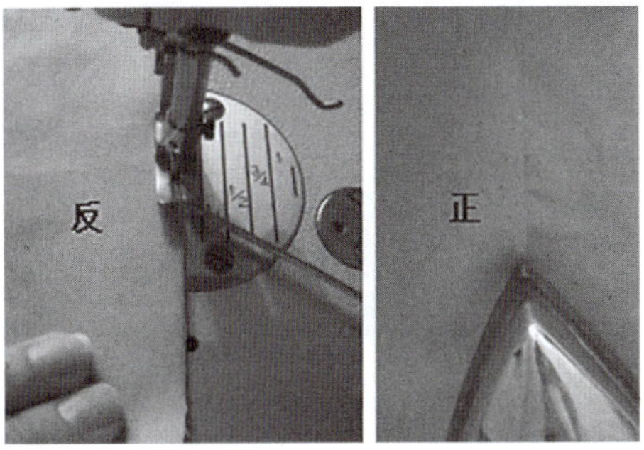

（a）　（b）

图 3-2-1　平缝

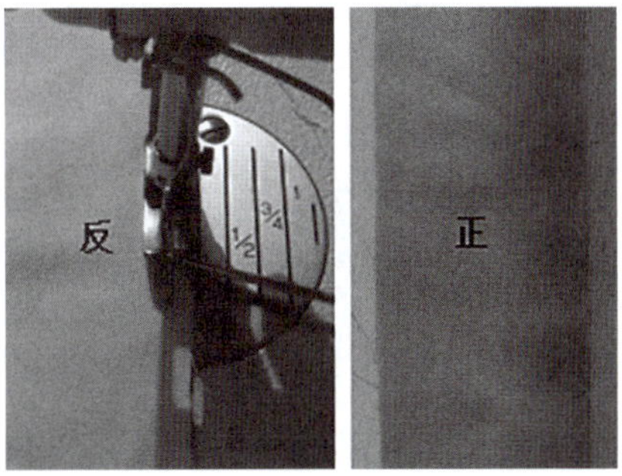

（a）　（b）

图 3-2-2　勾压缝

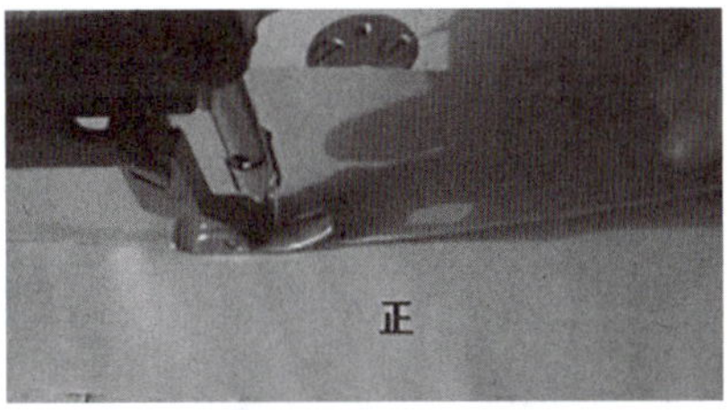

图 3-2-3　搭拼缝

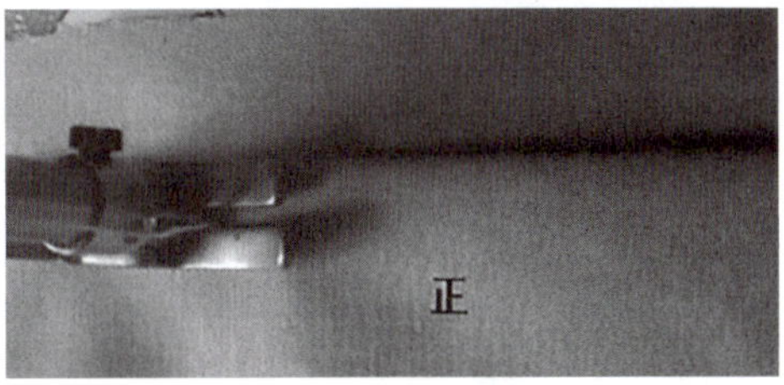

图 3-2-4　压缉缝

（五）卷边缝

卷边缝是一种把毛边折卷两次成三层后再缉缝，常用于男衬衫的衣摆底边或休闲上衣的袖口、下摆底边和裤口等部位。根据款式不同，卷边的宽窄也有所不同。方法是衣片反面朝上，把缝头折光后再折转一定要求的宽度，沿贴边的边缘缉 0.1 cm 清止口。注意上下层松紧一致，防止起涟形（图 3-2-5）。

（六）灌缝

又称漏落缝。先将两片布料合缝，后分开缝份，再将两布料接缝缝口处缉缝，带住下层布料。此方法多用于固定挖袋嵌线。制作时须将两边拉开，靠近折边缉明线（图 3-2-6）。

（七）来去缝

先将两层衣片反面相对，平缝 0.3 cm 缝头后把毛丝修齐，翻转后让其衣片正面相叠合缉 0.5 或 0.6 cm，把第一道毛缝包在里面 [图 3-2-7（a）]。适用于女衬衫和童装的肩缝、侧缝及绱袖等部位。要求缝份整齐、均匀、宽窄一致，无毛边外露和起皱现象［图3-2-7（b）］。

（八）明包缝

即外包缝。明包明缉呈双线。两层衣片反面相叠，下层衣片缝头多放出0.8 cm包转，包转缝头缉住0.1 cm［图3-2-8（a）］，再把包缝坐倒缉0.1 cm清止口［图3-2-8（b）］。用于男两用衫、茄克衫等。

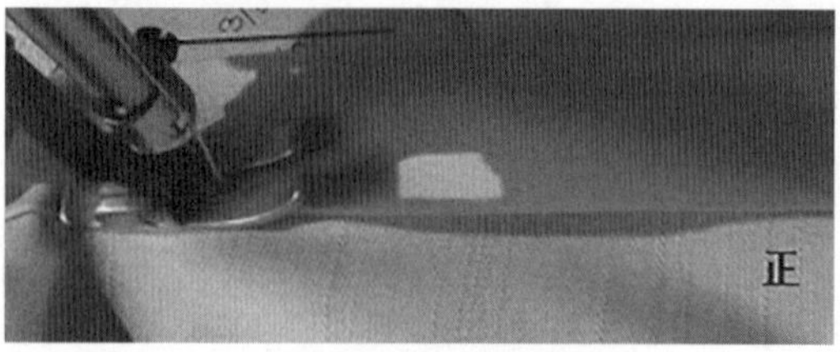

图3-2-5　卷边缝

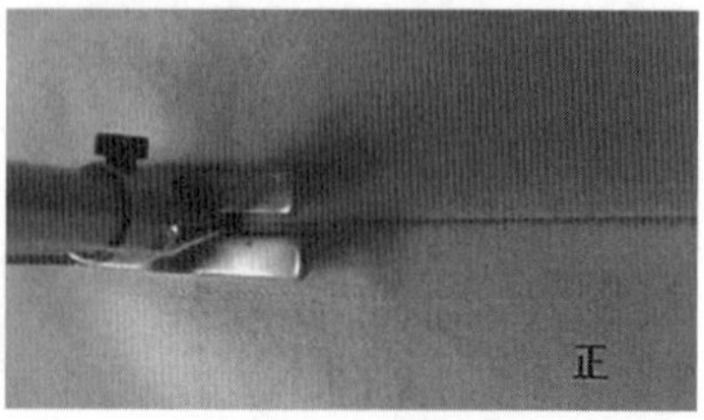

图3-2-6　灌缝

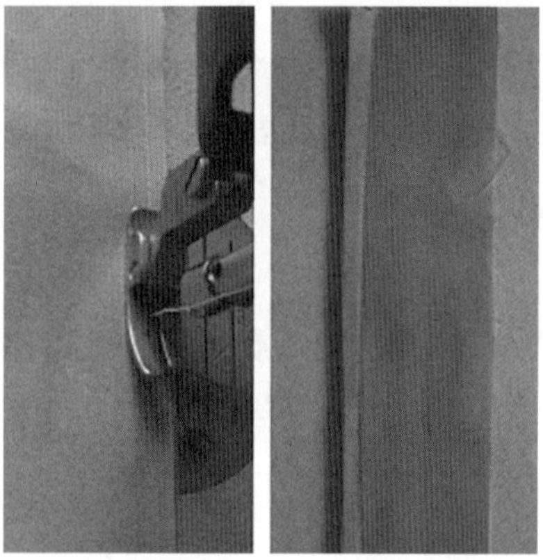

（a）　（b）

图3-2-7　来去缝

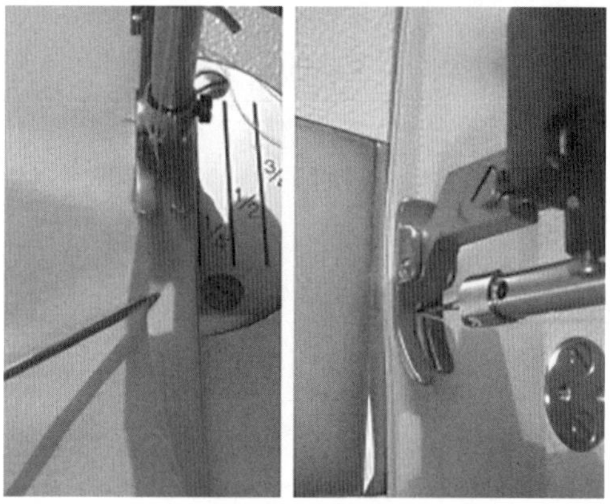

（a）　（b）

图3-2-8　明包缝

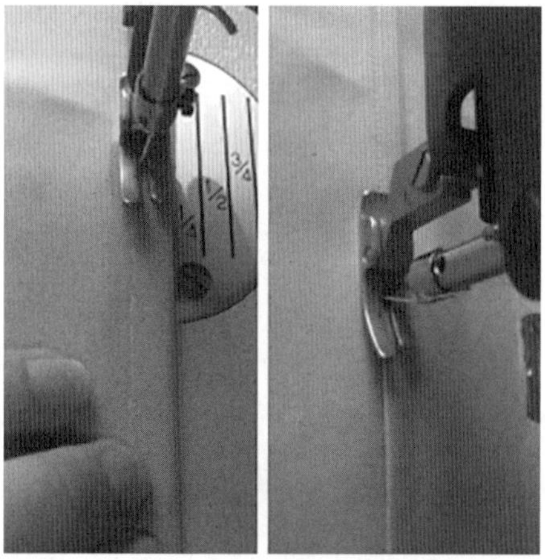

（a）　（b）

图3-2-9　暗包缝

（九）暗包缝

即内包缝。暗包明缉呈单线。两层衣片正面相叠，下层衣片缝头多放出0.6 cm包转，包转缝头缉住0.1 cm［图3-2-9（a）］，再把包缝坐倒，正面缉0.4 cm单止口［图3-2-9（b）］。一般用于茄克衫、平脚裤等。

第三节 零部件缝制工艺

一、口袋工艺

（一）贴袋

1. 尖角贴袋（图 3-3-1）

① 按规格裁剪袋布，扣折袋口贴边及毛边共 3 cm，其余袋边扣烫缝份 1 cm［图 3-3-1（a）］。

② 按口袋位置放好钉贴袋，压缝止口 0.1 cm 的明线，封袋口为直角三角形［图 3-3-1（b）］。缝制时要求袋口位置准确，口袋端正，左右封口大小相等，缉线整齐平直，布面平整。最后口袋定型时要在衣片反面用力来回烫，以保证袋布、衣片平服无皱。

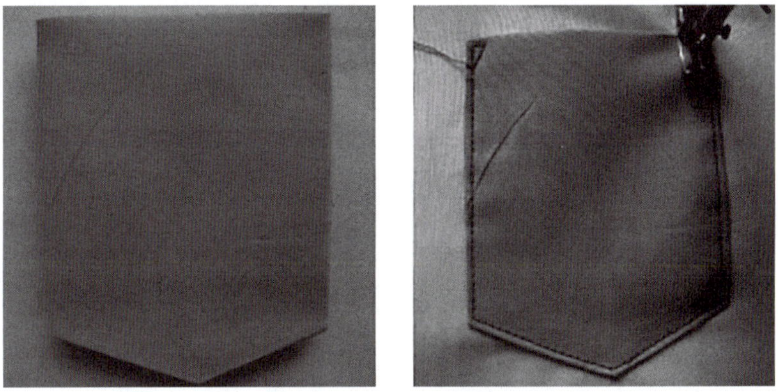

（a）　（b）

图 3-3-1　尖角贴袋

2. 圆角贴袋（图 3-3-2）

① 根据贴袋样板，三折边扣烫口袋上口，宽度为 2.5 cm［图 3-3-2（a）］，其余三面留足扣烫缝份，将口袋布反面朝上，沿折边缉缝袋口明线距折边距离为 0.1 cm 的口袋明线［图 3-3-2（b）］。

② 将口袋布反面朝上，放好圆角贴袋样板，扣净口袋布，圆角处的褶皱要烫均匀［图 3-3-2（c）］。

③ 将口袋对准袋位点，由口袋开始缉缝［图 3-3-2（d）］，明线宽为

0.6 cm，顶圆角贴袋时要保持上衣上下层布的平整，不要有起皱。明线宽窄要一致［图 3-3-2（e）］。

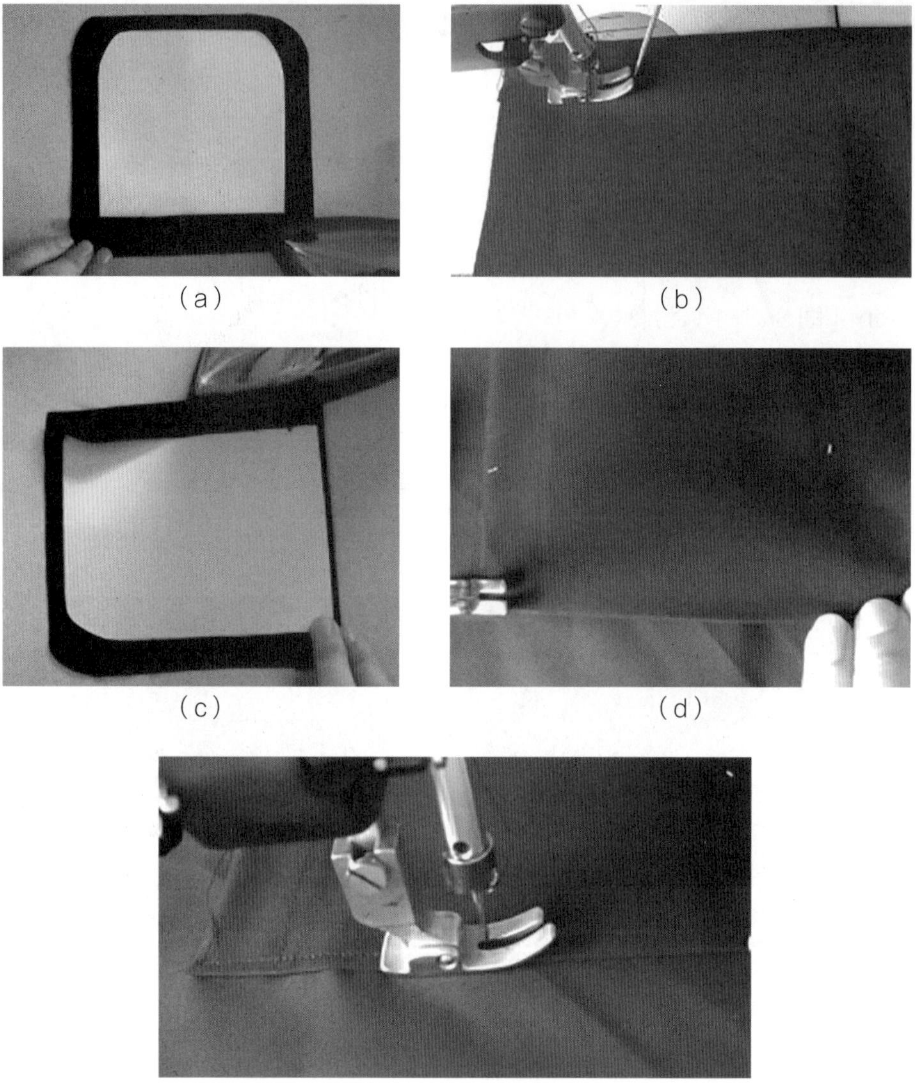

（a）（b）（c）（d）（e）

图 3-3-2　圆角贴袋

（二）插袋

1. 直插袋（图 3-3-3）

① 裁制垫布、垫袋布，并把垫袋布与袋布固定［图 3-3-3（a）］。

② 缉前、后裤片外侧缝至袋位处，缝份 1 cm，缝份处分开烫［图 3-3-3（b）］，同时将垫布缉缝于布下层袋口［图 3-3-3（c）］。

③ 将袋布上层袋口边与前裤片相叠缉缝一道［图 3-3-3（d）]，后将袋布翻转，前裤片包卷袋布口边，缉压明止口，明线宽为 0.8 cm［图 3-3-3（e）]。

④ 翻起下层袋布口边，将袋口垫布与后裤片缉缝于袋位以下，缝份在 0.8～0.9 cm［图 3-3-3（f）]，用来去缝缝型兜缝上下层袋布［图 3-3-3（g）]。

⑤ 缝份分开熨烫［图 3-3-3（h）]，将下层袋布口边扣压于后裤片缝份上，缝份 0.3～0.4 cm［图 3-3-3（i）]。

⑥ 封上下袋口［图 3-3-3（j）]。

（a）

（b）

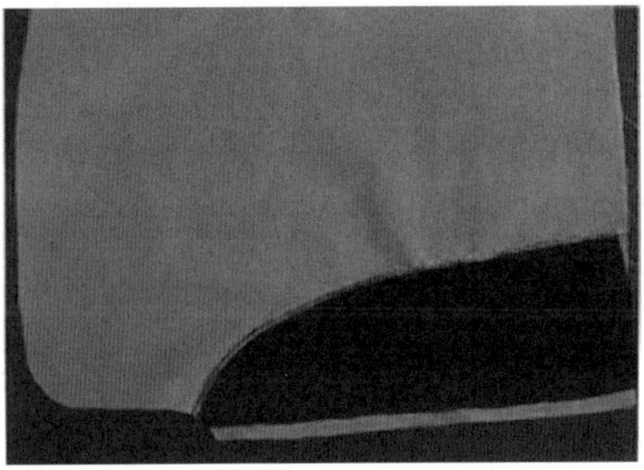

（c）

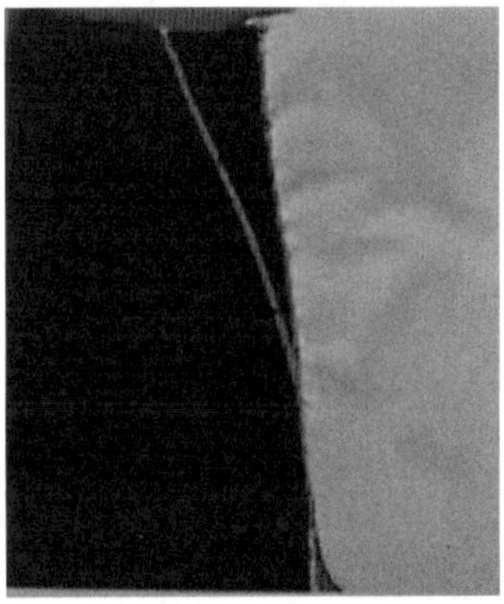

（d）

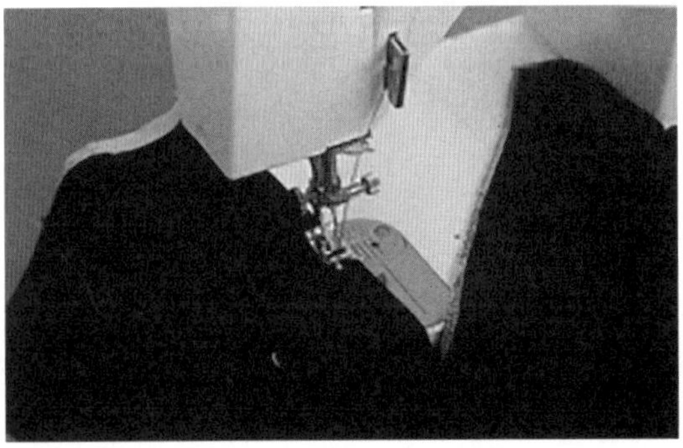

（e）

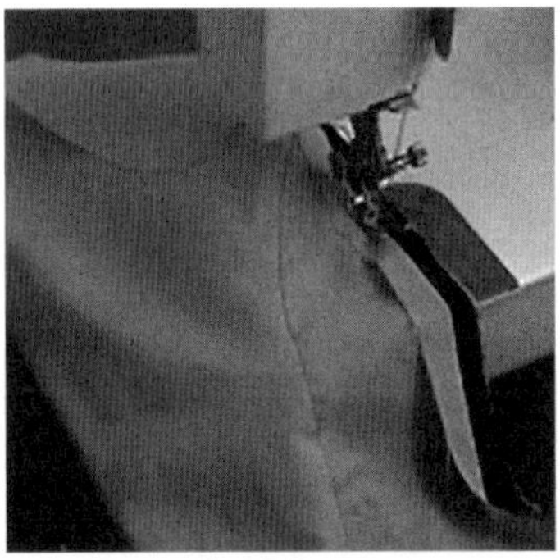

（f）

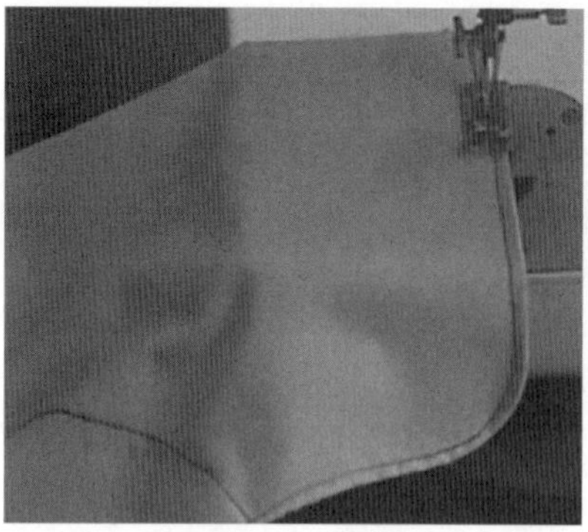

（g）

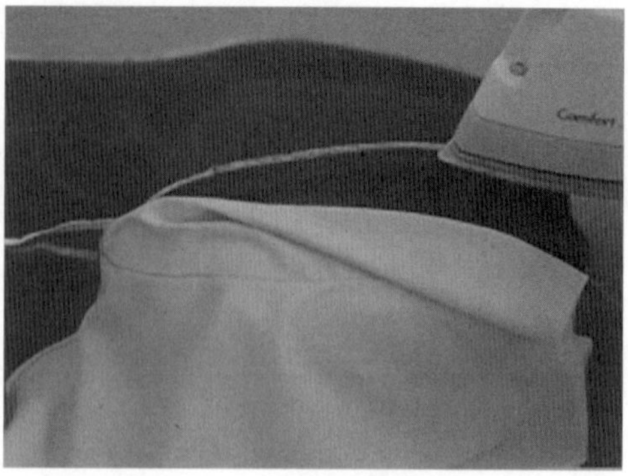

（h）

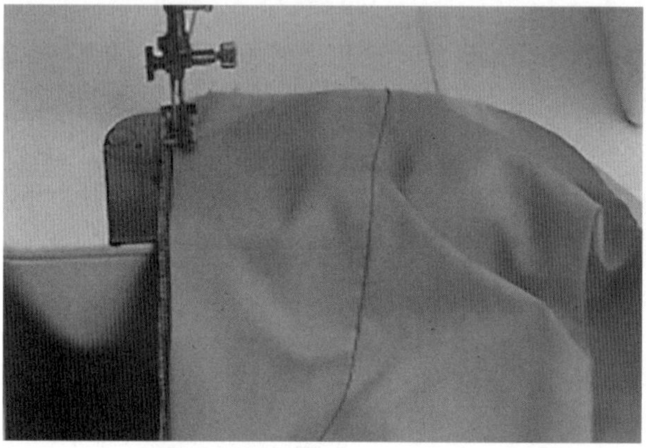

（i）

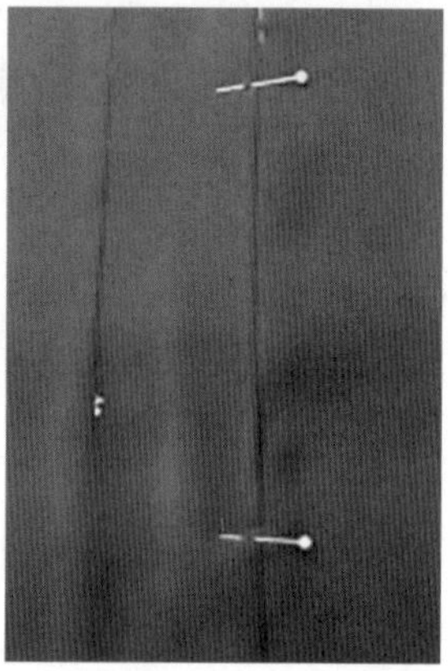

（j）

图 3-3-3　直插袋

2. 斜插袋（图 3-3-4）

① 装垫布：将斜插袋垫布固定在斜插袋布上，固定时注意斜插袋与斜插袋布边缘平齐，注意左右侧垫布不要装反，也不能一顺［图 3-3-4（a）］，然后将口袋布翻正并进行熨烫［图 3-3-4（b）］。

② 修净斜插袋的兜口边，并在上层口袋布的表面黏烫衬布条［图 3-3-4（c）］。

③ 将裤片反面朝上，在兜口下端处打剪口，然后按线钉折烫兜口贴边［图 3-3-4（d）］。

④ 做斜插袋口：将袋布斜口对准袋口线作搭缝，并翻正，沿斜插袋口缉明线（单明线 0.5 cm 或双明线 0.1 ~ 0.6 cm）［图 3-3-4（e）］。袋布反缝 0.3 cm，翻正，捋平，缉袋布明线，明线宽为 0.6 cm。

⑤ 封袋口：上口距腰头 4 cm，重合回针固定，顺缉上袋口以上部分，同

样固定下袋口［图 3-3-4（f）］。

⑥ 缝制时要求袋口、侧缝平服，无皱。封袋布上口时裤片褶裥要烫倒，袋布上口封死，褶量、褶位对称，满足腰围且袋布平整。

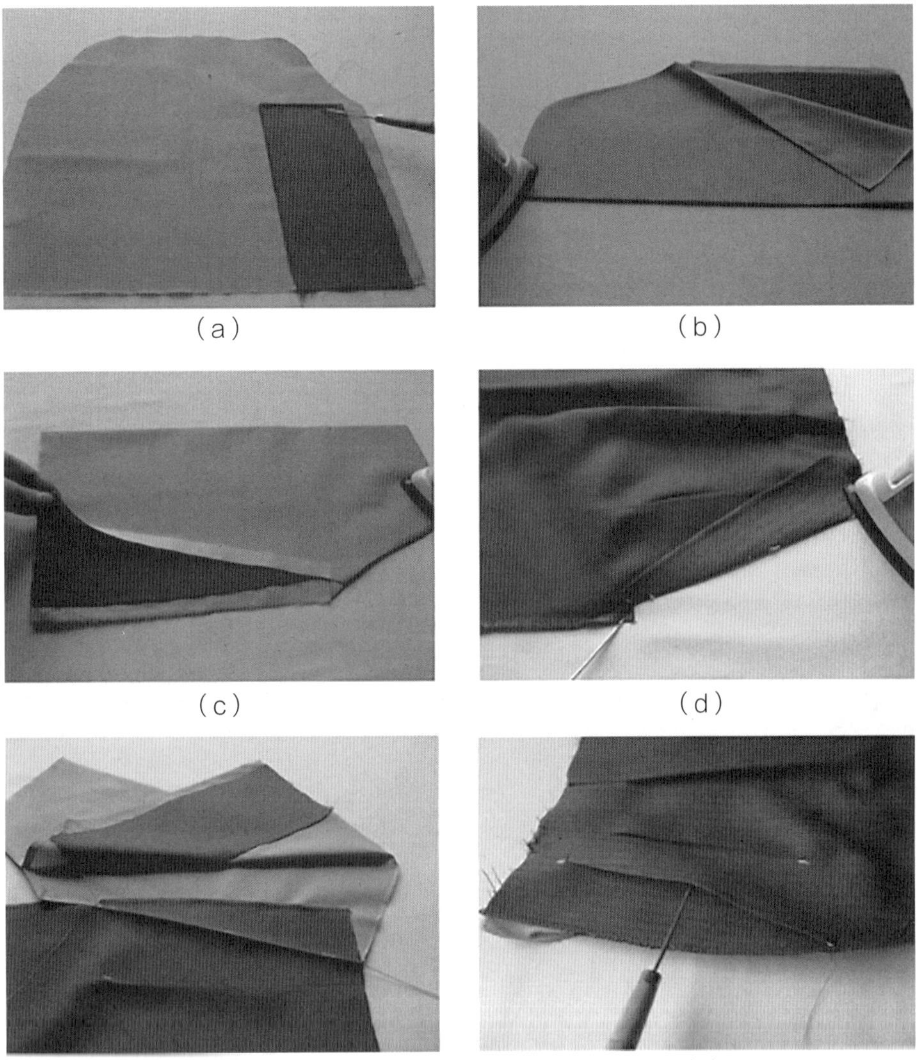

（a）（b）（c）（d）（e）（f）

图 3-3-4　斜插袋

（三）挖袋

1. 单嵌线挖袋（图 3-3-5）

① 准备好嵌线条、垫袋布、袋口衬及嵌线条衬［图 3-3-5（a）］。

② 在袋口位置的反面及袋牙的反面黏袋口衬、嵌条衬，并将黏好的嵌条衬对折熨烫好［图 3-3-5（b）］。

③ 在衣片上定出口袋位，袋位上画口袋线，再由袋位线上下各 1 cm 画辅助线［图 3-3-5（c）、（d）］。

④ 将嵌线条、垫袋布按照衣片上定出的口袋位进行缝合，缝合时不要伸拉嵌线条和垫袋布，两条线要等长、等宽，并且平行，缉缝的开始和结束均要求回针［图 3-3-5（e）］。

⑤ 剪开袋口中线，沿袋位中线剪开兜口至距兜口两端 1 cm 处，同时分别向两端剪至缉缝兜牙的线根部，将兜口两端剪成三角状，不能剪断缉线［图 3-3-5（f）］。

⑥ 将嵌线条和垫布翻至衣身反面，熨烫袋口，袋口宽度要保持一致，两端要烫平服，不能起皱［图 3-3-5（g）］。

⑦ 垂直封两端小三角［图 3-3-5（h）］。

⑧ 将垫布折转与袋布固定，明线宽为 0.1 cm。再将袋布与嵌线条暗缝固定。将袋布毛边向里扣净 1 cm，按 0.2 cm 明线宽缉缝袋布［图 3-3-5（i）］。

⑨ 成品要求：① 袋口方正，无毛漏，上下嵌条宽窄一致；② 袋布平整。

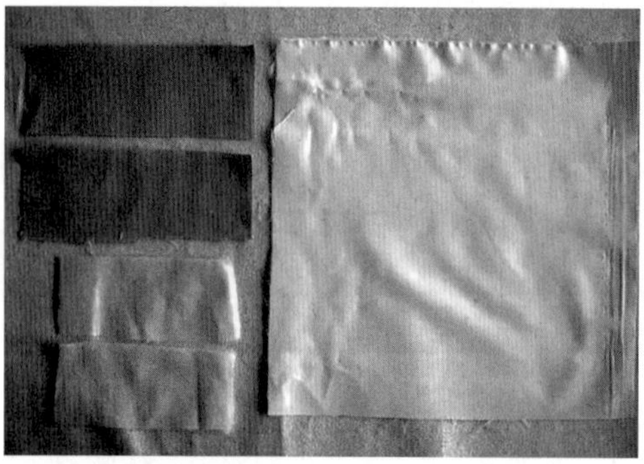

（a）

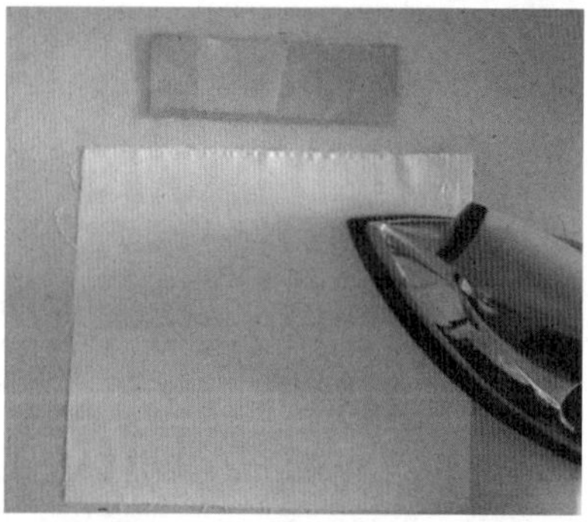

（b）

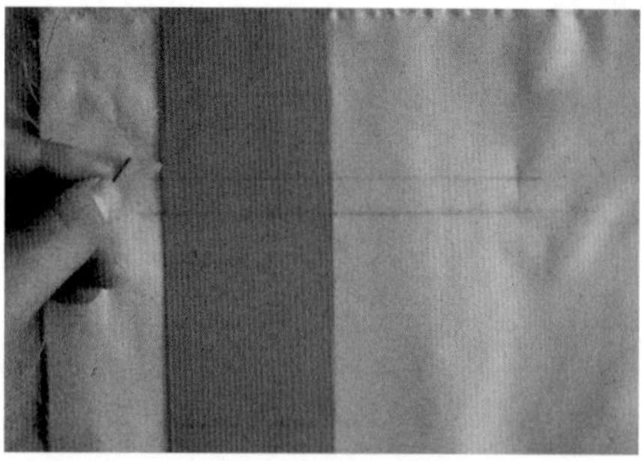

（c）

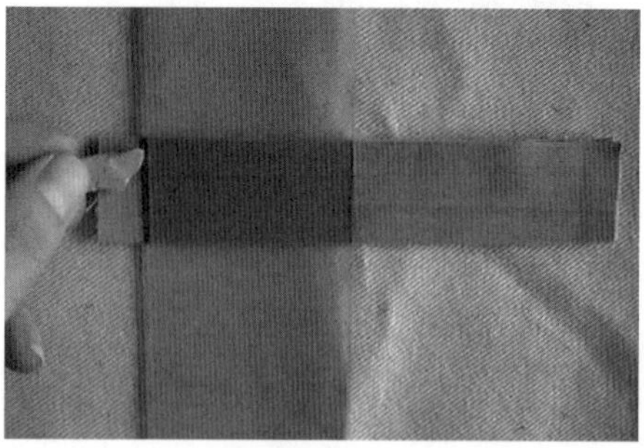

（d）

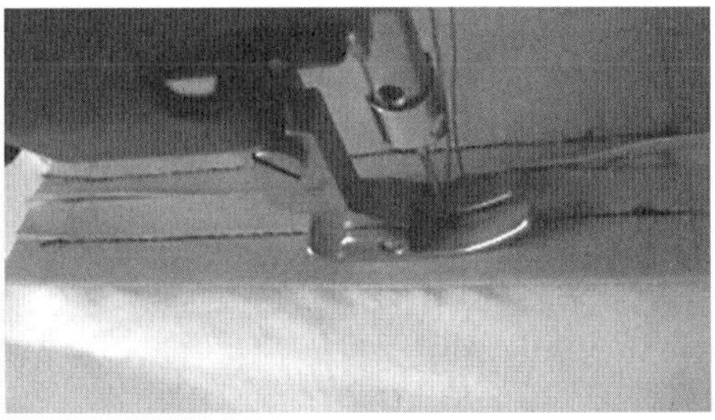

（e）

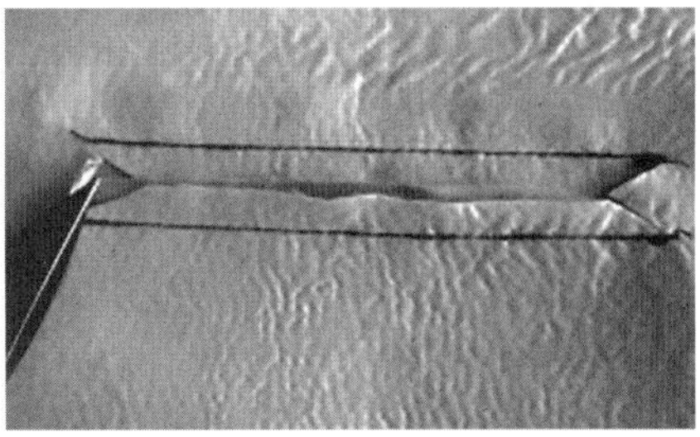

（f）

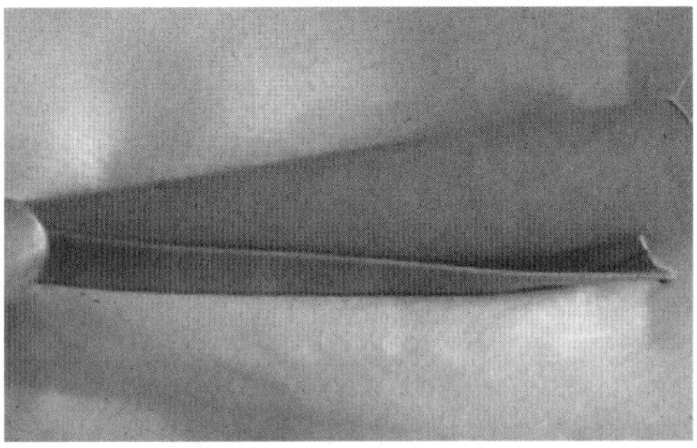

（g）

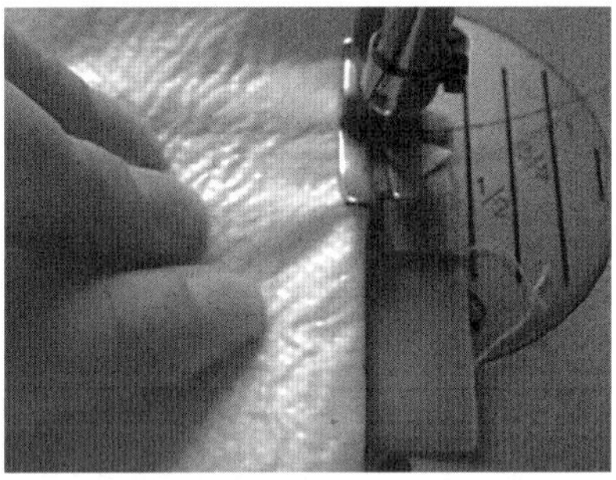

（h）

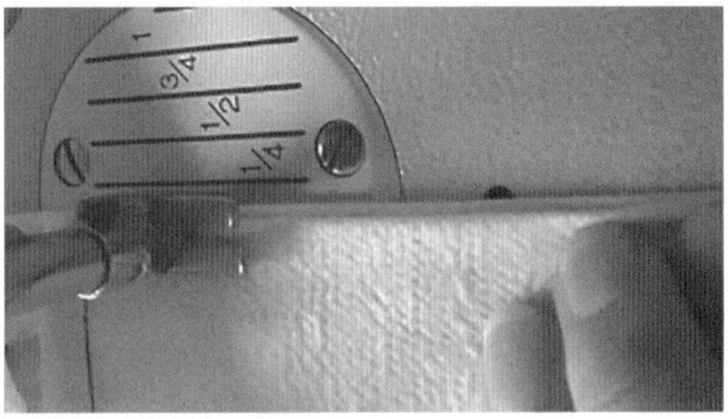

（i）

图 3-3-5　单嵌线挖袋

2. 双嵌线挖袋（图 3-3-6）

① 裁片：按规格裁袋布、垫布、嵌线和衬［图 3-3-6（a）］，按规格画好袋位线［图 3-3-6（b）］。

② 黏衬：在开袋位置反面黏无纺衬，嵌线条反面黏无纺衬［图 3-3-6（c）］。

③ 缝嵌线：在嵌线条上画好袋口位，将袋口位对准裤片上的袋位，缉缝上下袋口线，缉缝时线迹要平整顺直，两端一定重合回针［图 3-3-6（d）］。

④ 剪袋口：从反面在缉线中间处剪开口，袋口两端剪三角。三角剪至缉线线根处［图 3-3-6（e）］。

⑤ 翻转口袋，熨烫嵌线，熨烫嵌线时要注意袋牙宽窄要一致［图 3-3-6（f）、（g）］，并将两端三角沿三角底边封牢，要求无裥、无毛露，且牢固［图 3-3-6（h）］。

⑥ 缉缝垫布：将垫布置于反面袋口处，袋布和腰口拉齐，确定垫布在袋布上的位置，然后采用扣压缝固定垫布和袋布［图 3-3-6（i）］。

⑦ 缝袋布：掀开裤片，将袋布勾缝 0.3～0.4 cm，再翻转过来缉 0.6 cm 的明线［图 3-3-6（j）］。

⑧ 固定上、下嵌线：在上嵌线压 0.1 cm 明线或灌缝，顺势缉袋口两端［图 3-3-6（k）］。缝制时要求嵌线宽窄一致，袋口无裥、无毛露，袋布顺直、平服。

（a）

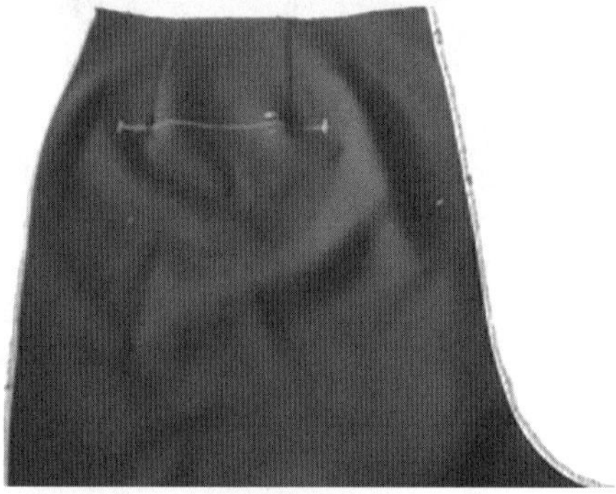
（b）

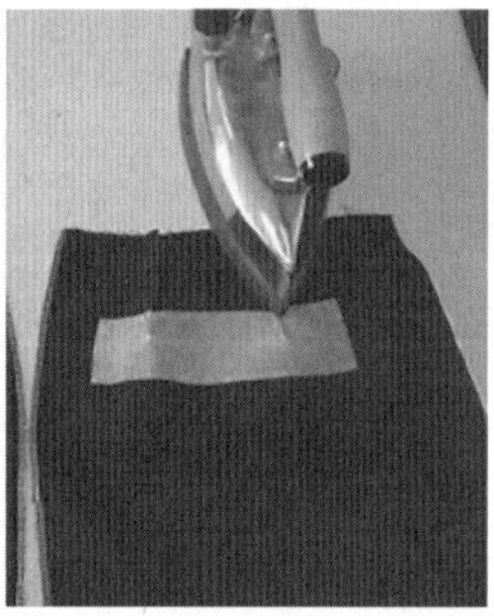
（c）

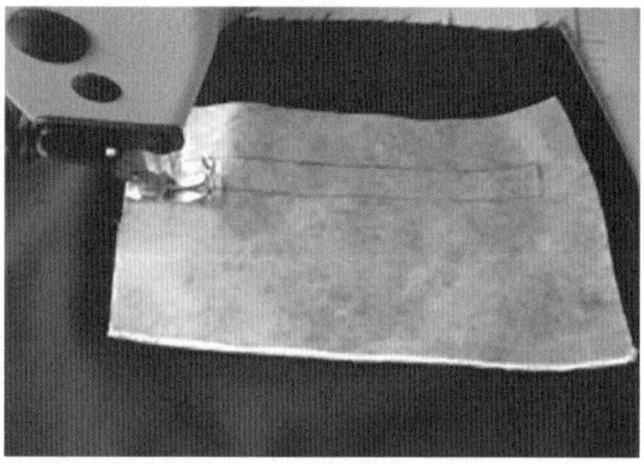
（d）

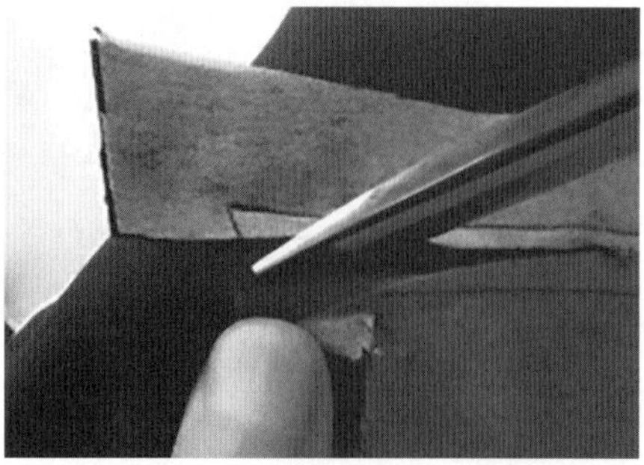
（e）

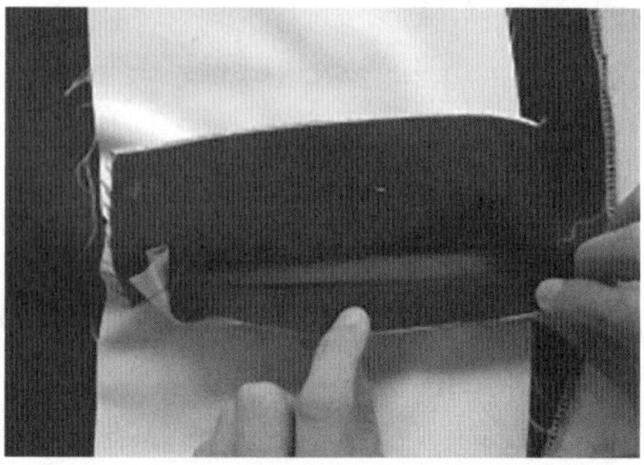
（f）

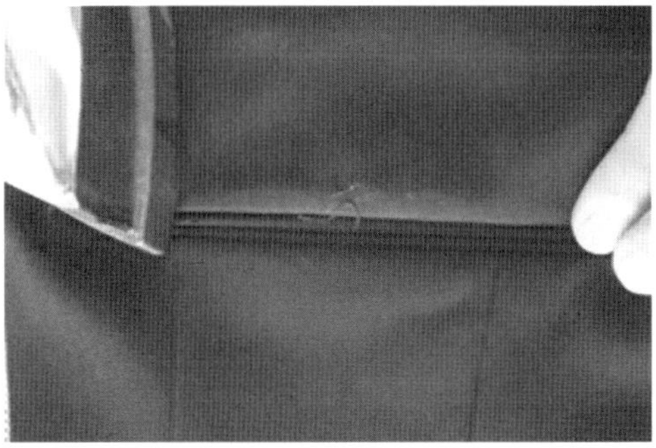

（g）

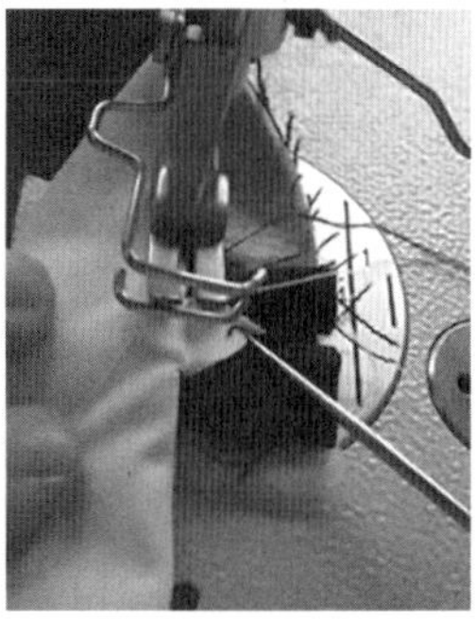

（h）

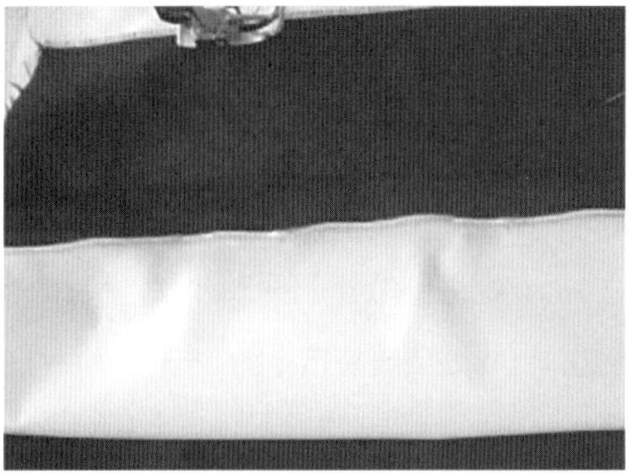

（i）

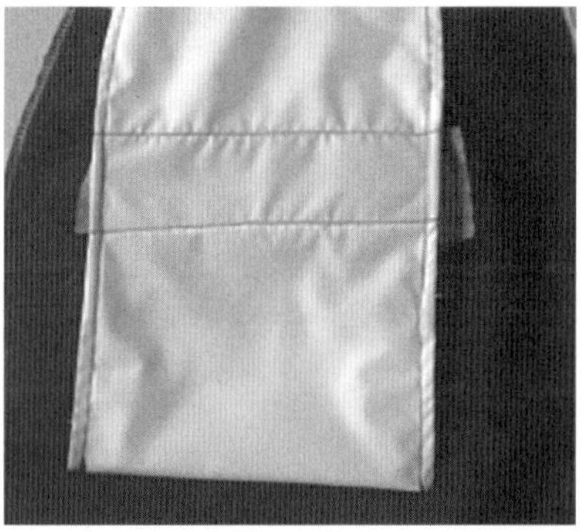

（j）

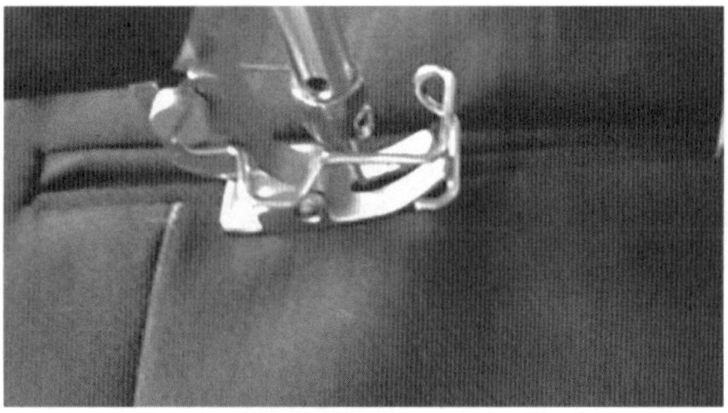

（k）

图 3-3-6　双嵌线挖袋

3. 拉链挖袋（图 3-3-7）

① 装嵌线：裁 8 cm×16 cm 的嵌条、口袋挖布及同样大小的衬［图 3-3-7（a）］。

② 在衣身反面袋口黏衬［图 3-3-7（b）］。

③ 在口袋挖布的反面定好口袋挖线［图 3-3-7（c）］。

④ 把口袋挖布上的口袋挖线对准衣身上的口袋位，缉缝上下两条挖线，缉线挖线时要注意平行、顺直，间距为双线宽度，两端要打倒回针［图 3-3-7

(d)、(e)]。

⑤ 沿两缝迹线中心剪开袋布，至距兜口两端 1 cm 处，并向两端剪小三角，不能剪断缉线 [图 3-3-7 (f)、(g)]。

⑥ 将口袋挖布翻至衣身反面，熨烫挖袋口 [图 3-3-7 (h)、(i)、(j)、(k)]。

⑦ 将拉链放在袋位下端并修正位置 [图 3-3-7 (l)]，可以用手针进行绷缝固定，同时定位拉链 [图 3-3-7 (m)]。

⑧ 先将下层袋布放在衣身反面，缉下袋口 0.1 cm 的明线。再把下层袋布翻转过来放在上层袋布，明线宽度为 0.1 cm，袋口两端要打倒回针 [图 3-3-7 (l)、(n)、(o)]。

⑨ 去掉手针线迹 [图 3-3-7 (p)]，并固定三角 [图 3-3-7 (q)]。

⑩ 把垫袋布放在袋口布上距袋口线 1 cm 处进行勾缝 [图 3-3-7 (r)]。

⑪ 缉缝口袋布：将袋布放平整，距边 1 cm 处缉缝袋布 [图 3-3-7 (s)]。

⑫ 完成图 [图 3-3-7 (t)]。

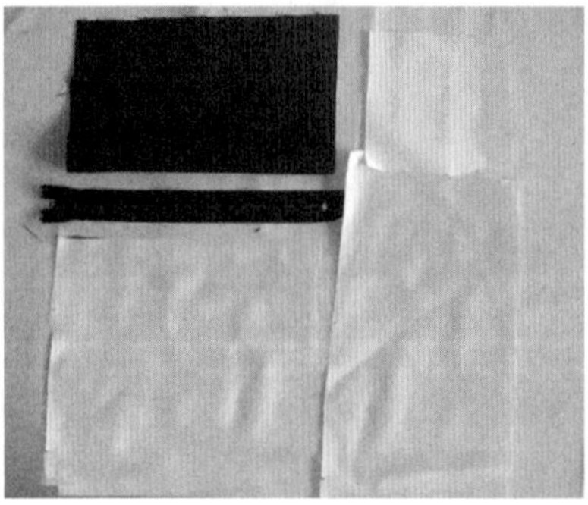

(a)

(b)

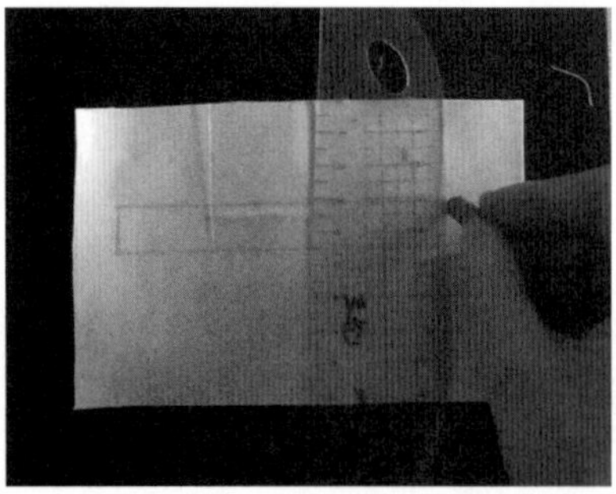

(c)

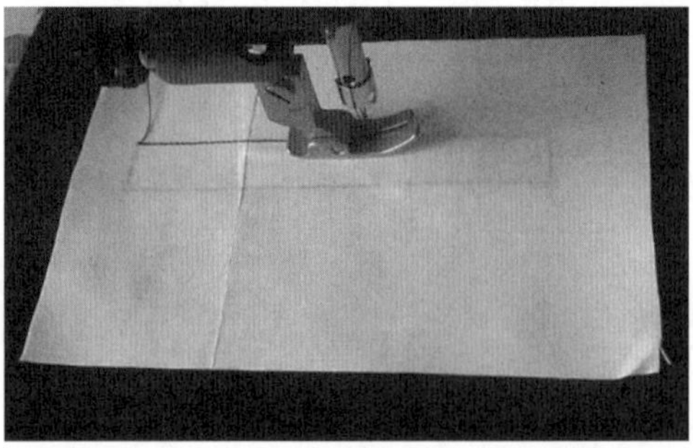

(d)

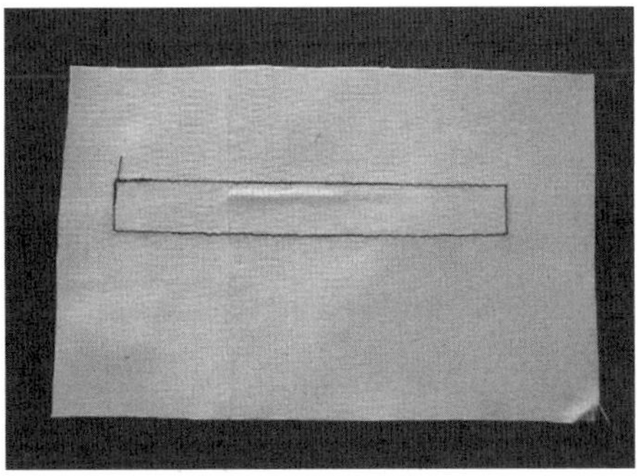
(e)

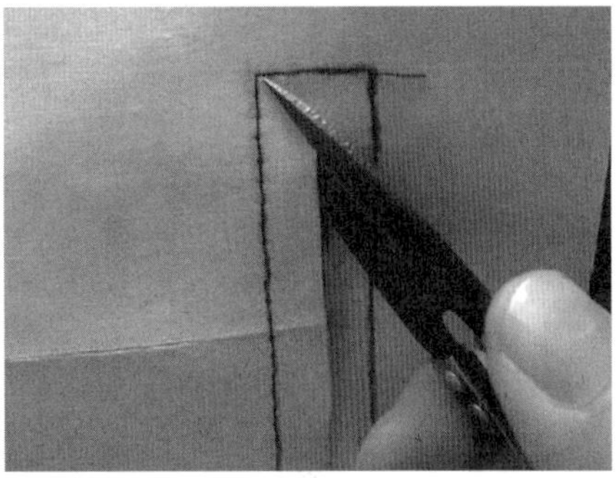
(f)

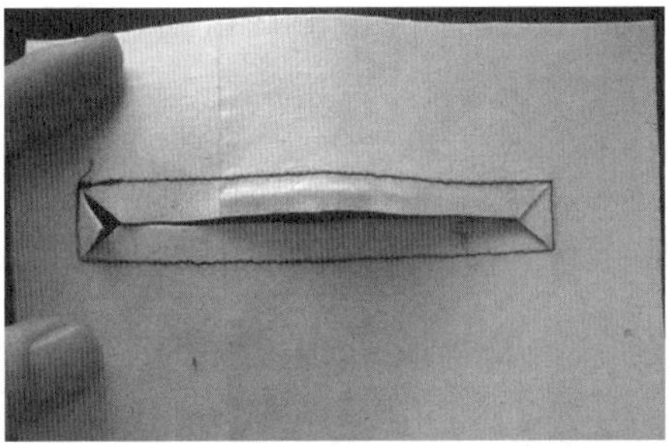
(g)

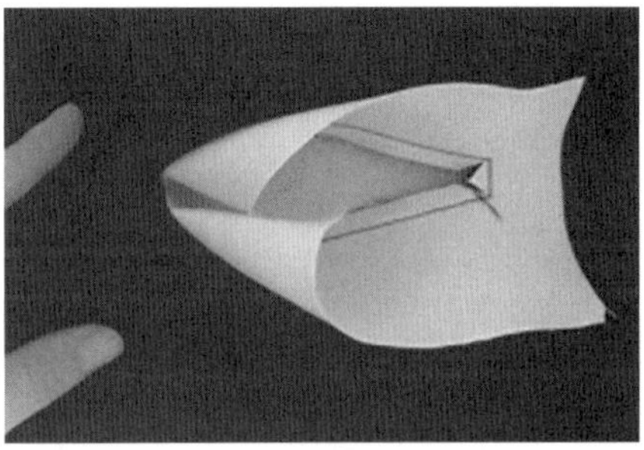
(h)

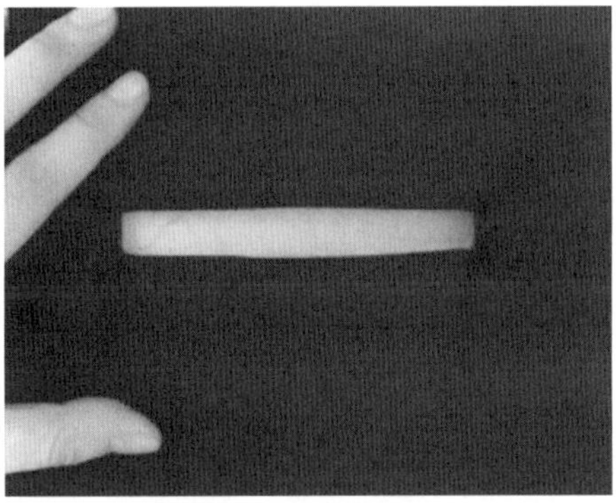
(i)

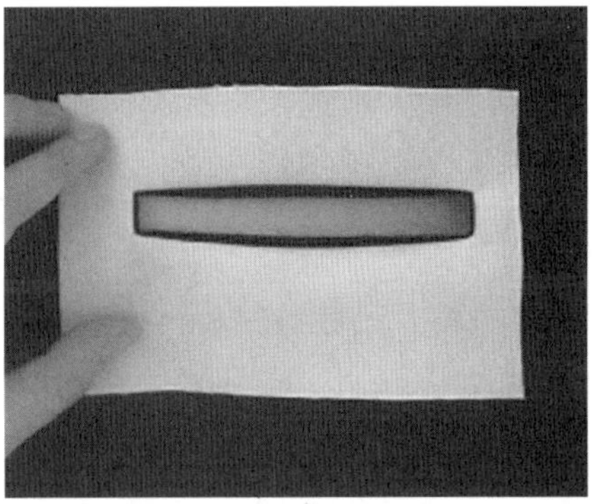
(j)

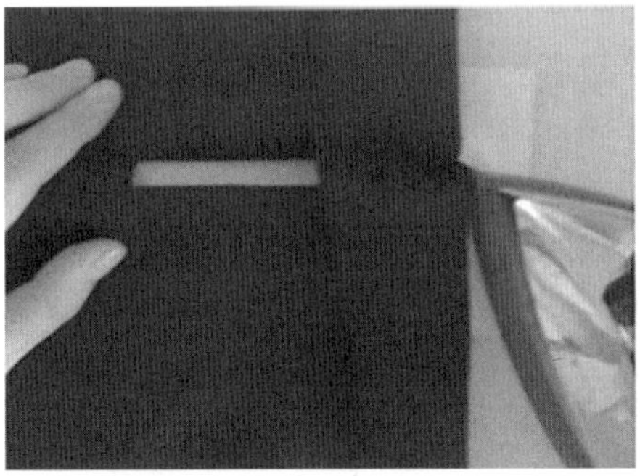
(k)

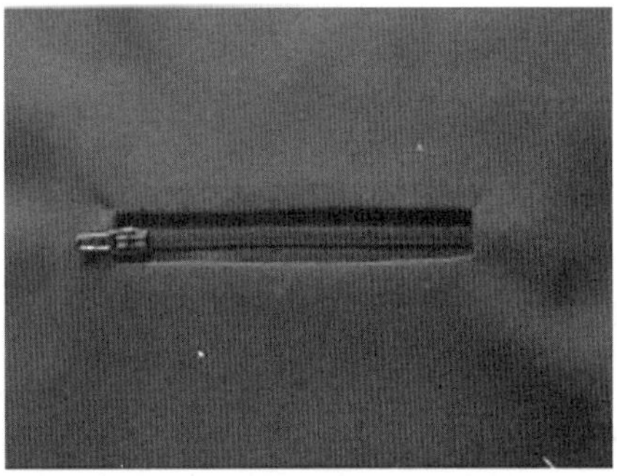
(l)

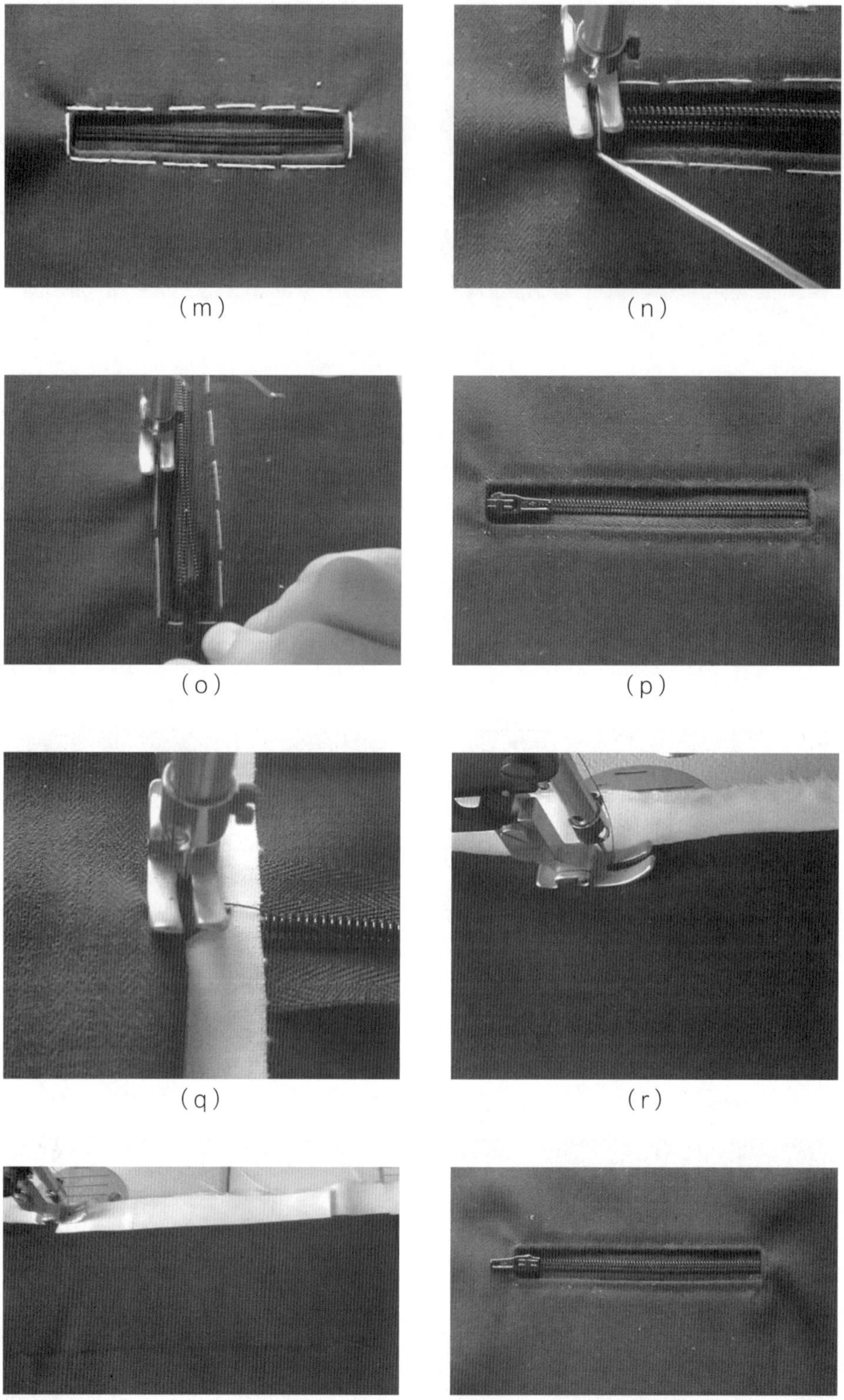

（m）（n）（o）（p）（q）（r）（s）（t）

图 3-3-7　拉链挖袋

4. 手巾挖袋（图 3-3-8）

① 准备好手巾袋嵌线布、垫袋布、嵌线衬、袋口衬及袋布［图 3-3-8（a）］。

② 在手巾袋嵌线布反面黏衬，同时按手巾袋口大小折烫袋牙缝份［图 3-3-8（b）、（c）］。

③ 缉嵌线与垫袋布：在衣片上画好手巾袋位置［图 3-3-8（d）］，再把嵌线及垫袋布缉在袋口位置上，两端缉回针［图 3-3-8（e）］。

④ 沿两缝迹线中心剪开袋布，将嵌线两侧距袋口 1 cm 处打剪口［图 3-3-8（f）］，并将嵌线、垫袋布翻至里面并整理熨烫［图 3-3-8（g）］。

⑤ 缉袋布：将一层袋布与翻下来的嵌线勾缉后翻下来，将另一层袋布放在袋口位的下面，按缉垫袋布线缉重合线［图 3-3-8（h）］。第二层袋布缉好后，把垫袋布的下端与袋布勾缉［图 3-3-8（i）］。

⑥ 封袋口：将三角翻至袋布上端进行固定［图 3-3-8（j）］，同时在手巾袋嵌线两侧各缉 0.1 cm 的明线，进行袋口封结。注意封袋口时让嵌线略有松度，可与人穿着后人体胸部的曲面相吻合［图 3-3-8（k）］。

⑦ 完成图［图 3-3-8（l）］。

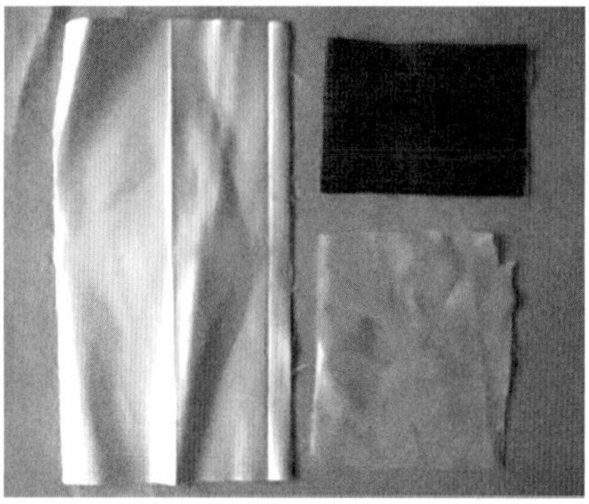

（a）

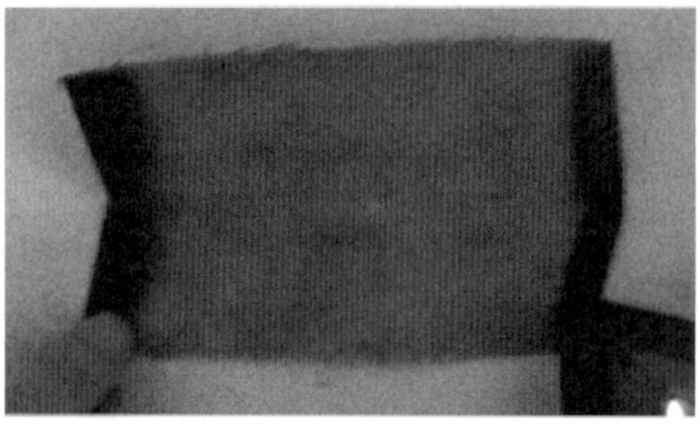

（b）

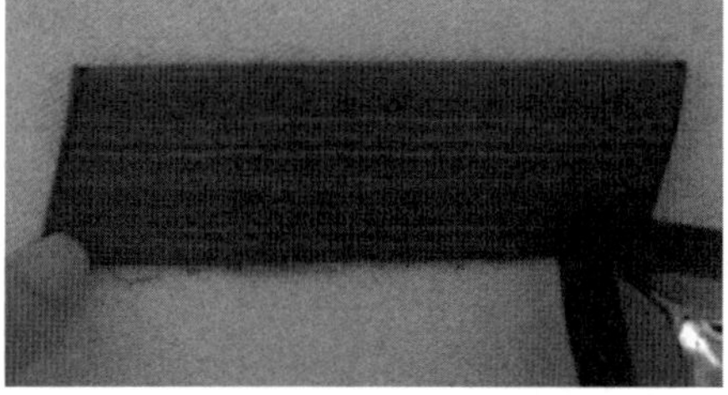

（c）

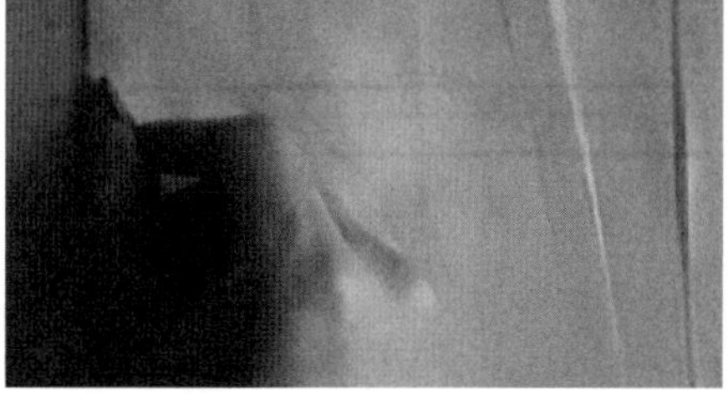

（d）

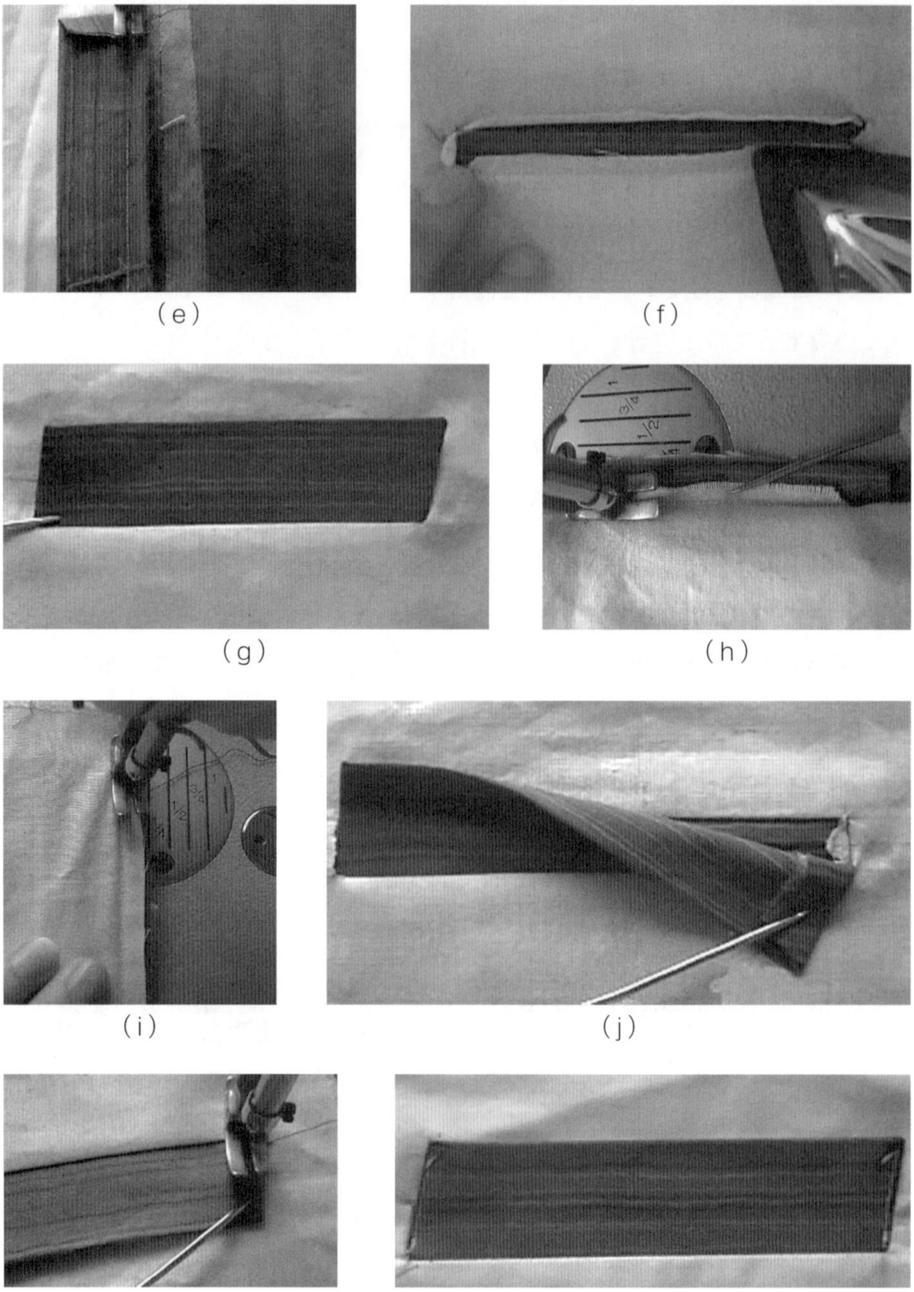

(e) (f) (g) (h) (i) (j) (k) (l)

图 3-3-8　手巾挖袋

二、领子缝制工艺

1. 平领（图 3-3-9）

① 黏烫衬布：领面反面朝上，将裁剪好的衬布黏烫在领面的反面。黏烫时

熨斗压力要均匀，黏衬无起皱 [图 3-3-9（a）]。

② 勾缝领子：先用净样板在领里的反面画好缉缝线，领里、领面正面相对，领里朝上勾缝领子外口边，注意领面要有 0.1 cm 的吃缝量 [图 3-3-9（b）]，然后将勾好的领子缝边修剪为 0.5 cm [图 3-3-9（c）]。

③ 翻烫领子：先将领子缝边倒向领面，过缉缝线 0.1 cm 熨烫 [图 3-3-9（d）]，然后将领子翻至正面，领里朝上熨烫领子外口边，注意熨烫好的领里应比领面小 0.1 cm [图 3-3-9（e）]。

④ 制作完成的平领左右领角应对称，领子的外口线条流畅，明线无断线，领子的各部位平服自然 [图 3-3-9（f）]。

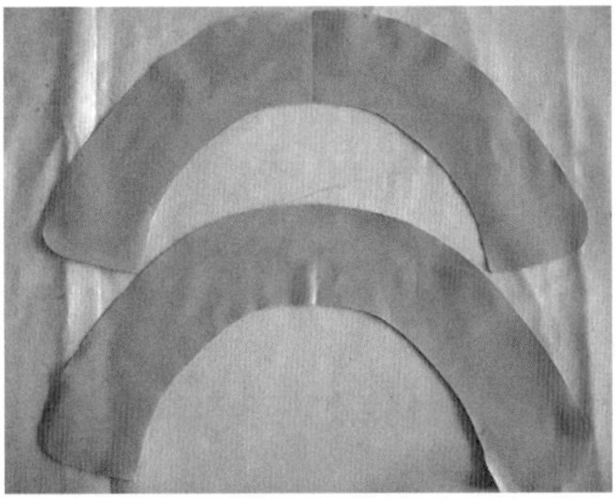

（a）

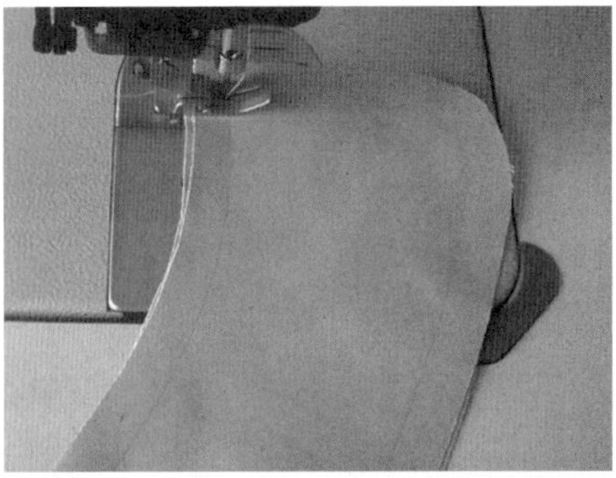

（b）

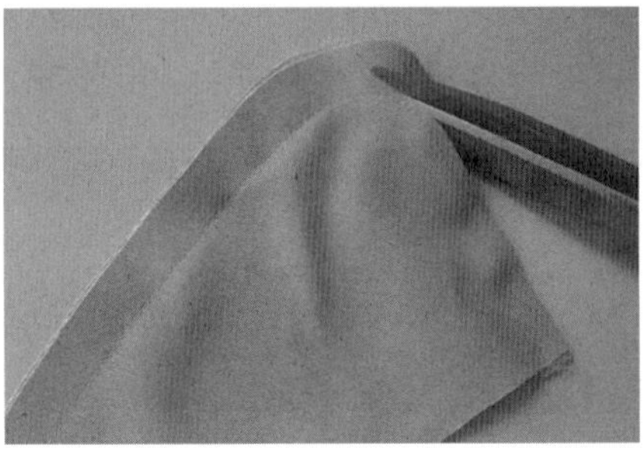

（c）

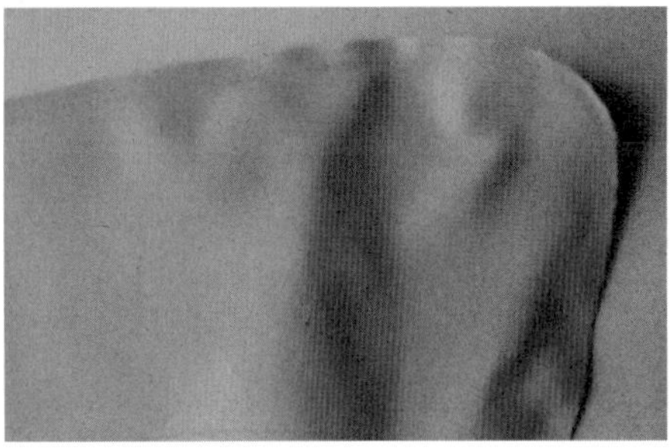

（d）

（e）

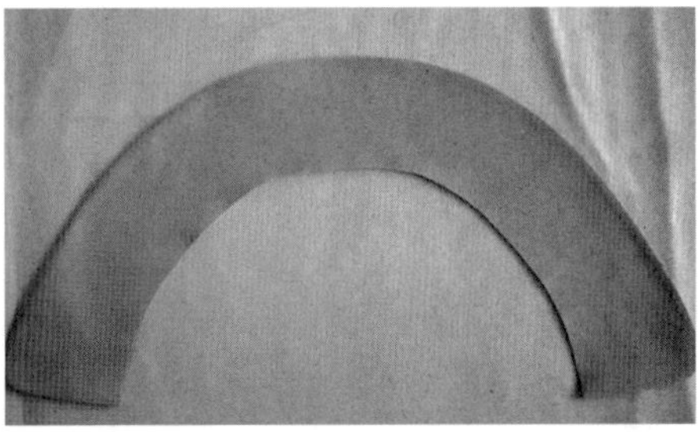

（f）

图 3-3-9　平领

2. 中式立领（图 3-3-10）

① 准备好领里、领面及领衬［图 3-3-10（a）］。

② 领面反面朝上，将裁剪好的净衬领黏烫在领面的反面上，要求黏烫牢固［图 3-3-10（b）、（c）］。

③ 将领里、领面正面相对，领面在上距净领边衬 0.1 cm 宽勾缝领子外口。领面略“吃缝”，开始和结束时均要求回针［图 3-3-10（d）］，同时修剪多余的缝份［图 3-3-10（e）］。

④ 翻正领子并领里朝上熨烫领子外口，熨烫时要注意面吐止口 0.1 cm［图 3-3-10（f）、（g）］。

⑤ 完成图［图 3-3-10（h）］。

3. 立翻领（图 3-3-11）

① 将底领衬烫在底领面反面，四周留出缝份，再沿底领底边折转扣烫［图 3-3-11（a）］。将翻领衬烫在翻领面反面，下口与翻领面止口平齐，其余三方留足缝份［图 3-3-11（b）］。

② 翻领领面缝合，扣烫，缉明线。将翻领面与翻领里正面相合，领面在上，领里在下，离领衬 0.1 cm 兜缉三边，领角处要注意里外匀，以满足领角的窝势［图 3-3-11（c）］。清剪翻领缝份为 0.3 cm，领角缝头修成宝剑形［图 3-3-11（d）］。将领角翻足翻尖，止口拽平，领里坐进 0.1 cm 烫实［图 3-3-11（e）］。在翻领正面缉 0.6 cm 明线［图 3-3-11（f）］，用划线板划翻领宽［图 3-3-11（g）］，清剪翻领下口缝份为 0.6 cm［图 3-3-11（h）］。

③ 翻领、底领缝合、扣烫［图 3-3-11（i）］。底领面、里正面相合，面在上，里在下，中间夹进翻领，边沿对齐，三眼刀对准。离底领衬 0.1 cm 缉线，并清剪缝份，翻转熨烫。

④ 制作好的领子应左右对称，翻领角宽窄一致，左右领嘴的大小一致［图 3-3-11（j）］。

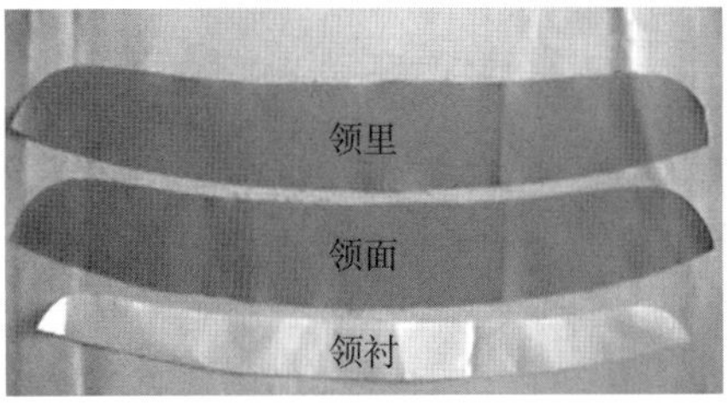

(a)

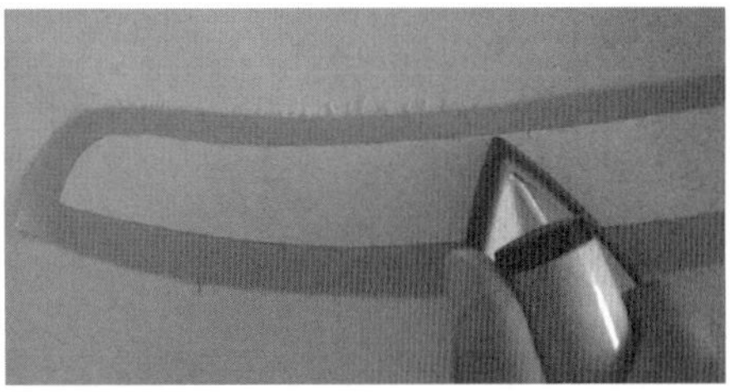
(b)

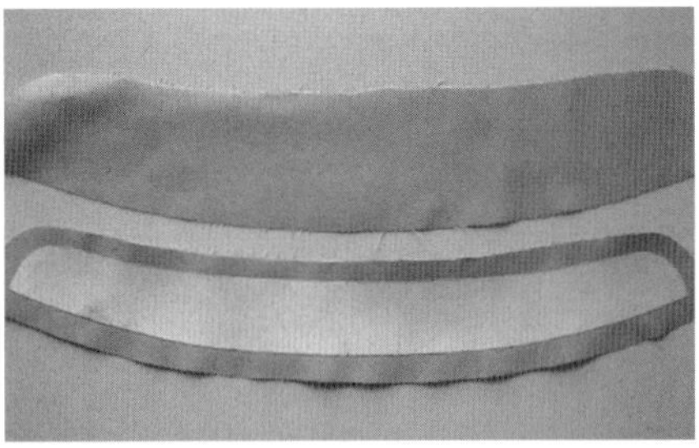
(c)

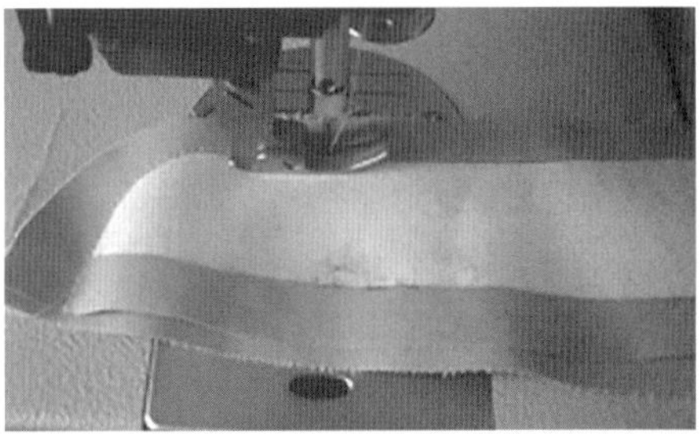
(d)

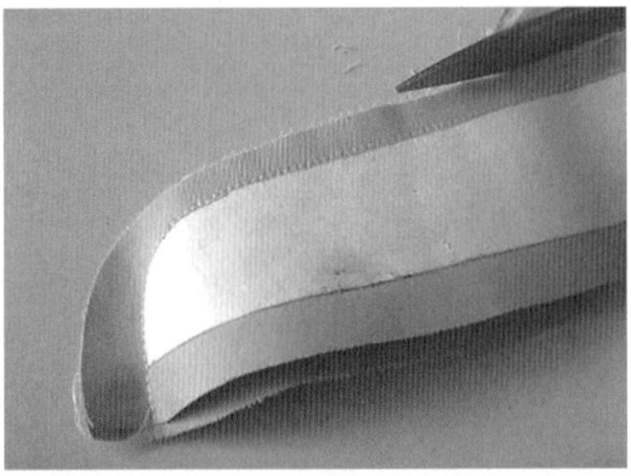
(e)

(f)

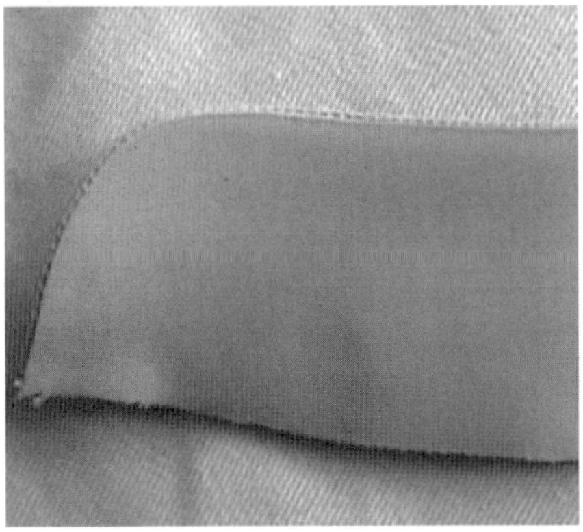
(g)

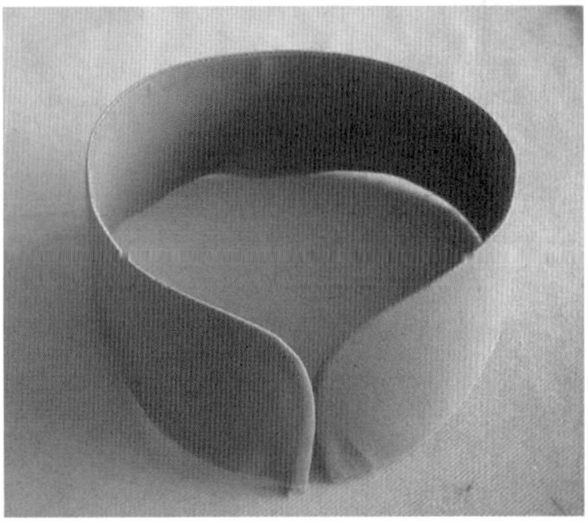
(h)

图 3-3-10 中式立领

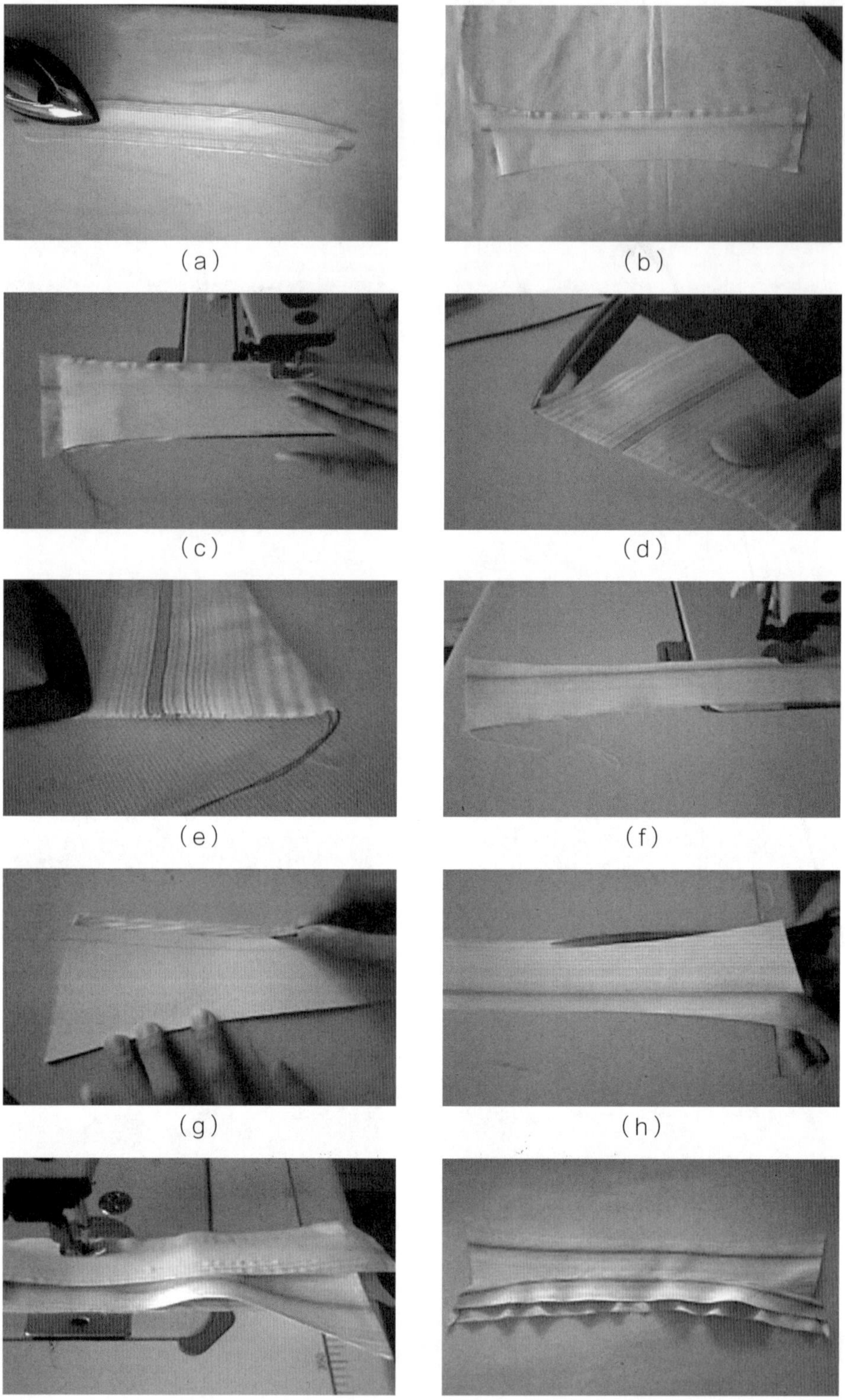

(a) (b) (c) (d) (e) (f) (g) (h) (i) (j)

图 3-3-11　立翻领

4. 西服领（图3-3-12）

① 按要求画好领子的净样板，在领面、领里反面黏衬［图3-3-12（a）、（b）］。

② 将领子正面相对接缝下领角［图3-3-12（c）、（d）］。

③ 将领子正面朝上，沿接缝边上下各缉0.1 cm的明线［图3-3-12（e）、（f）］。

④ 领里在上，将领里、领面正面相沿净线进行缉缝，为防止“倒吐”现象，要求领面领角处要有适当的“吃势”［图3-3-12（g）、（h）］。缝完后修剪缝份［图3-3-12（i）］。

⑤ 将领子翻正，要求熨烫平服，注意领角处要烫出窝势，面吐止口0.1 cm［图3-3-12（j）］。

⑥ 制作完成的西服领应左右对称，领子的外口线条要流畅、平服［图3-3-12（k）］。

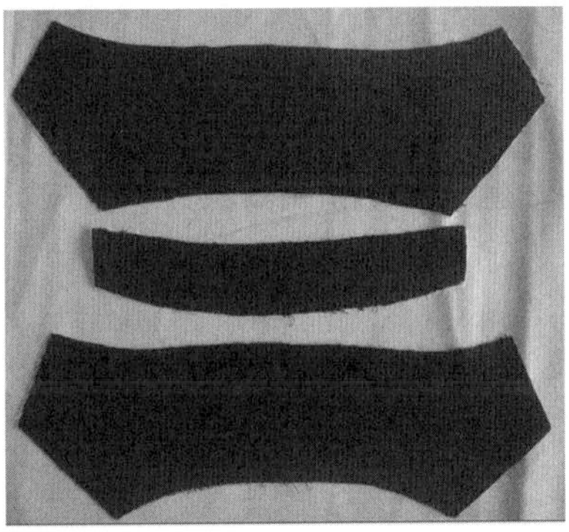
（a）

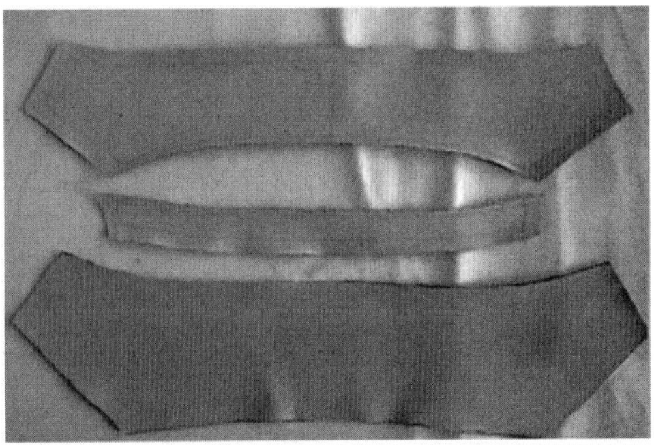
（b）

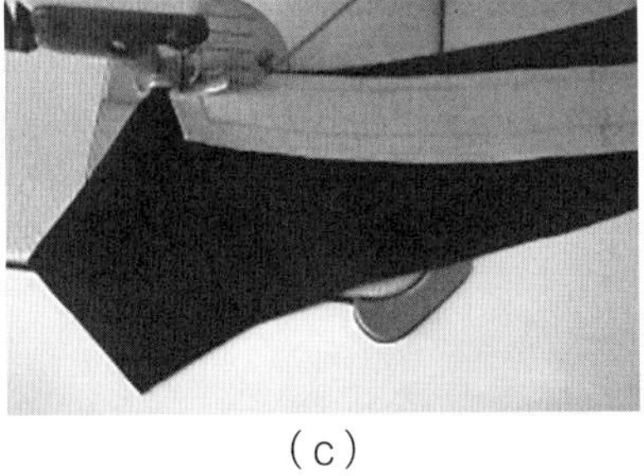
（c）

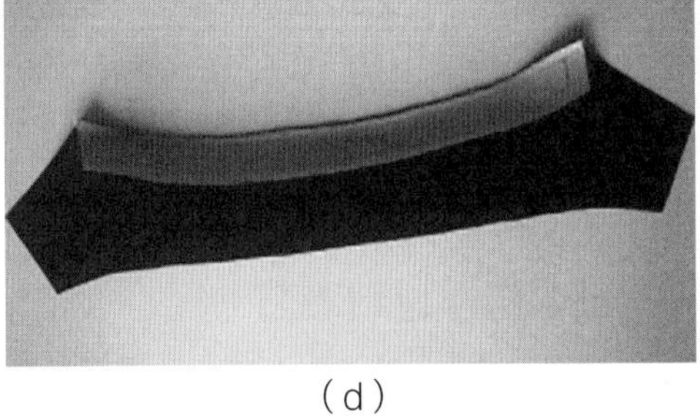
（d）

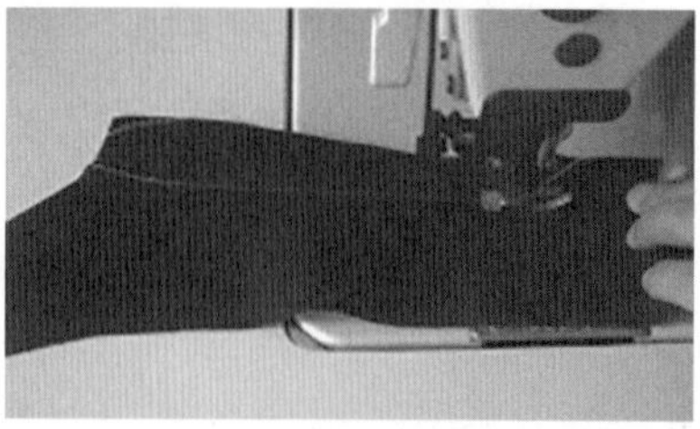
（e）

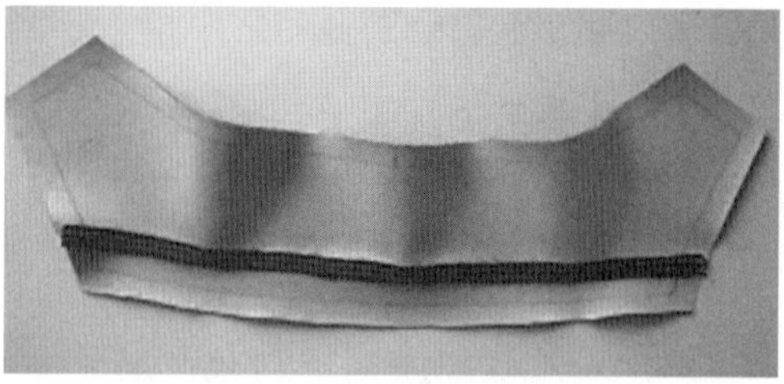
（f）

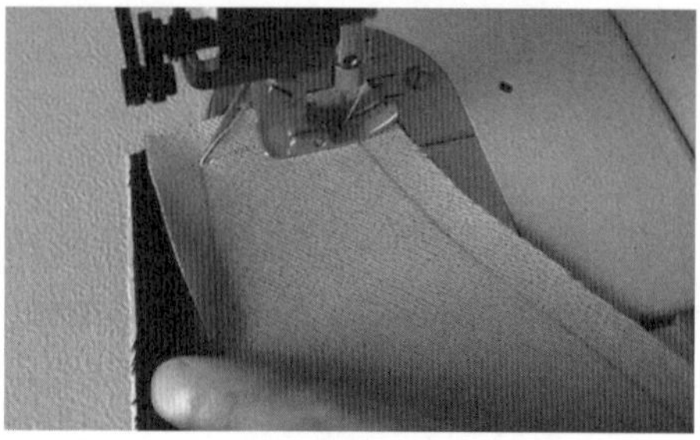
（g）

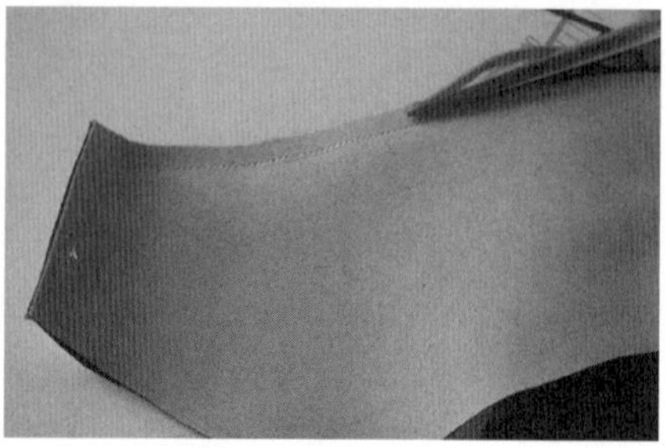
（h）

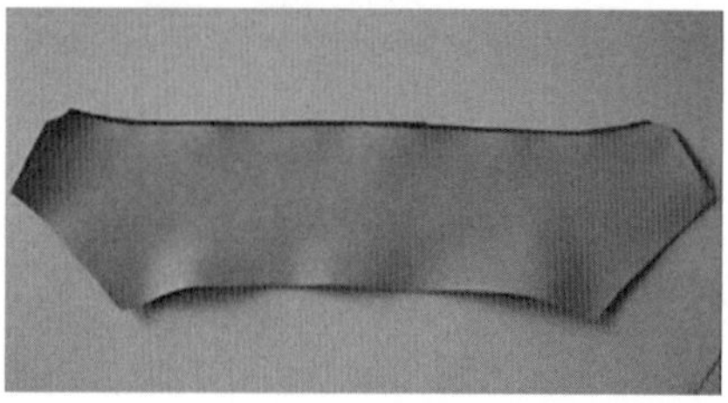
（i）

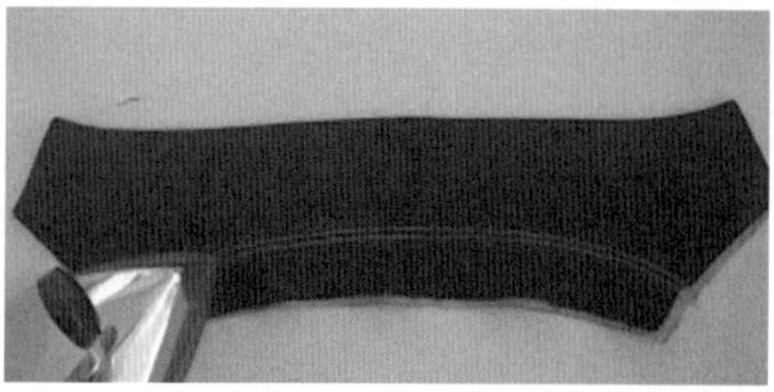
（j）

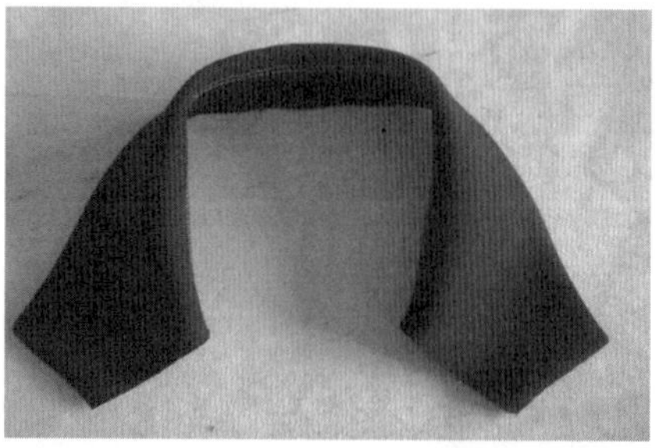
（k）

图 3-3-12　西服领

三、门襟缝制工艺

1. T 恤门襟（图 3-3-13）

① 按毛样板规格裁剪衣片、搭门贴边，并画出净缝线 [图 3-3-13（a）]。

② 衣片反面朝上，将门襟宽线对称的画在左片上，宽窄要保持一致。在门

襟的底端打剪口不超过 0.5 cm，不能剪断缉缝线［图 3-3-13（b）］。按所画的净缝线修剪缝边为 1 cm［图 3-3-13（c）］。

③ 缉缝右搭门贴边：将前片的正面朝上，将右搭门贴边反面朝上压在前片上，沿净缝线由领口处开始缉缝，缝至贴边下口 1 cm 处回针，开始结束要求回针［图 3-3-13（d）］。

④ 缉缝左搭门贴边：将前片的正面朝上，将左搭门贴边反面朝上压在前片上，沿净缝线由领口处开始缉缝，缝至贴边下口 1 cm 处回针，开始结束要求回针［图 3-3-13（e）］。

⑤ 将搭门贴边翻到衣片的正面进行熨烫，左右片方法相同，要求压烫平服［图 3-3-13（f）］。

⑥ 将扣烫好的贴边缉明线，要求线要平直，开始与结束要打来回针［图 3-3-13（g）、（h）］。

⑦ 在衣片的反面固定三角，要求三角固定时要端正、牢固［图 3-3-13（i）］。

⑧ 完成图［图 3-3-13（j）］。

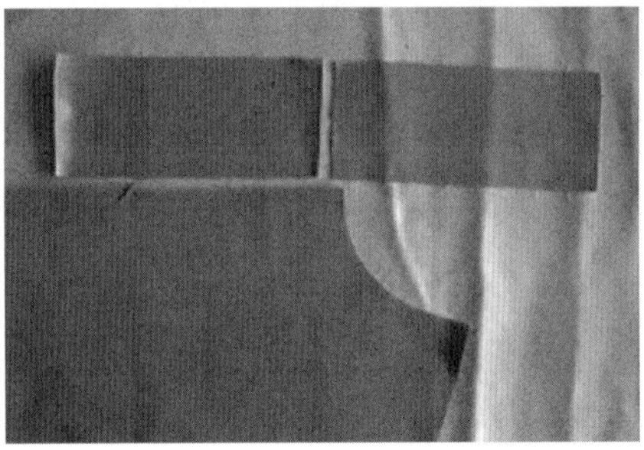

（a）

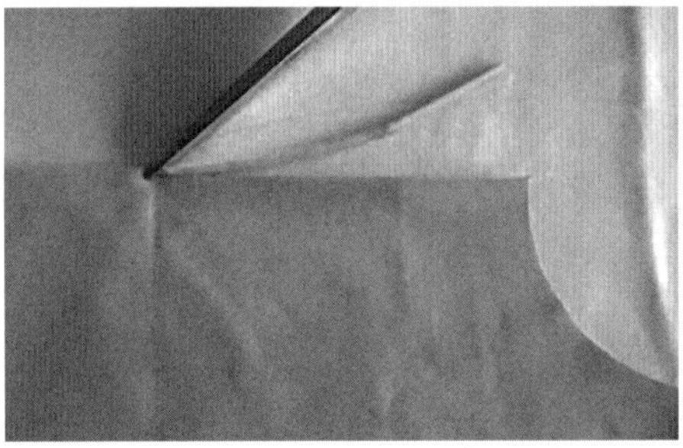

（b）

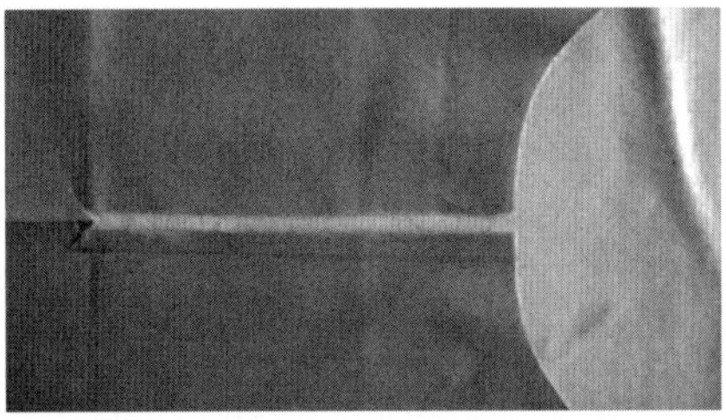

（c）

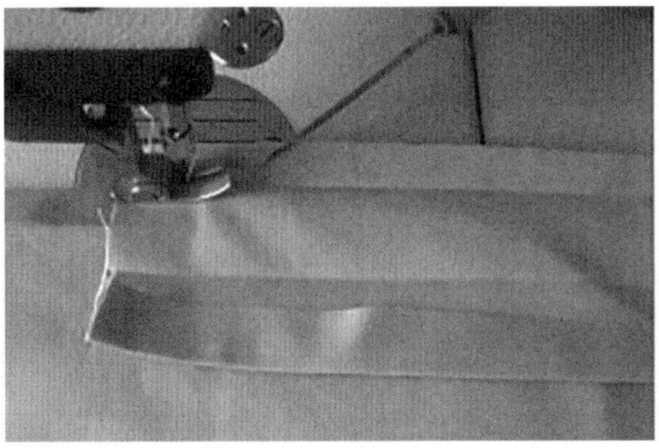

（d）

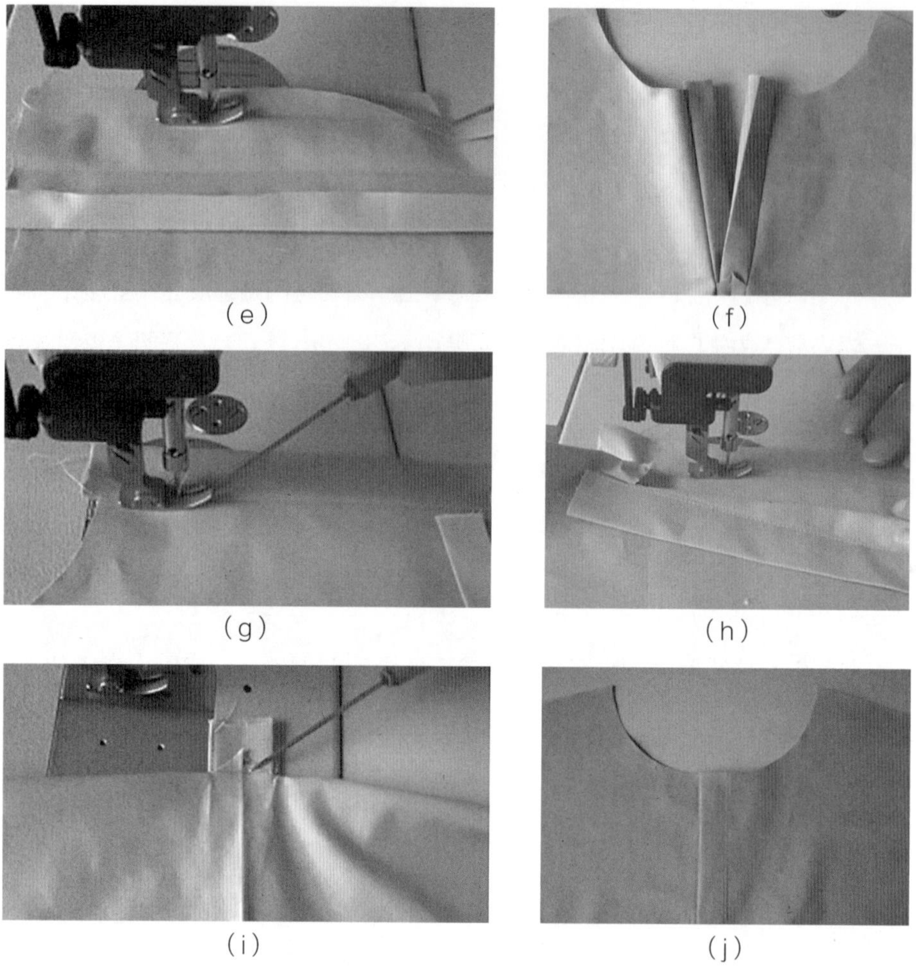

图 3-3-13 T 恤门襟

2. 连折门襟（图 3-3-14）

① 前片反面朝上摆正止口边，将剪好的衬布黏烫在贴边上，黏烫时要牢固、平服，不能起泡、脱胶 [图 3-3-14（a）]。

② 将前片的反面朝上，将黏烫好的衬布贴边毛边向反面折烫 1 cm 宽，要求熨烫丝缕顺直 [图 3-3-14（b）]。

③ 将前片反面朝上，按门襟宽度扣烫贴边，要求熨烫丝缕顺直并压烫牢固 [图 3-3-14（c）]。

④ 将前片反面朝上，沿扣烫的印痕缉缝 0.1 cm 的明线，缉线时要注意明线宽窄一致 [图 3-3-14（d）]。

⑤ 将前片正面朝上，将做好的门襟进行熨烫，要求熨烫要平服 [图 3-3-14（e）]。

（a）

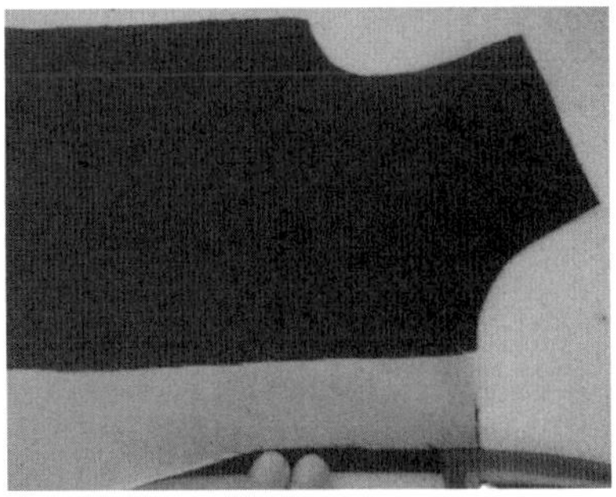
（b）

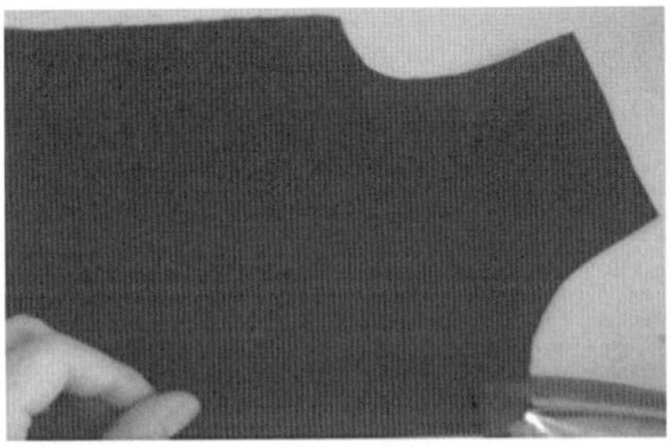
（c）

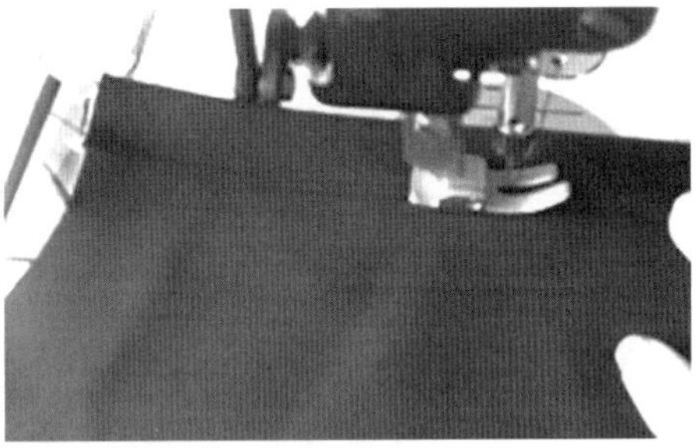
（d）

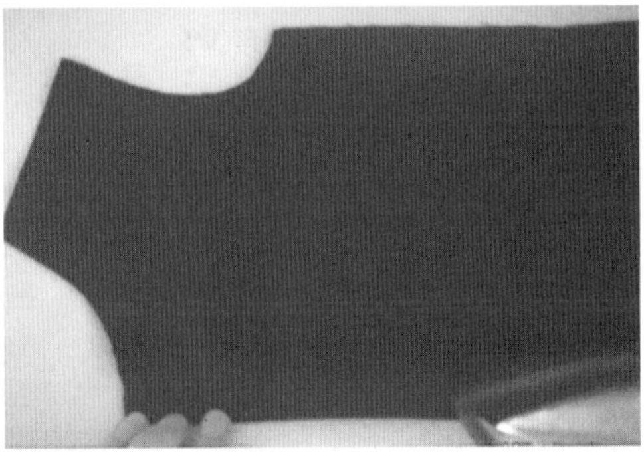
（e）

图 3-3-14　连折门襟

3. 明门襟（图 3-3-15）

① 门襟黏衬、扣烫：在门襟反面距中烫上 3.2 cm 宽有纺黏合衬，再沿门襟毛边折转扣烫平服，清剪门襟两边缝份为 1 cm [图 3-3-15（a）]。

② 门襟制作：将扣烫好的门襟正面与左前片反面相合，暗缝一道，缝份为 1 cm [图 3-3-15（b）]。将门襟翻向左前片正面，在门襟止口处缉 0.2 cm 明线 [图 3-3-15（c）]，在门襟的另一侧，也距边缉 0.2 cm 明线 [图 3-3-15（d）]。

（a）

（b）

（c）

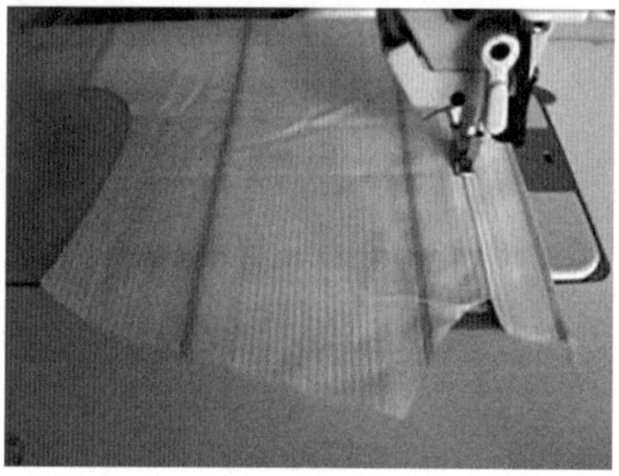

（d）

图 3-3-15　明门襟

4. 裤门襟（图 3-3-16）

① 按样板要求裁剪门襟及底襟布，在门襟的反面黏烫衬布并沿里口的正面进行包缝里襟黏衬，对折熨烫，勾缝里襟下端，缝份为 0.5 cm，翻转里襟对折进行熨烫，要求熨烫平服 [图 3-3-16（a）]。

② 将门襟正面与前裤片正面相合，裤片在下，门襟在上，中间夹拉链的另一侧按 0.7 cm 勾缉缝 [图 3-3-16（b）]，并翻转熨烫 [图 3-3-16（c）]。

③ 固定拉链：将拉链正面与门襟正面相合，固定拉链时，拉链下止口在门襟止口的基础上向外放 0.5 cm，上止口与门襟止口对齐，缉缝两道明线 [图 3-3-16（d）]。

④ 合小裆缝：将门襟明线净板放在门襟止口上，沿着门襟明线净板缉门襟明线，开始和结束时要打倒回针。注意门襟明线要圆顺，门襟要平服 [图 3-3-16（e）]。

⑤ 将里襟与拉链固定。固定拉链时要注意拉链要平服，里襟留足与右裤片缝合的缝份 [图 3-3-16（f）]。

⑥ 将前裤片正面相合，将里襟与右前裤片缝合，缝份为 1 cm，缝合时要注意平服，腰上口左、右裤片对齐 [图 3-3-16（g）]。

⑦ 将裤片翻至反面，固定门襟、里襟 [图 3-3-16（h）]。

⑧ 要求门襟拉链要平服，门襟下端套结应牢固 [图 3-3-16（i）]。

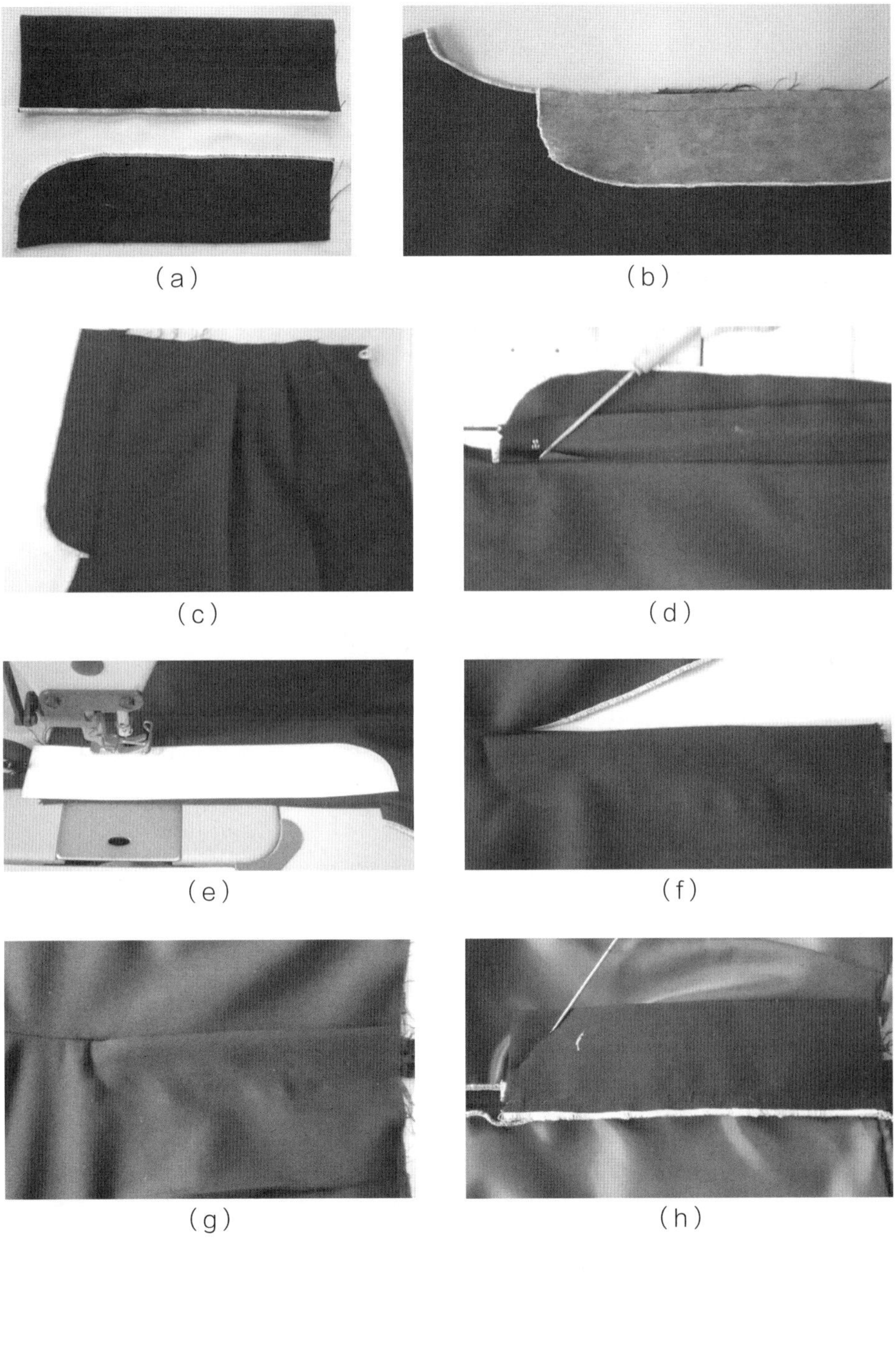

（a） （b）

（c） （d）

（e） （f）

（g） （h）

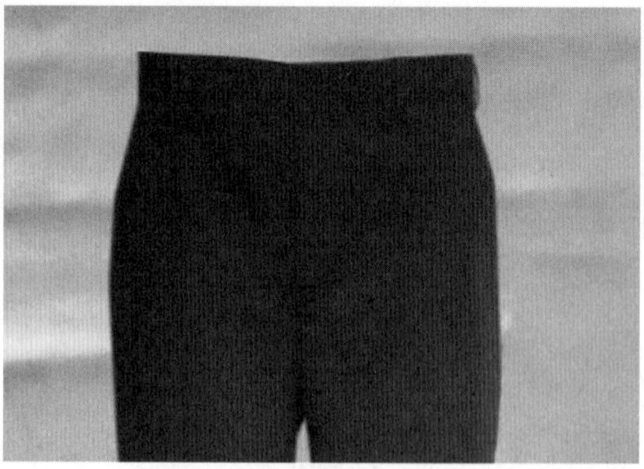

（i）

图 3-3-16 裤门襟

四、开衩缝制工艺

1. 一片袖开衩（图 3-3-17）

① 按要求裁剪袖片，袖底 [图 3-3-17（a）]。

② 缝合袖底缝：将袖片正面相合，在袖片反面由开衩终止点缝合袖底缝，注意开始和结束均要求打回针 [图 3-3-17（b）]。

③ 劈烫袖底缝：打开前、后衣片并反面朝上，分开袖底缝的缝份并熨烫，要求熨烫平服 [图 3-3-17（c）]。

④ 扣烫开衩缝边：衣片反面朝上，按要求将开衩缝边折烫为 0.5 cm 宽 [图 3-3-17（d）]。

⑤ 固定开衩：衣片反面朝上，由衣身底边开始沿开衩缝边缉缝 0.1 cm 的明线，注意开始和结束均要求回针 [图 3-3-17（e）]。

⑥ 扣烫袖口：袖片反面朝上，将底边贴边折向衣身并熨烫，将折烫的衣身贴边的毛边折净，宽度为 1 cm [图 3-3-17（f）]。

⑦ 缉袖口明线：将袖片反面朝上，沿袖口的折净边缉 0.1 cm 的明线，注意开衩部位的开始和结束均要求回针 [图 3-3-17（g）]。

⑧ 熨烫开衩：袖片正面朝上，将开衩、袖口底边进行熨烫，制作好的开衩应平服、线条流畅、明线的宽窄一致 [图 3-3-17（h）]。

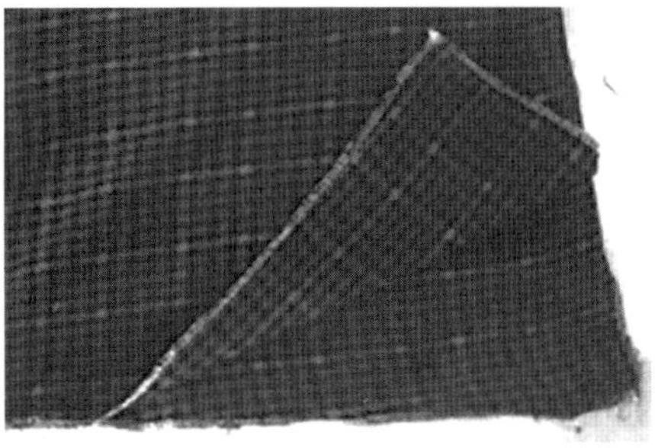

（a）

（b）

（c）

（d）

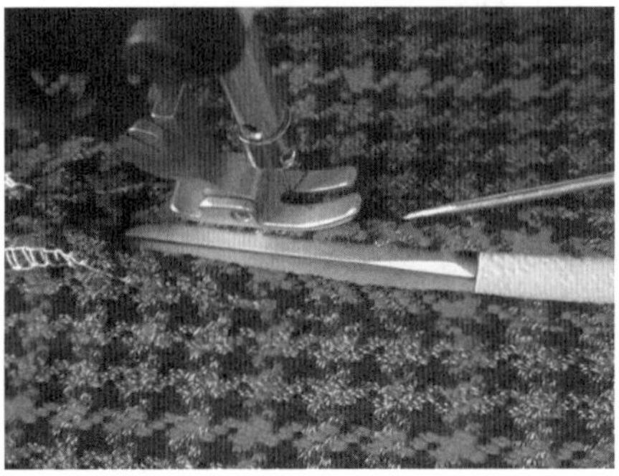

（e）

（f）

（g）

（h）

图 3-3-17　一片袖开衩

2. 剑式衩（图 3-3-18）

① 大、小袖衩扣烫：先将大袖衩按照大袖衩工艺样板进行扣烫，再对折进行扣烫，注意衩里吐出衩面 0.1 cm，大袖衩宽度为 2.5 cm [图 3-3-18（a）]。将小袖衩两边折转扣烫，再对折进行扣烫，注意衩里吐出衩面 0.1 cm，小袖衩宽度为 1 cm [图 3-3-18（b）]。

② 大、小袖衩制作：按定位标记将袖片衩口剪开，长度为 11 cm。将小袖衩与袖衩里襟一侧咬缝接装，明线宽度为 0.1 cm [图 3-3-18（c）]。

③ 将袖片三角翻至正面，沿底边与小衩条、剑形衩条内层上口同时缉缝固定 [图 3-3-18（d）]。将大袖衩与袖衩门襟一侧咬缝接装，明线宽度为 0.1 cm，距边 0.1 cm 兜缉宝剑头明止口 [图 3-3-18（e）]，并在衩口处平封袖衩三道 [图 3-3-18（f）]，完成图如图 3-3-18（g）。

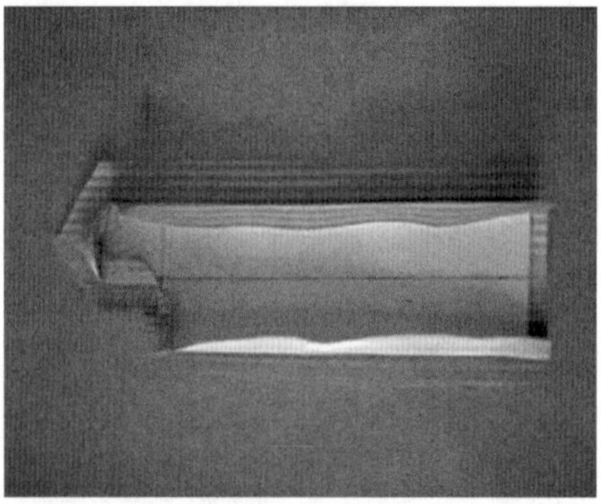

（a）

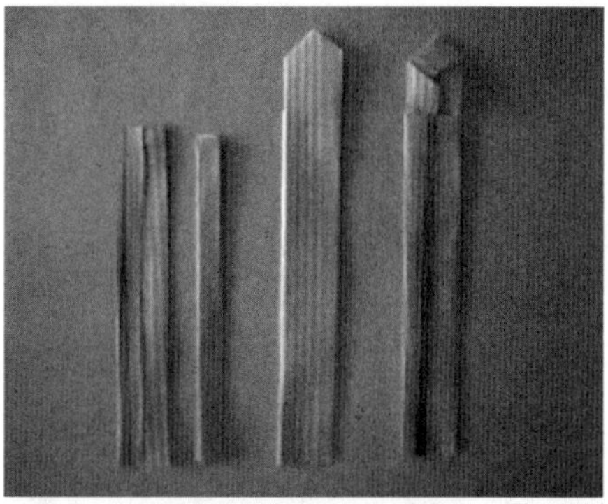

（b）

（c）

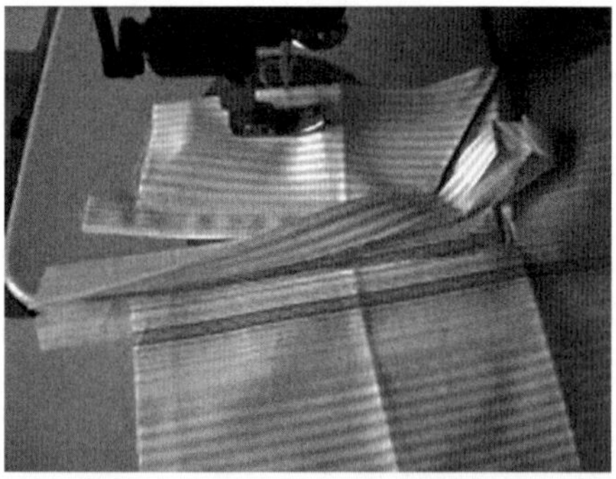

（d）

（e）

（f）

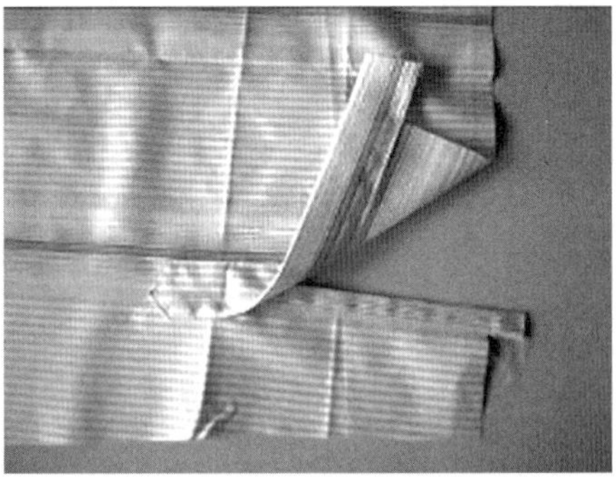

（g）

图 3-3-18 剑式衩

3. 西服袖开衩（图 3-3-19）

① 按要求裁剪大小袖片，然后画出净缝线。将大小袖正面相对缝合后袖缝［图 3-3-19（a）］。

② 将袖子反面朝上，将开衩折向大袖并熨烫［图 3-3-19（b）］。贴边与开衩边正面相对，对准对应点后进行勾缝［图 3-3-19（c）、（d）］。

③ 修剪勾缝边 1 cm，将多余的量剪掉［图 3-3-19（e）］。

④ 劈缝后翻开正衩，用锥子将袖角挑正并熨烫［图 3-3-19（f）］。

⑤ 小袖正面朝上，按袖口线钉将贴边翻到正面，沿净线勾缝开衩边，后打剪口［图 3-3-19（g）、（h）］。

⑥ 缝合开衩边［图 3-3-19（i）］。

⑦ 完成图［图 3-3-19（j）］。

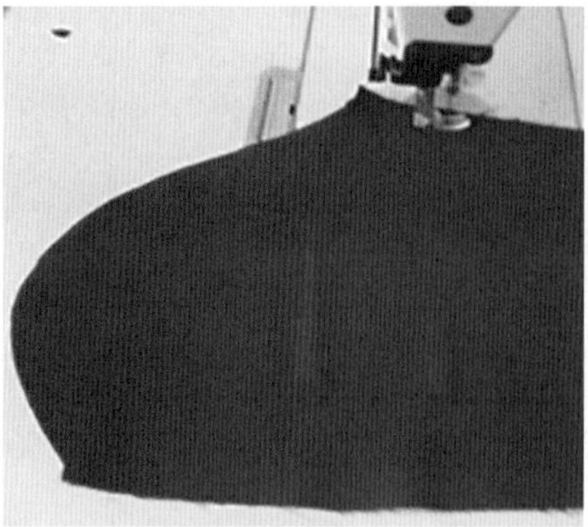
(a)

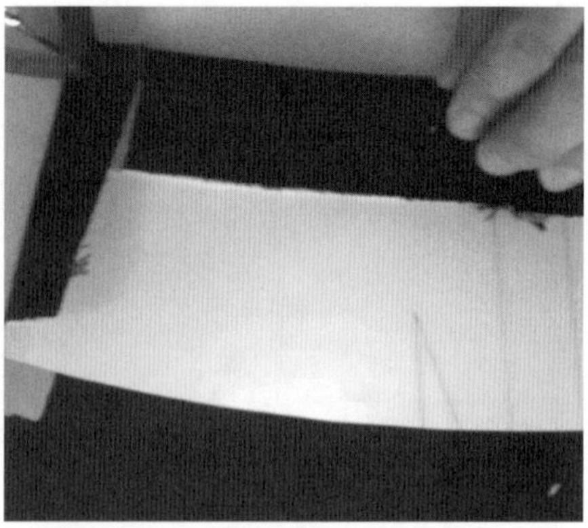
(b)

(c)

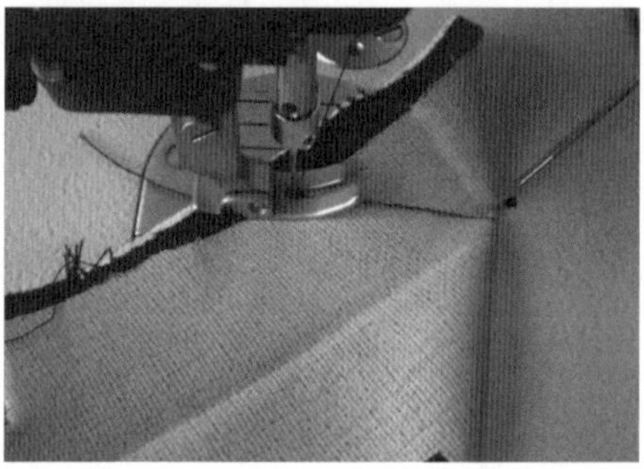
(d)

(e)

(f)

(g)

(h)

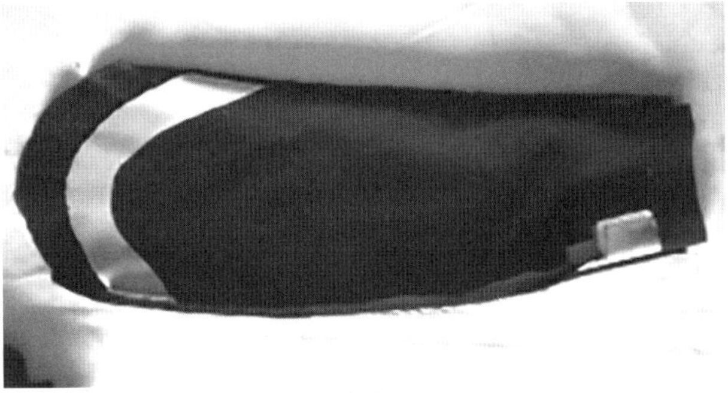

（i）

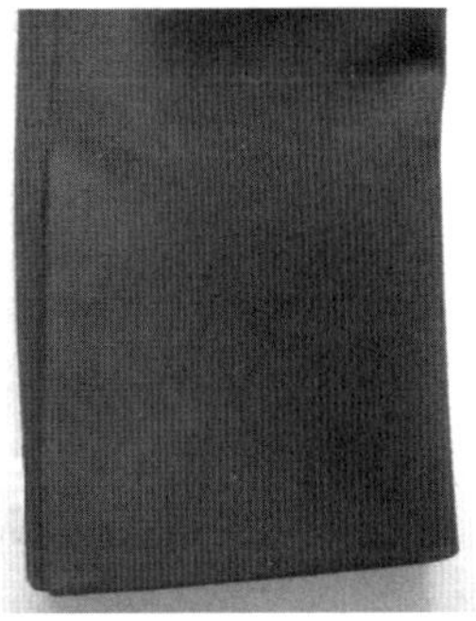

（j）

图 3-3-19　西服袖开衩

拓展学习

周虹蔚——中国手工缝纫艺术大师

在服装制作中，缝制不仅确保了服装的耐用性和适用性，而且是设计师创意转化为可穿戴艺术品的关键步骤。周虹蔚女士在这一领域的专业实践，不仅展现了对材料特性的精准把握和对工艺流程的高效优化，更通过对新型材料和技术的应用，推动了缝制工艺的创新发展。

受到家庭环境的熏陶，周虹蔚自幼对缝纫产生了浓厚的兴趣，并在此领域展现出了非凡的天赋。作为一位在缝纫领域享有盛誉的工艺大师，她以卓越的技术水平和创新的设计理念，引领了缝纫工艺的新潮流。多年的努力和实践，使她逐渐掌握了各种传统缝纫技巧，并形成了自己独特的风格。她的作品既保留了传统的韵味，又融入了现代元素，展现出古典与时尚的完美结合。

缝制工艺的多样化和创新对于提升服装行业的竞争力至关重要。随着市场需求的不断演变和消费者偏好的个性化趋势，传统缝制方法已无法完全满足现代服装设计的需求。周虹蔚女士的作品中融合了激光切割、智能缝纫等先进技术，不仅提高了生产效率，也拓展了设计的边界。她的创新实践表明，缝制工艺的持续演进是推动服装行业技术革新和艺术表现的重要动力。

周虹蔚对专业技能的持续精进、对创新思维的不懈追求、对细节的极致追求和对完美的不懈追求，为我们树立了专业精神的典范。同时，她对传统工艺的尊重和传承，以及对新技术的积极拥抱和应用，为我们提供了宝贵的职业发展启示。她的成功经验鼓励我们在尊重传统的同时，勇于探索未知，以实现个人职业生涯的卓越发展。在全球化和技术革新的大背景下，服装行业正面临前所未有的挑战和机遇，从这位工艺大师身上，我们也可以看到跨学科合作以及在全球化语境中保持文化敏感性和创新能力的重要性。

第四章　下装缝制工艺

下装是指穿在腰节以下的服装，主要有各种裙子和各类裤子。从结构上讲，所有半裙、裤类均以筒裙、西裤的结构推理变化为基础。而下装的缝制工艺也以此为缝制的基础，所以，本章选取筒裙和西裤的缝制工艺作为主要讲解内容。

第一节　筒裙缝制工艺

一、款式特点（图 4-1-1）

筒裙又称统裙、直裙或直统裙。其造型特点是臀、腰部合体，自臀部开始侧缝自然垂落呈筒状。本款长度至膝，为两片结构，侧缝开衩；前后各收四个省；左侧开口，装隐形拉链。

筒裙开衩是为了活动方便而设，除开在两侧外，还可以开在后中、前侧等位置，也可以设计成褶裥样式；裙长可以根据自己喜好或流行而定，裙长变长则开衩也相应加长（图 4-1-1）。

图 4-1-1　筒裙正、侧面图

二、规格与结构设计

（一）规格设计

1. 主要部位规格（表 4-1-1）

表 4-1-1　筒裙主要部位规格表　　单位：cm

名称	号/型	裙长	腰围（W）	臀围（H）
规格	160/84A	60	66+2（松量）=68	90+4（松量）=94

2. 细部规格（表 4-1-2）

表 4-1-2　筒裙细部规格表　　单位：cm

名称	裙腰长	裙腰宽	开衩长
规格	71	3	8

（二）结构设计

1. 筒裙基本结构图

图 4-1-2 为筒裙基本结构图，图中的尺寸为筒裙的成品尺寸，把筒裙的前片、后片集中在一起画，这样有利于筒裙的款式变化和纸样分解。

2. 筒裙净样图

图 4-1-3 为筒裙净样图，净样图是在筒裙基本结构图的基础上，按照筒裙款式的要求，分解出前片、后片净样。为了防止成品出现光泽度不一致、倒顺毛、倒顺花、色差等现象，衣片纱向线采用单箭头表示。

3. 筒裙毛样图

图 4-1-4 为筒裙毛样图，是结合筒裙的款式，按照服装工业化生产的要求，对筒裙各部件的净板加放缝份和贴边。

三、排料设计

图 4-1-5 为筒裙排料图，面料幅宽为 144 cm。排料图是根据各样板对纱向的要求，按照紧密套排、节约用料的原则进行排料。

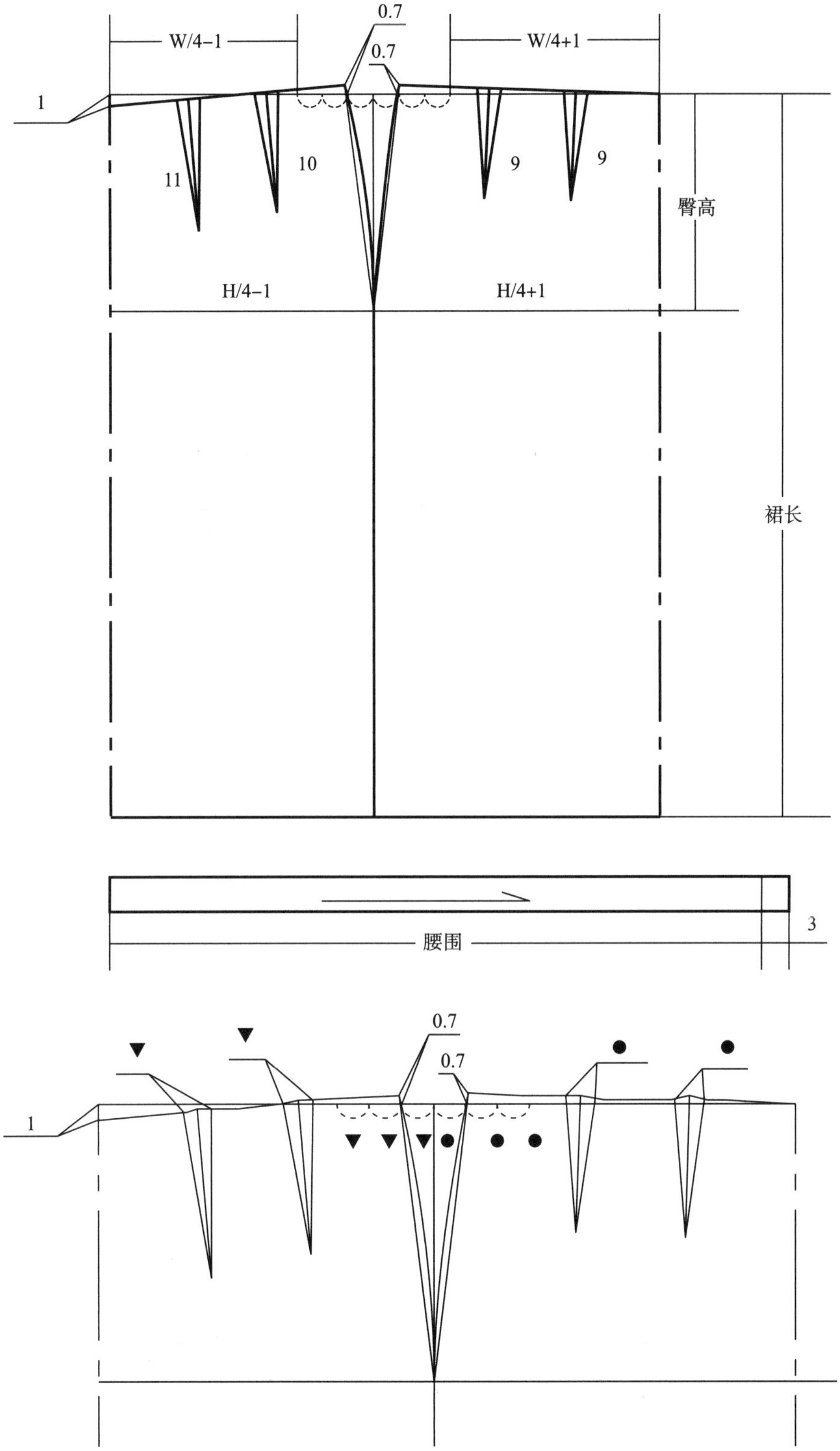

图 4−1−2　筒裙基本结构图

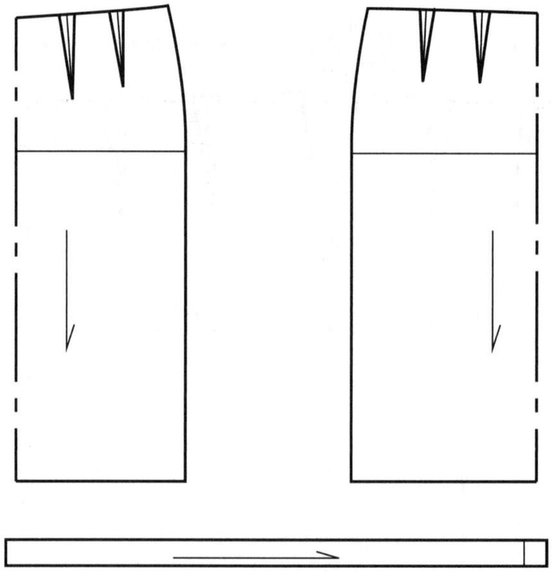

图 4-1-3 筒裙净样图

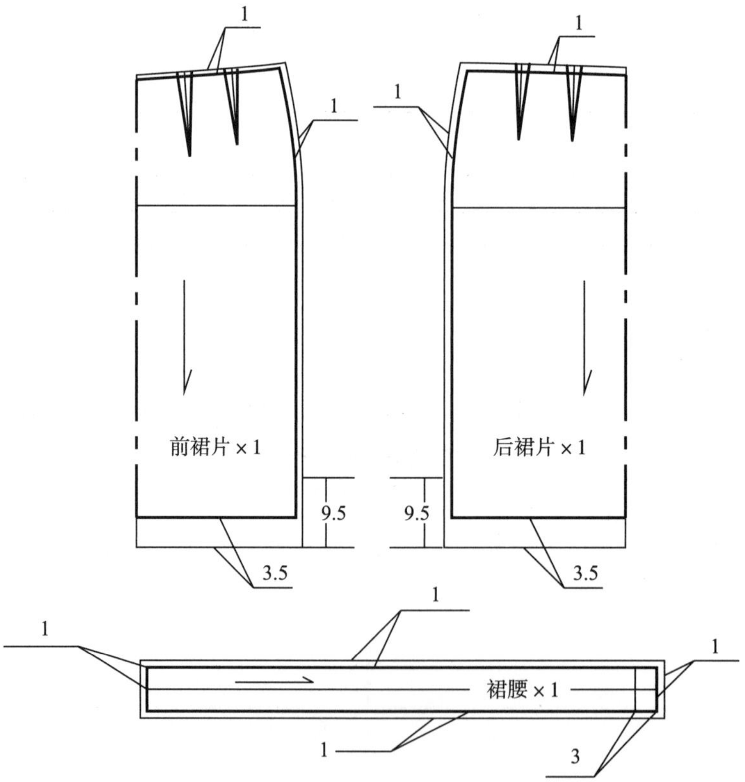

图 4-1-4 筒裙毛样图

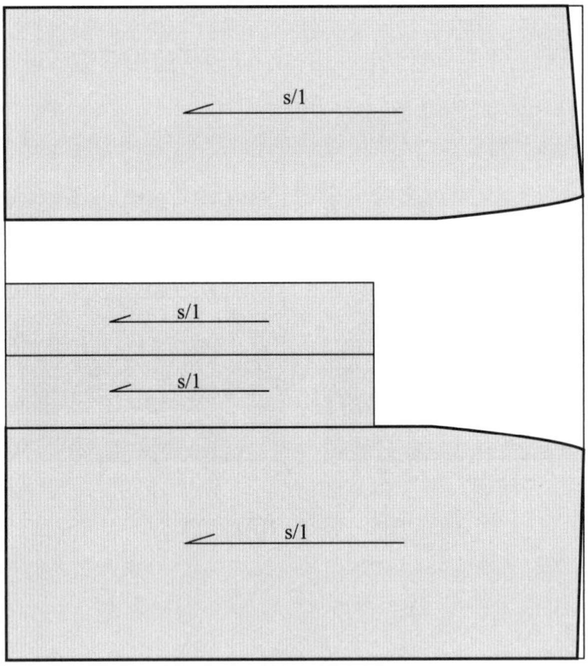

图 4-1-5　筒裙排料图

四、缝制工艺设计

（一）缝制准备（图 4-1-6 ~图 4-1-8）

1. 拷边

为了防止裁片边缘脱散并保证成品后裙里面的美观，要对裁片进行拷边处理。除腰口以外裙片其他三边均需拷边，拷边时注意裙片正面向上。拷边要求前、后片相同（图 4-1-6）。

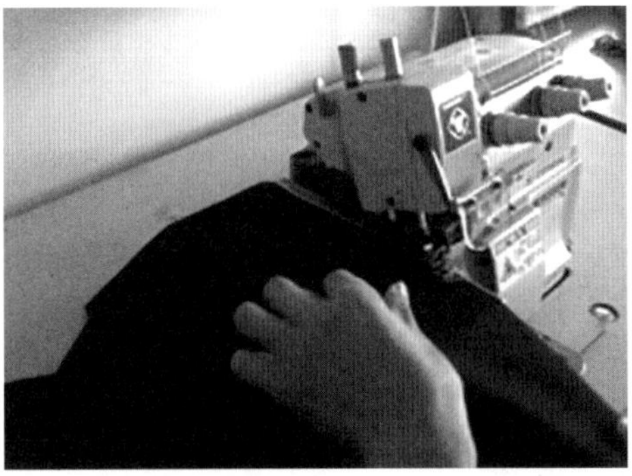

（a）

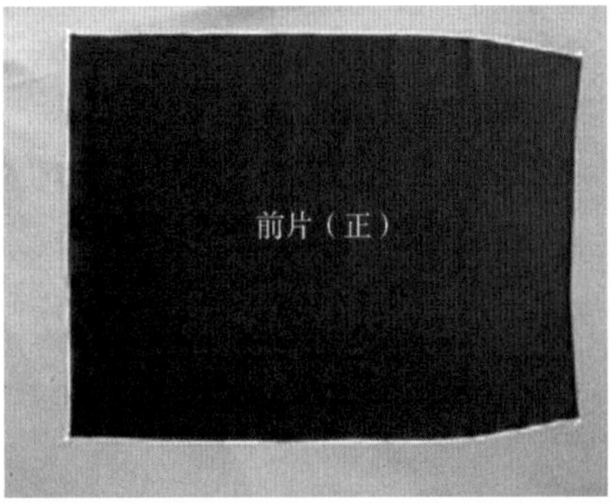

（b）

图 4-1-6　拷边

2. 扣烫底边

将 3.5 cm 宽的扣烫样板放于底边，沿样板折叠裙底边，进行扣烫，扣烫要宽度一致，前后片做法相同（图 4-1-7）。

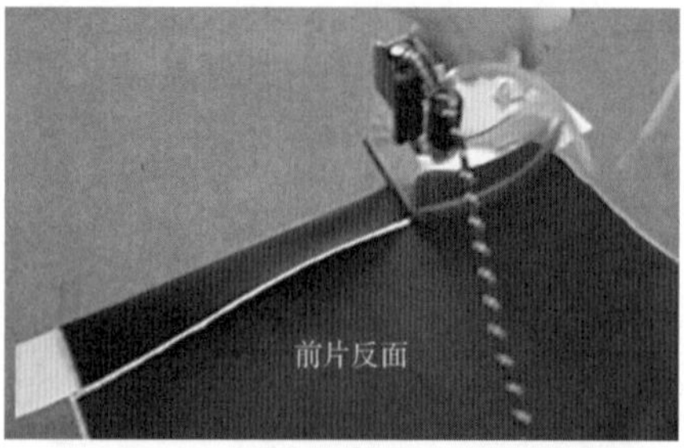

（a）

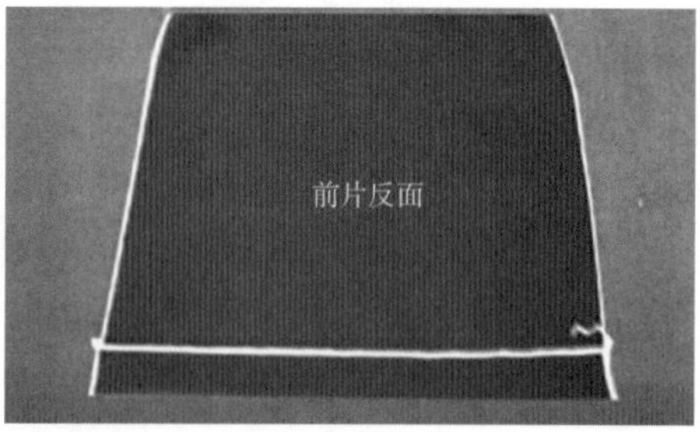

（b）

图 4-1-7 扣烫底边

3. 烫腰头

首先拼接缝合腰头，烫平缝份［图 4-1-8（a）］；然后在腰面反面烫衬，衬的宽度为净腰头的宽度，这样可使绱腰时缝份不致过厚［图 4-1-8（b）］；接着用等于净腰头宽度两倍的扣烫样板扣烫腰头［图 4-1-8（c）］；最后，将腰头对折烫平。折烫时腰里比腰面宽出 0.1～0.2 cm［图 4-1-8（d）］。

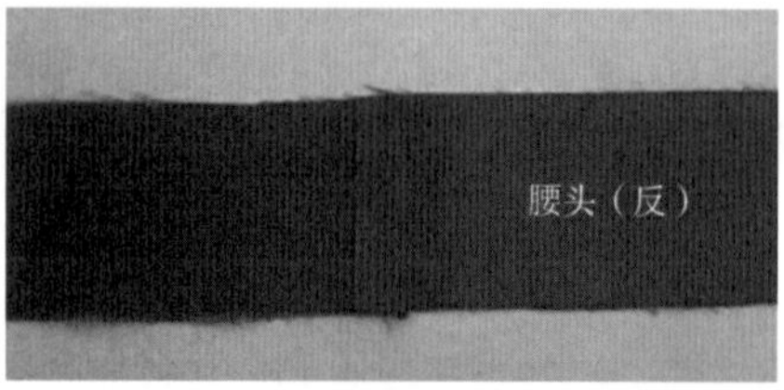

（a）

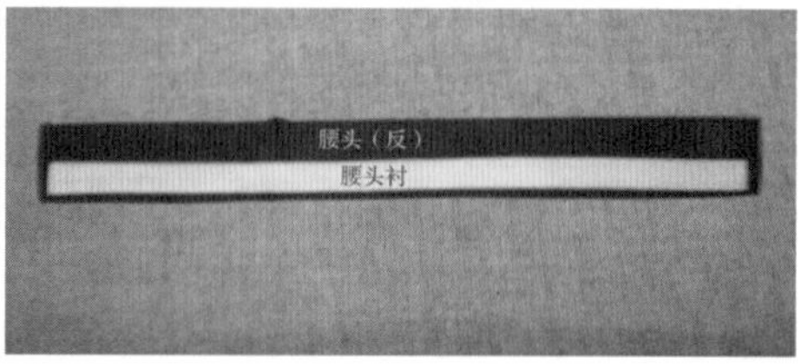

（b）

（c）

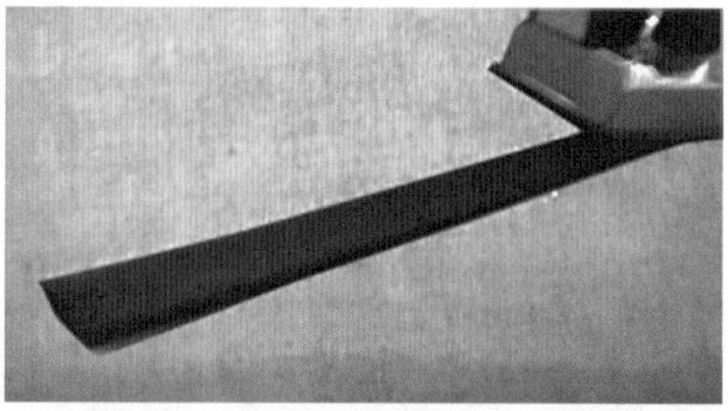

（d）

图 4-1-8 烫腰头

（二）收省、烫省（图 4-1-9、图 4-1-10）

为了使裙子臀腰部更合体，一般用收腰省的方式处理臀腰的围度差值。

1. 收省

收省时沿省中线对折省道，由省根至省尖缝合，注意缝合线要逐渐的收窄至省尖，并保持缝线的顺直；缝至省尖最后 4、5 针要沿折叠线边缘缝，不打来回针，机器顺势空跑几针，使底线与面线搅扭在一起，或者断线后底线面线系结，使之保持省尖部位缝合的牢固又能使省尖平服（图 4-1-9）。

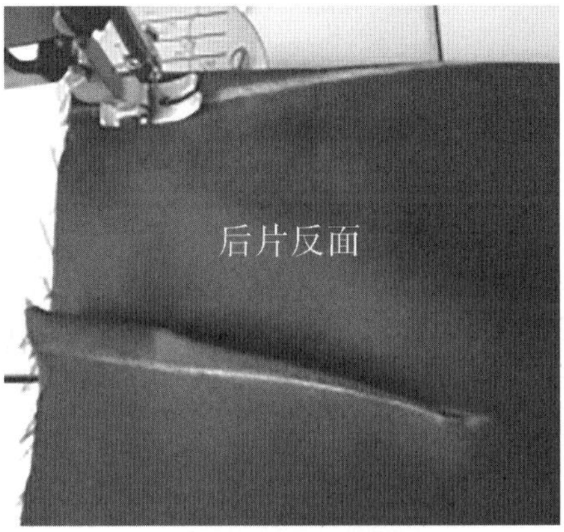

图 4-1-9　收省

2. 烫省

收省后，为了使外观平整美观，需对省道进行压烫。注意省应向侧缝方向倒伏［图 4-1-10（a）］；正面省缝的熨烫应将裙片覆在整烫馒头上，压烫省尖部位，使之有一定的凸势，以符合人体腹部、臀部突起的形态［图 4-1-10（b）］。

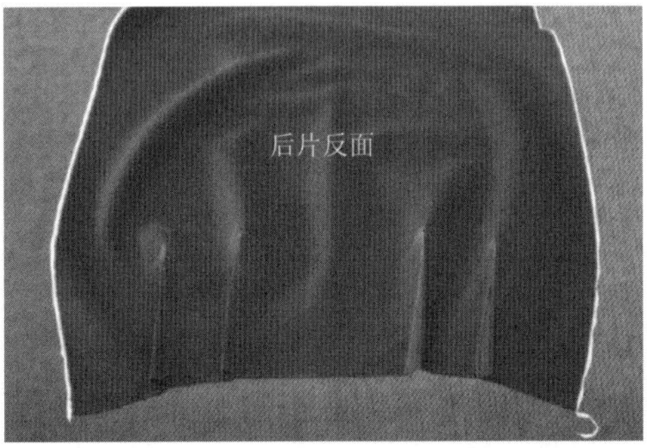

（a）

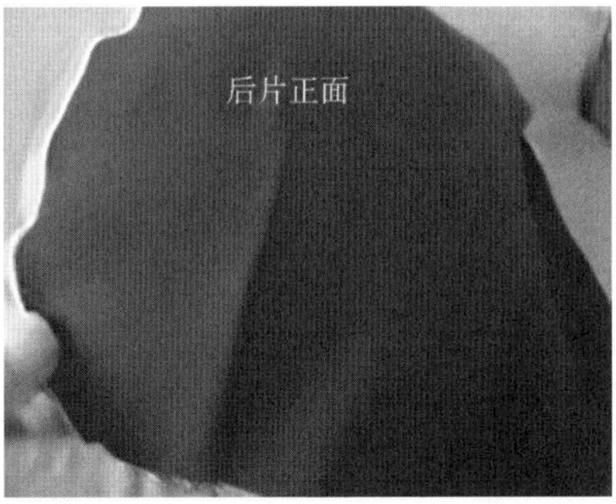

（b）

图 4-1-10　烫省

（三）合侧缝（图 4-1-11）

1. 缝合侧缝

前后裙片正面相对，沿净缝线缝合，注意上下衣片对整齐、线迹顺直，缝份均匀。右侧从腰部缝至开衩止点，左侧从开口止点缝制开衩止点。分缝烫平侧缝［图 4-1-11（a）］。

2. 烫侧开口

分缝烫左侧缝时，将开口止点的缝份向内折，顺势烫平［图 4-1-11（b）］。

3. 烫开衩

开衩熨烫方法同侧开口，注意烫线平直。开衩 8 cm（不含折边量）［图 4-1-11（c）］。

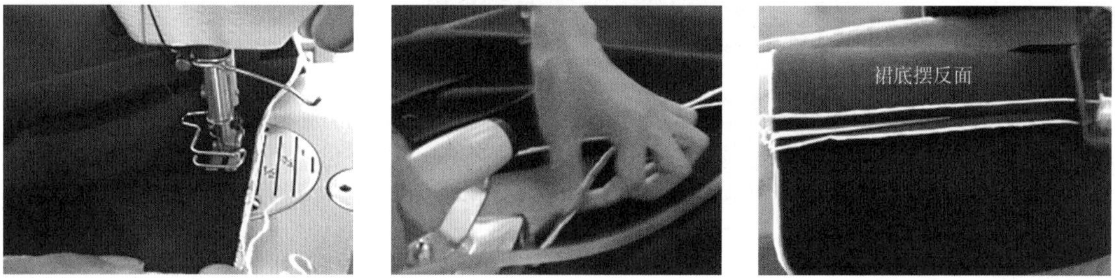

（a）（b）（c）

图 4-1-11 合侧缝

（四）绱拉链（图 4-1-12）

绱拉链之前应根据拉链的特点选择合适的压脚。本款筒裙选择隐形拉链，在绱拉链之前应将双边压脚更换为单边压脚。

① 拉链正面与裙片正面相对，将拉链基布边缘对齐裙片边缘，沿拉链基布外侧预缝一道固定线［图 4-1-12（a）］。

② 将拉链固定好后，左手将拉链齿轻轻拨开，使拉链齿根部暴露出来，将单边压脚紧靠拉链齿的根部进行缝合。缝合时右手同时拉住拉链与裙片，注意拉力要均匀，不能过紧或过松，以防完成后裙面不平服［图 4-1-12（b）］。

③ 闭合拉链，检验裙片在腰头部位是否等长，拉链松紧度是否均匀平整［图 4-1-12（c）］。

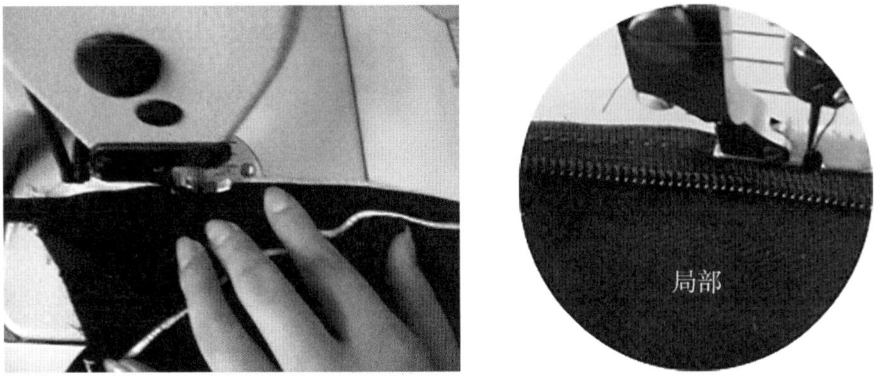

（a）

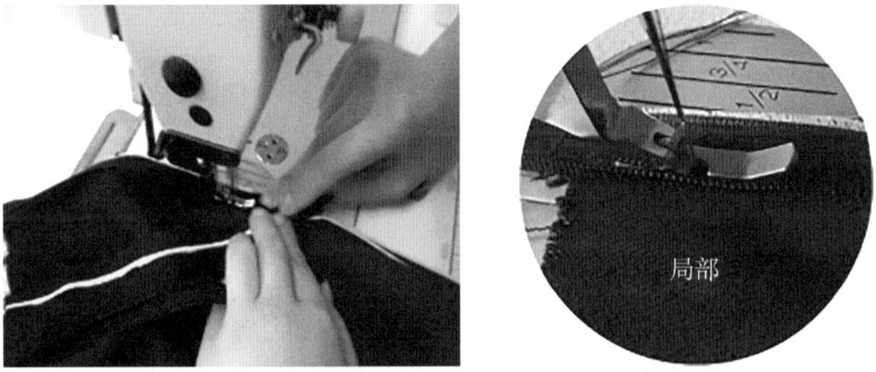

（b）

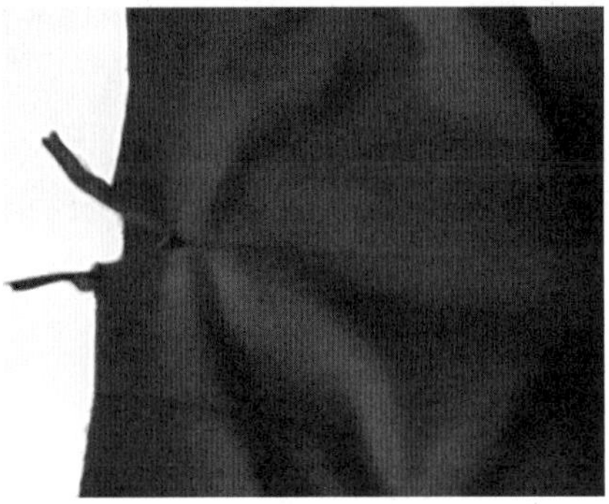

（c）

图 4-1-12　绱拉链

（五）绱腰头（图 4-1-13 ~图 4-1-16）

1. 腰头对位

① 更换压脚，并测量裙腰部位长度是否符合规格要求［图 4-1-13（a）］。

② 将烫好的腰头与裙腰进行比对测量，用划粉标出前中、后中、侧缝的位置，注意留出左侧开口部位的搭接量 3~4 cm［图 4-1-13（b）］。

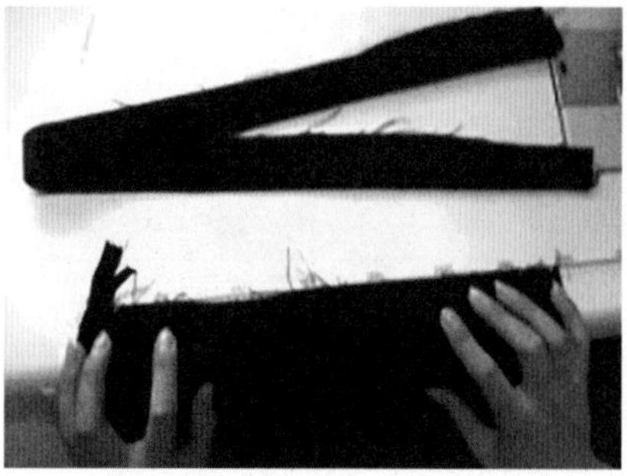

（a）

（b）

图 4-1-13 腰头对位

2. 封腰头

① 将腰头反面朝外对折，腰面在上，其缝份向内折，腰里缝份打开，画线标记 [图 4-1-14（a）]。

② 沿画线标记进行缝合，注意缝合止点至腰里净线处 [图 4-1-14（b）]。

③ 将缝份清剪至 0.5 cm，翻出腰头正面 [图 4-1-14（c）]。

（a）

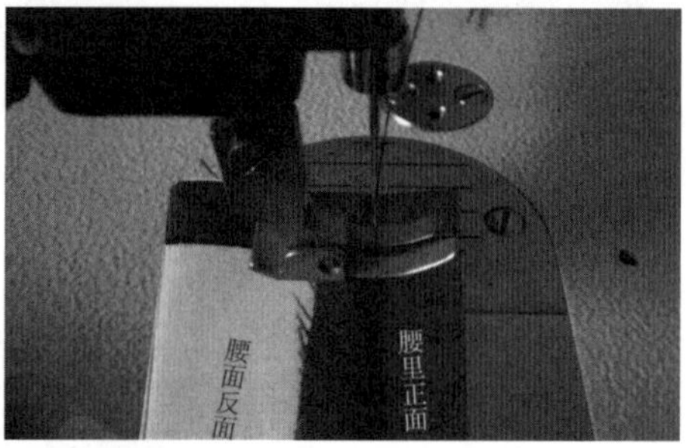

（b）

（c）

图 4-1-14 封腰头

3. 裙腰与裙片缝合

将裙腰里的正面对着裙片正面，腰口线比齐，由裙腰开口点起，沿净缝线缉缝至另一端止（图 4-1-15）。

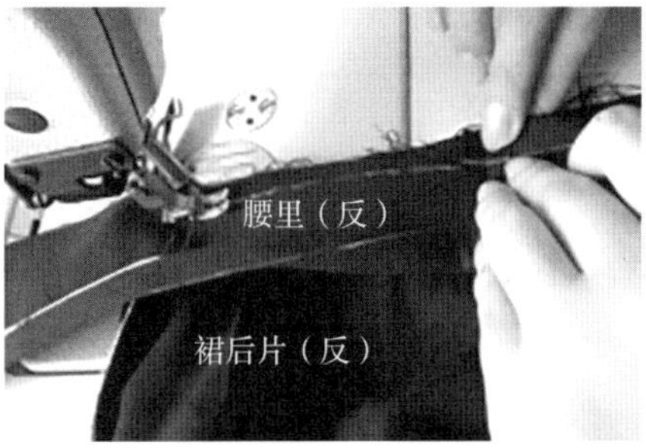

（a）

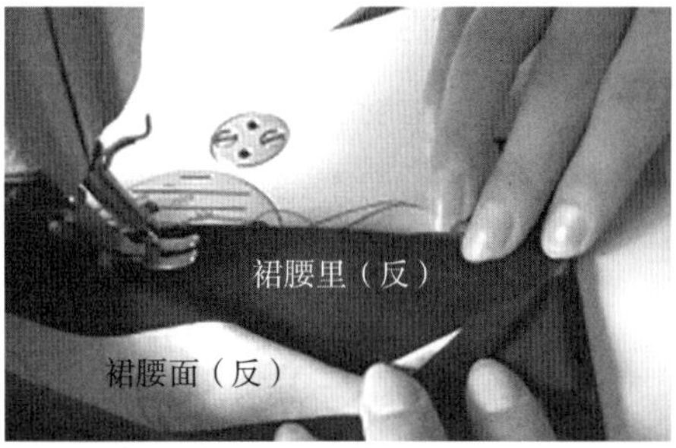

（b）

图 4-1-15 裙腰与裙片缝合

4. 做腰头搭门

① 在腰头正面标出搭门止口净缝线位置 [图 4-1-16（a）]。

② 将腰头沿中线反折，腰里、腰面的缝份均折向里侧，腰里吐出腰面 0.1～0.2 cm [图 4-1-16（b）]。

③ 按净线缉缝 [图 4-1-16（c）]，然后清剪缝份至 0.5 cm，翻至腰头正面，用锥子或小剪刀的刀尖辅助将折角整理平整、方正 [图 4-1-16（d）]。

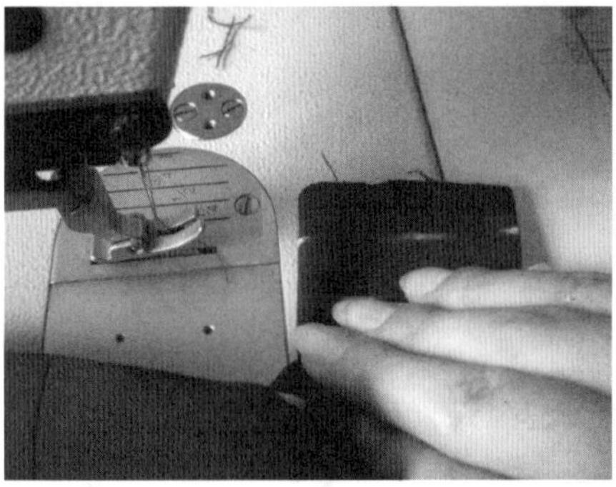

（a）

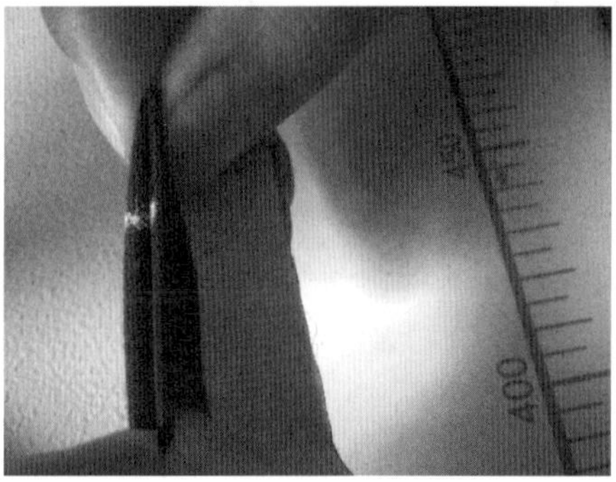

（b）

（c）

（d）

图 4-1-16 做腰头搭门

5. 缉缝腰头明线

① 将腰面翻至正面，检查各对位点是否对齐，腰面是否平展，然后距离腰线缝口 0.1 cm 处缉缝明线 [图 4-1-17（a）]。

② 至搭门处顺势缝至搭门止口 [图 4-1-16（b）]；将裙子铺平检查腰头，应保证平服、宽窄一致、无扭曲 [图 4-1-17（c）、（d）]。

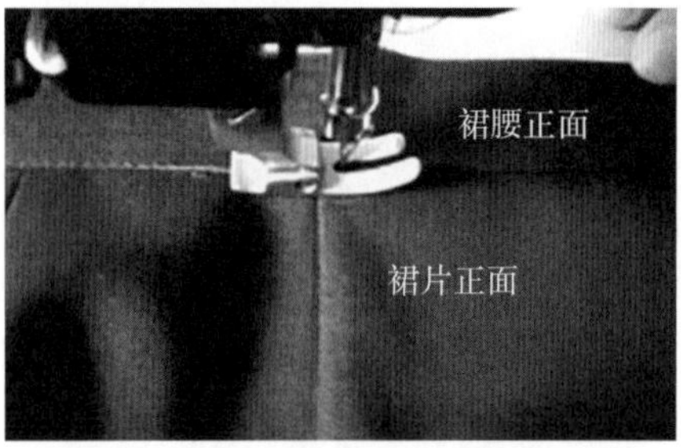

（a）

（b）

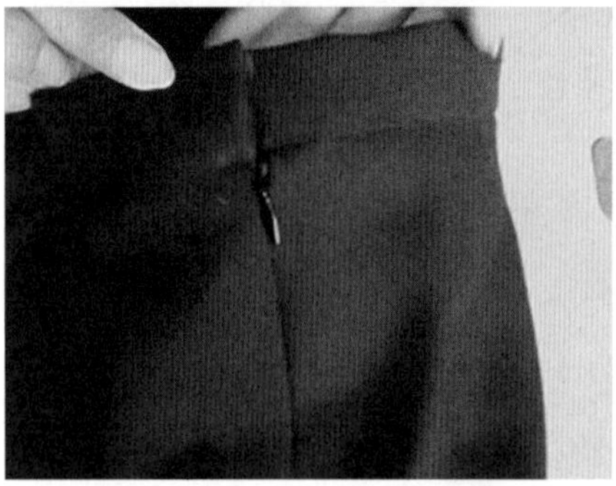

（c）

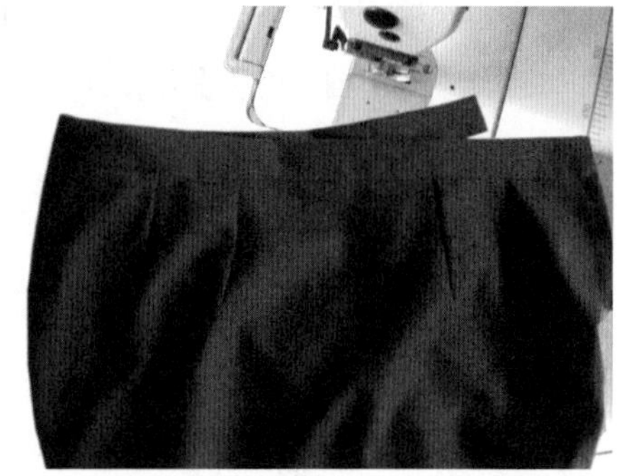

（d）

图 4-1-17　缉缝腰头明线

（六）做开衩（图 4-1-18）

（1）将裙片底边反折，沿侧缝净缝线缉至底边边缘 [图 4-1-18（a）]。同法做另一侧开衩 [图 4-1-18（b）]。

（2）两侧开衩缝好后，翻至正面，熨烫平整。检查开衩是否顺直无外翻 [图 4-1-18（c）]。

（七）缲底边和开衩（图 4-1-19）

底边和开衩用暗缲针固定，应确保针脚均匀、线的拉力适度，正面不见线迹 [图 4-1-19（a）、（b）]。

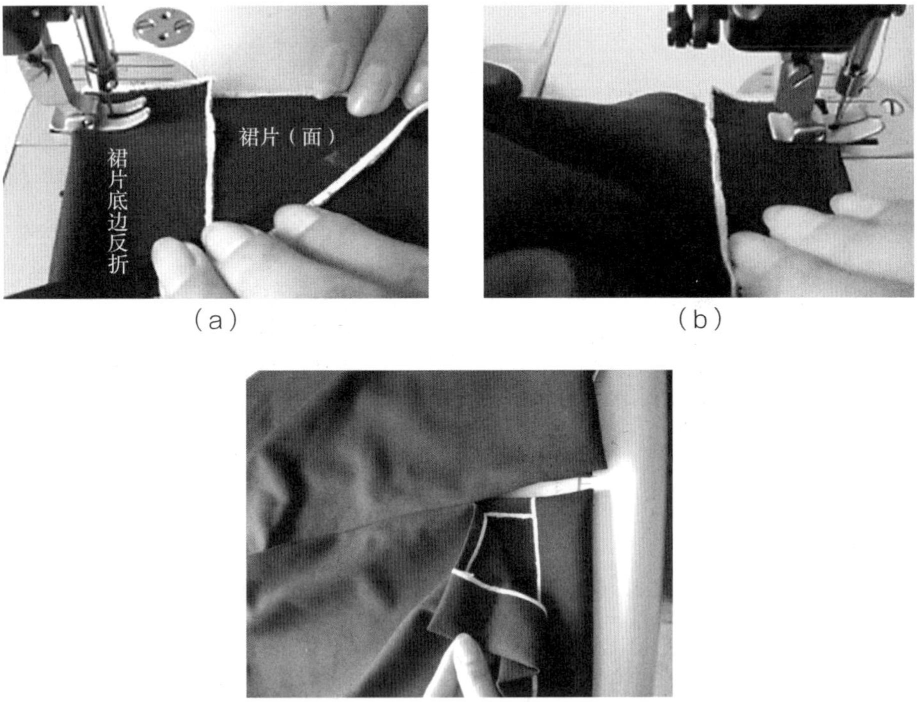

（a）　（b）　（c）

图 4-1-18　做开衩

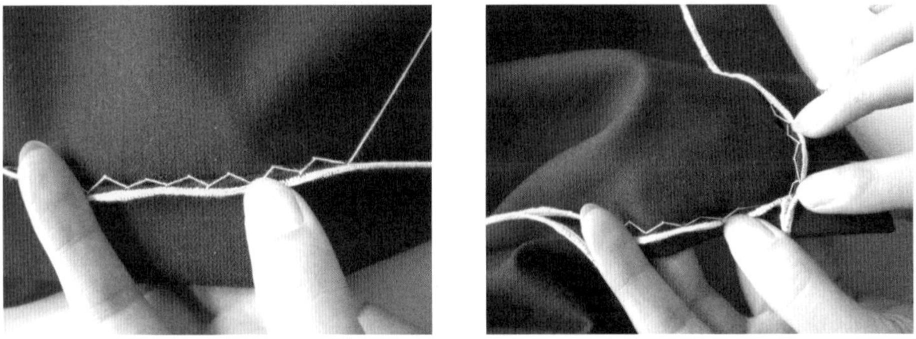

（a）　（b）

图 4-1-19　缲底边和开衩

（八）钉挂钩

在腰头搭门内侧缝上钩扣，缝线要穿在腰里黏合衬上，不要牵连面布；然后合上拉链，对齐腰头，找准腰头里襟挂钩位置，做好标记，钉缝下钩扣。

（九）整烫

除去线头，将裙身弧形部位放在烫凳和熨烫馒头上熨烫，烫正面时要放上湿布，防止出现极光。

第二节　裤子缝制工艺

长裤有很多类型，如筒裤、喇叭裤、宽松裤等。裤子的口袋也有很多变化，有直插袋、斜插袋、弧形插袋、方角插袋等。前片褶裥的数量和形式也不尽相同。不过，无论哪种裤型，在缝制工艺上基本相同。在此，我们就以男西裤为例，介绍裤子的缝制工艺。

一、款式特点（图4-2-1）

前片左右斜插袋，左右各有两个活褶；后片左右各收两省，双开线口袋。前开口，装拉链，腰头钉一粒纽扣，钉六个腰袢。

图4-2-1　男西裤正、侧面图

二、规格与结构设计

（一）规格设计

1. 主要部位规格（表4-2-1）

表4-2-1　男西裤主要部位规格表　　单位：cm

名称	号/型	裤长	腰围（W）	臀围（H）
规格	170/96A	106	80+2（松量）=82	96+12（松量）=108

2. 细部规格（表4-2-2）

表4-2-2　男西裤细部规格表　　单位：cm

名称	裤腰长	裤腰宽	脚口围	开线长	斜插袋长
规格	86	3.5	46	14	16

（二）结构设计

1. 男西裤基本结构图

图 4-2-2 为男西裤基本结构图，图中的尺寸为成品尺寸，把前片、后片、零部件集中在一起画，这样有利于男西裤的款式变化和纸样分解。

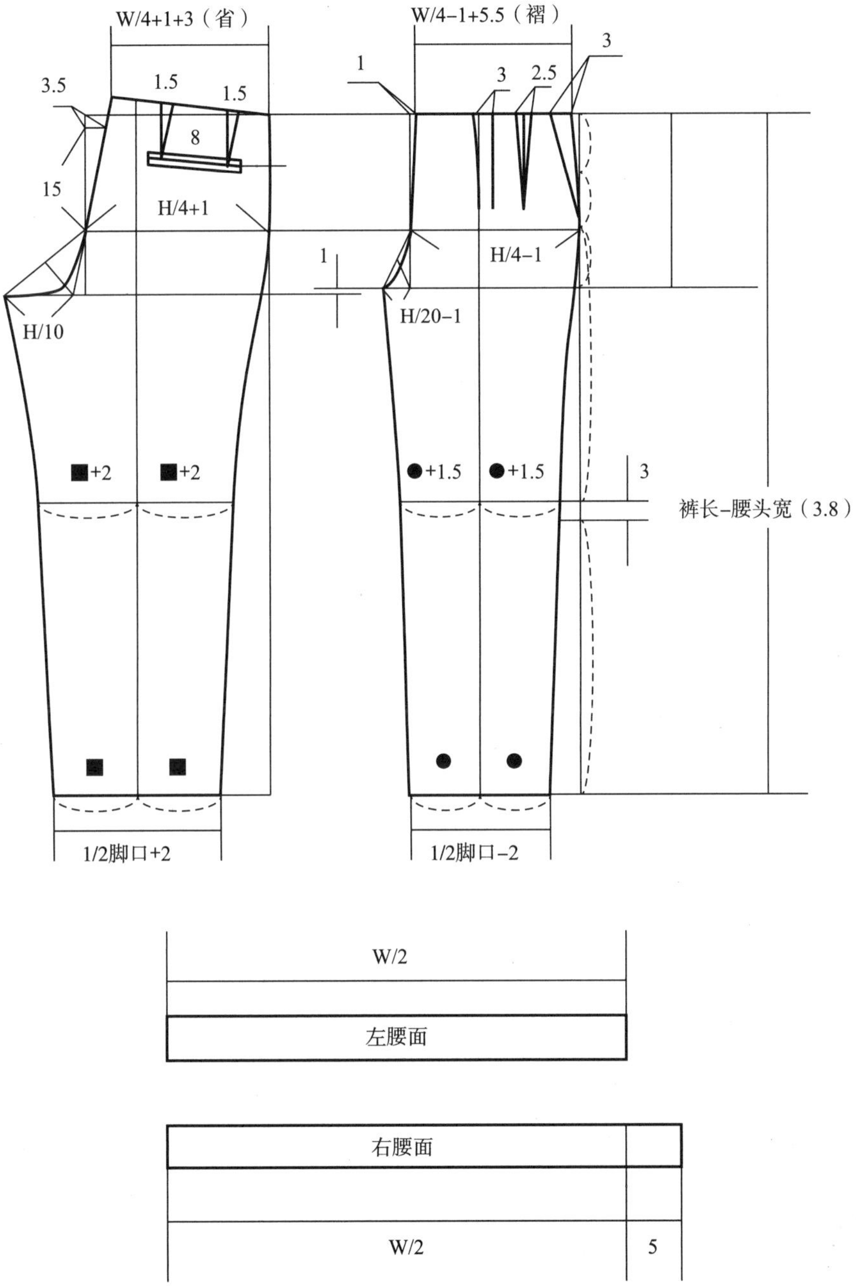

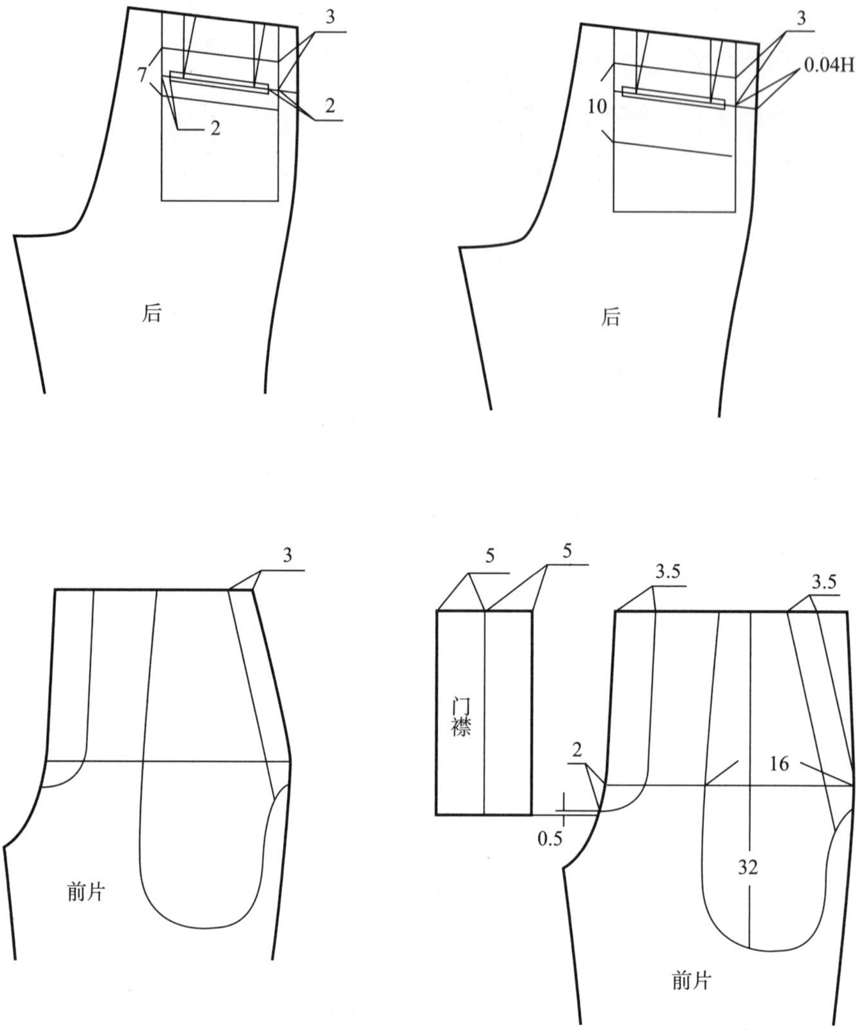

图 4-2-2　男西裤基本结构图

2. 男西裤净样图

图 4-2-3 为男西裤净样图，净样图是在男西裤基本结构图的基础上，按照男西裤款式的要求，分解出前片、后片、斜插袋零部件、后口袋零部件、门襟里襟净样。为了防止成品出现光泽度不一致、倒顺毛、倒顺花、色差等现象，衣片纱向线采用单箭头表示。

3. 男西裤毛样图

图 4-2-4 为男西裤毛样图，是结合男西裤的款式要求，按照服装工业化生产的要求，对男西裤各零部件的净板加放缝份和贴边。

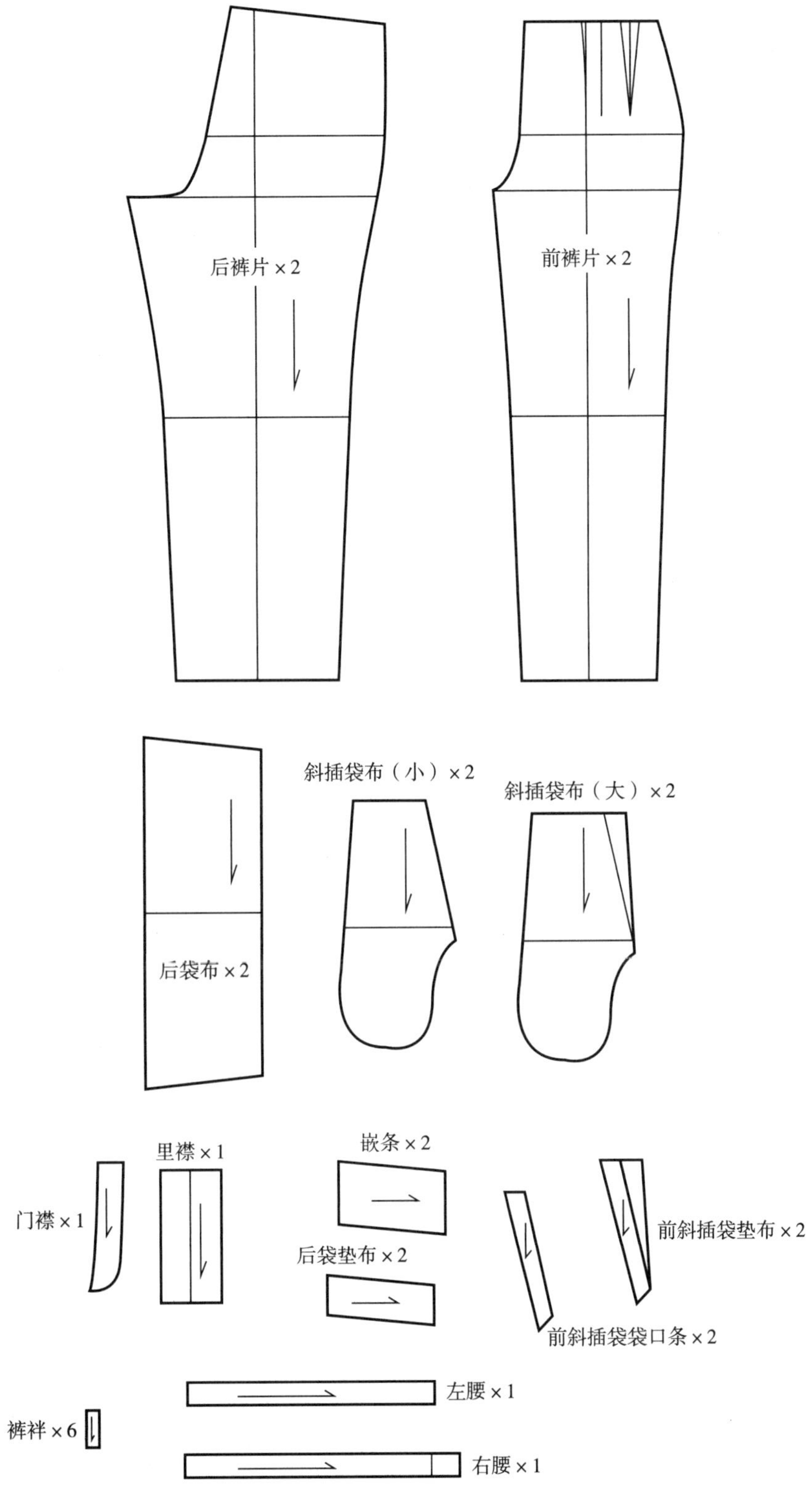
后裤片×2
前裤片×2
斜插袋布（小）×2
斜插袋布（大）×2
后袋布×2
里襟×1
嵌条×2
门襟×1
前斜插袋垫布×2
后袋垫布×2
前斜插袋袋口条×2
左腰×1
裤袢×6
右腰×1

图 4-2-3　男西裤净样图

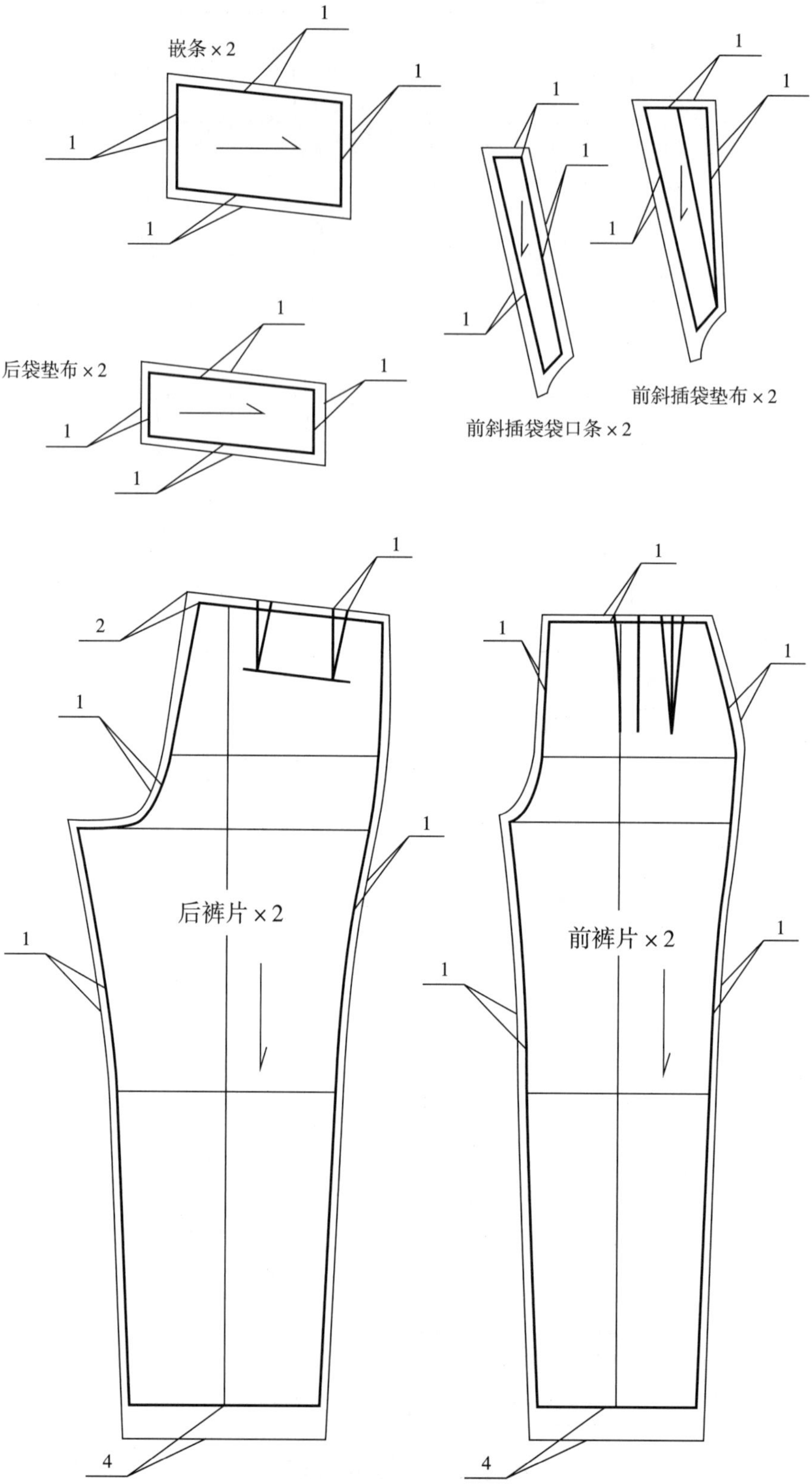
嵌条×2
后袋垫布×2
前斜插袋袋口条×2
前斜插袋垫布×2
后裤片×2
前裤片×2
1
2
4

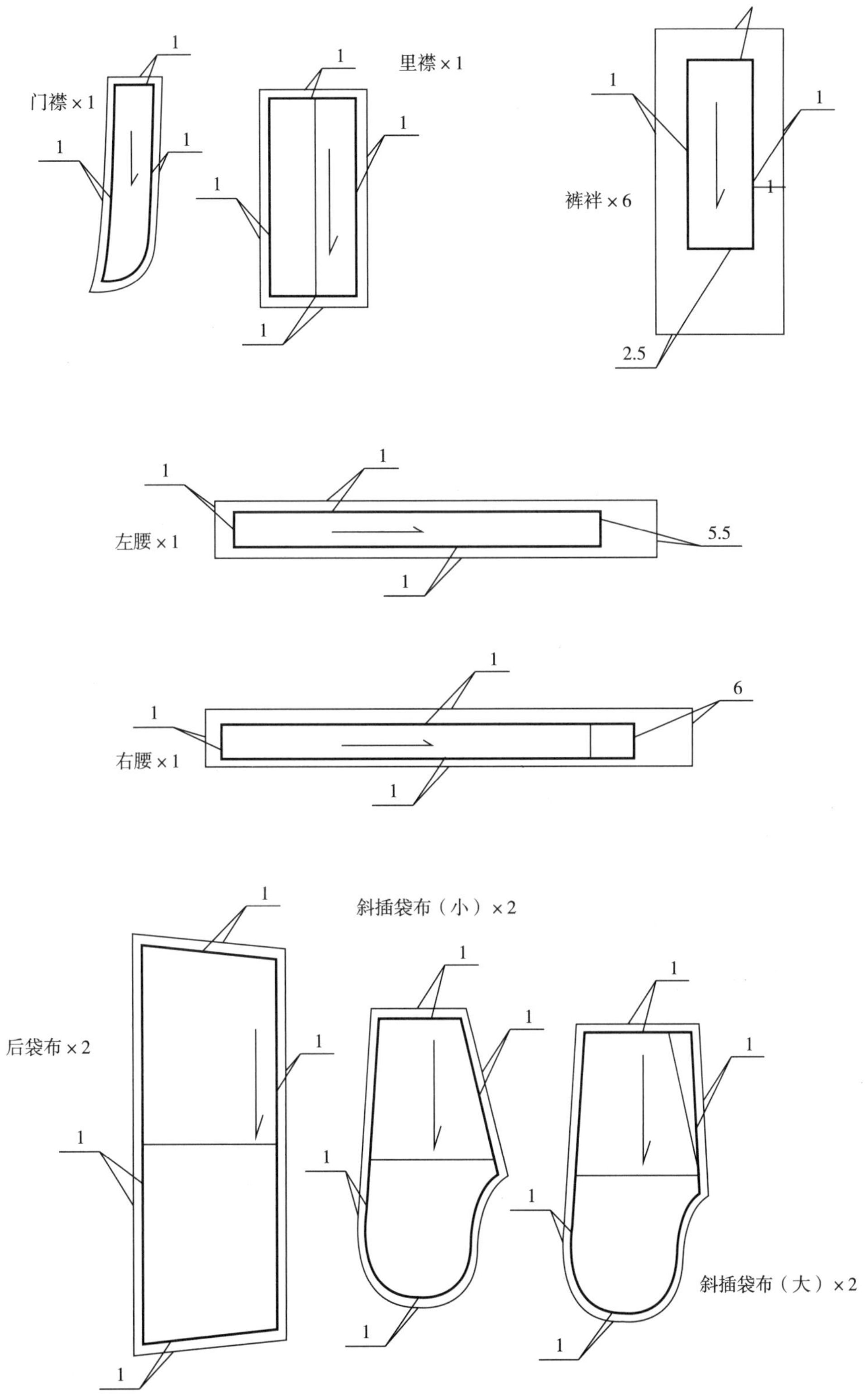

图 4-2-4　男西裤毛样图

三、排料设计

图 4-2-5 为男西裤排料图，面料幅宽为 144 cm，将面料正面相对折来进行排料。排料图是根据各样板对纱向的要求，按照紧密套排、节约用料的原则进行排料。

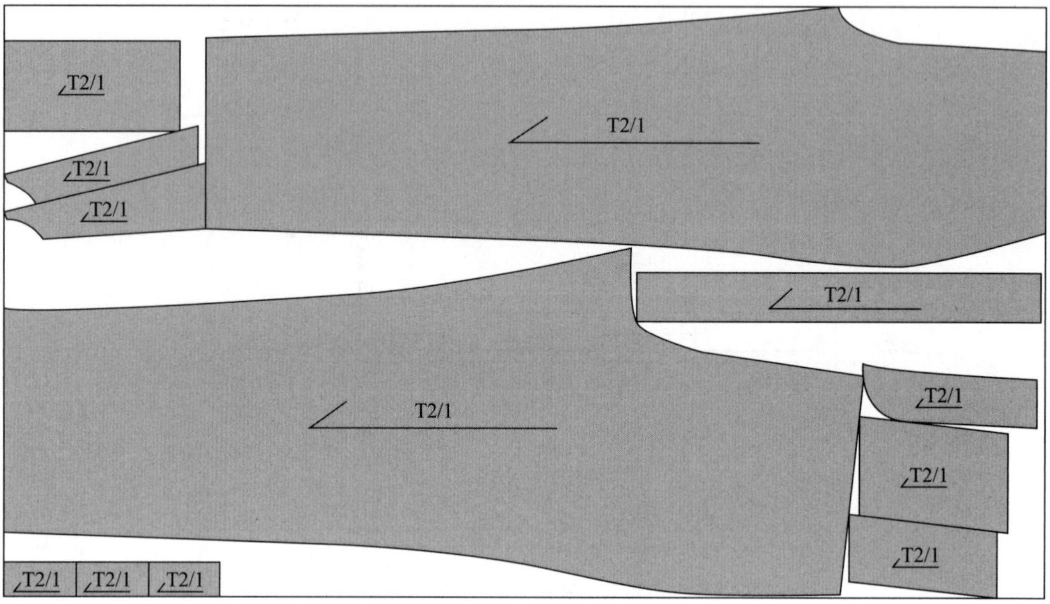

图 4-2-5　男西裤排料图

四、缝制工艺设计

（一）缝制准备

① 首先用划粉做出省、褶裥、袋位、缝份等标记，并在腰面、后开袋嵌线、门襟、里襟的反面黏衬［图 4-2-6（a）、（b）］。

② 扣烫腰面

按腰头净样板，扣烫腰面上口，扣烫线条要顺直［图 4-2-6（c）］；然后画出腰面净线宽度，按此线放出 1 cm 缝份后清剪掉多余布料［图 4-2-6（d）］。

（二）做前片

1. 做褶裥（图 4-2-7）

为了使裤前片更符合人体腹部形状，一般将褶裥上端缝合 4.5 cm（含 1 cm 绱腰缝份）（图 4-2-7）。

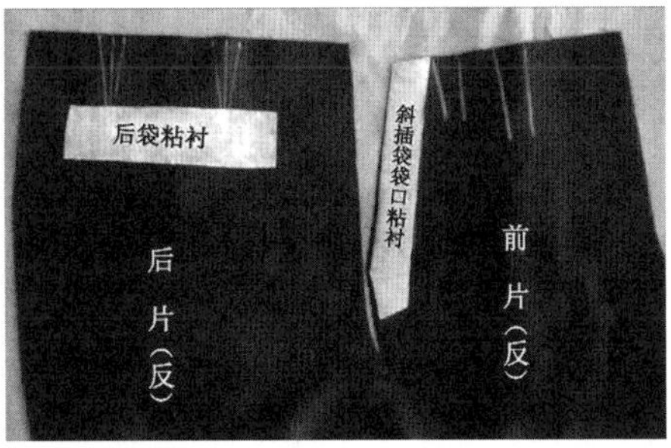

（a）

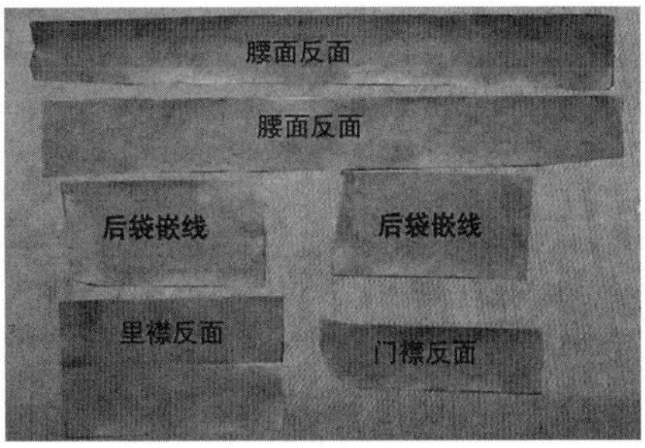

（b）

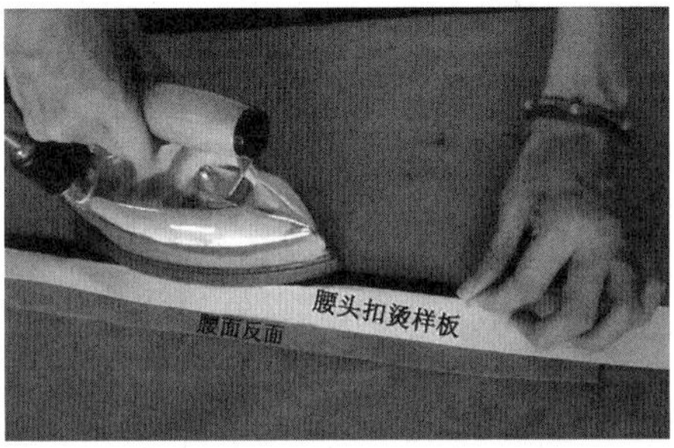

（c）

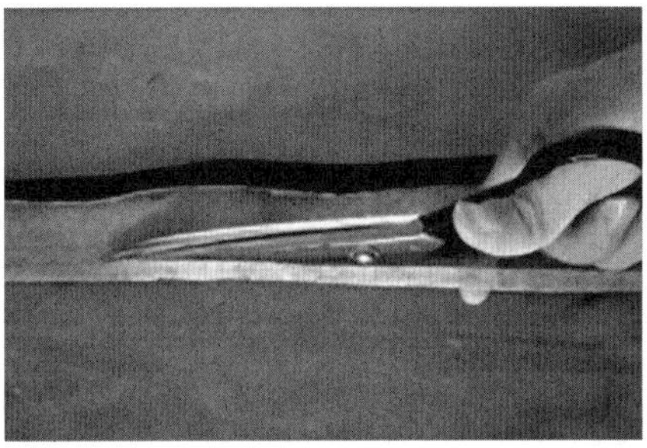
（d）

图 4-2-6　扣烫腰面

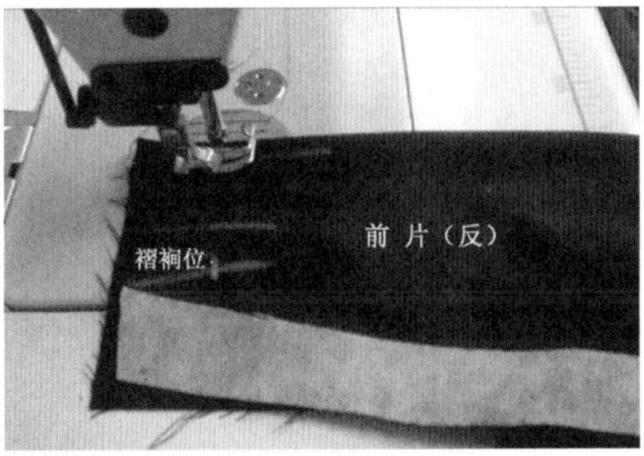

（a）

（b）

图 4-2-7　做褶裥

2. 做斜插袋

（1）做斜插袋袋口（图 4-2-8）

① 将裤片正面与斜插袋袋口条正面相对、袋布上片正面与袋口条反面相对 [图 4-2-8（a）]，沿斜插袋袋口净缝线缉缝，缝份 1 cm，使三层布固定在一起 [图 4-2-8（b）]。

② 打剪口，并翻转袋布和袋口条 [图 4-2-8（c）、（d）]，然后熨烫斜插袋袋口，使斜插袋袋口条缩进 0.2 cm，防止袋口条反吐 [图 4-2-8（e）]。

③ 先贴紧拷边线缉缝袋口条和袋布［图4-2-8（f）］。然后，沿袋口斜线缉缝0.6 cm明线，固定裤片、袋布和袋口条［图4-2-8（g）、（h）］。

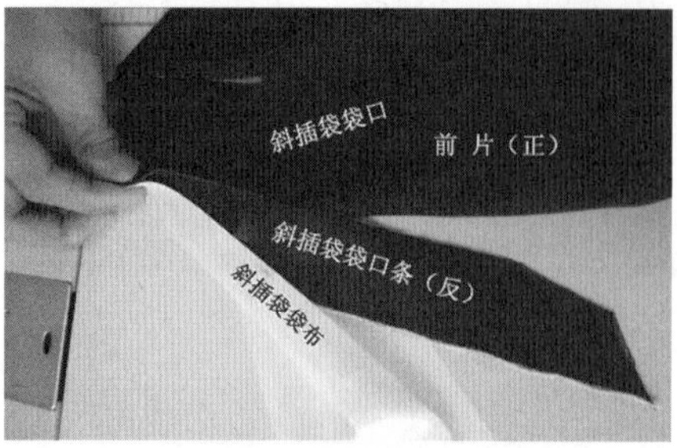

（a）

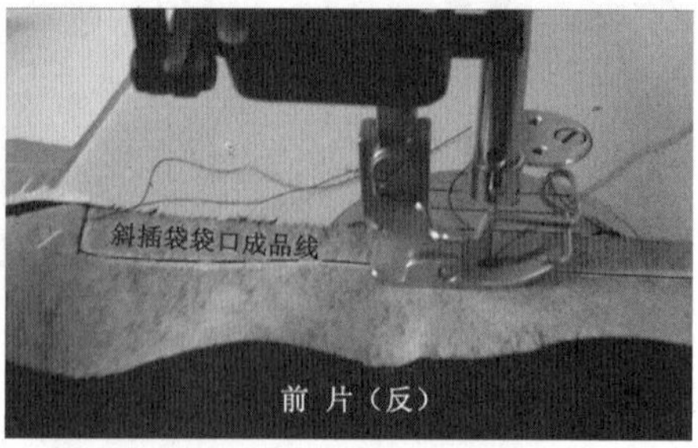

（b）

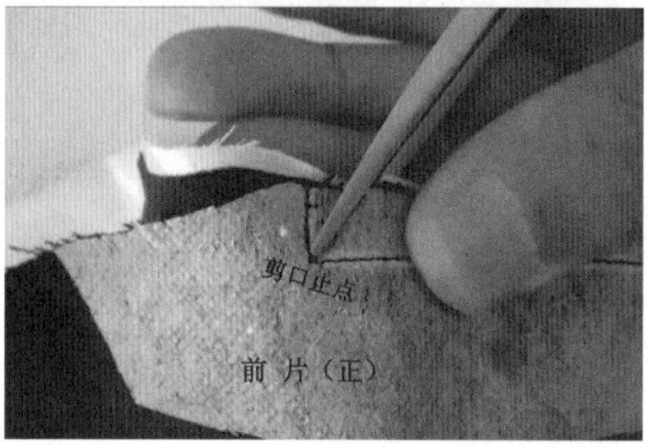

（c）

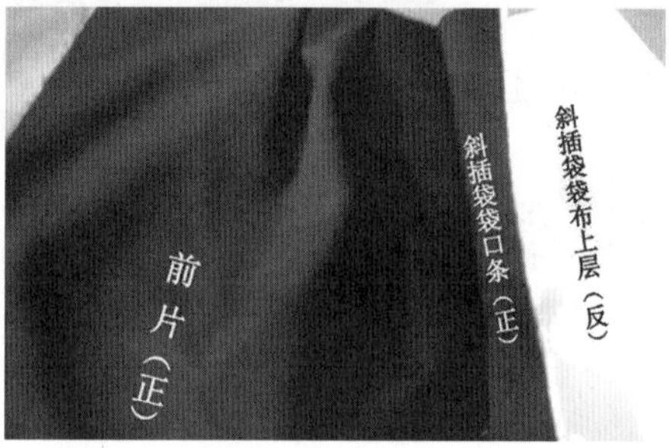

（d）

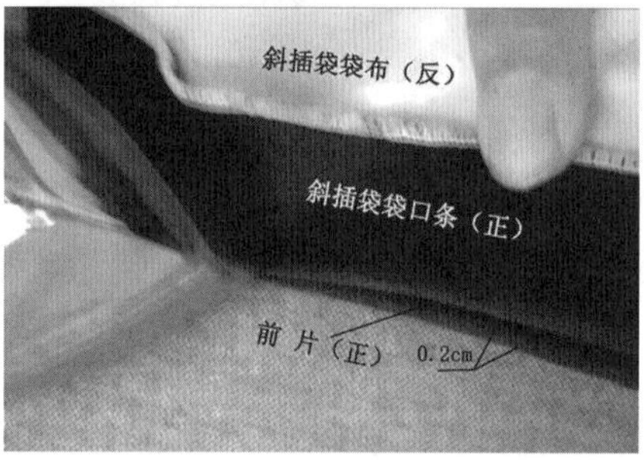

（e）

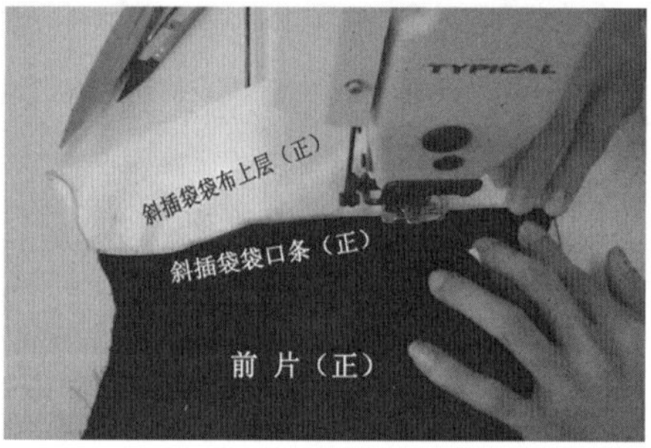

（f）

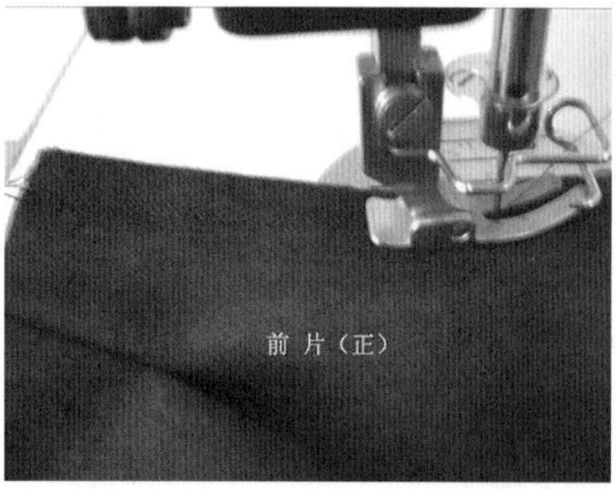

（g）

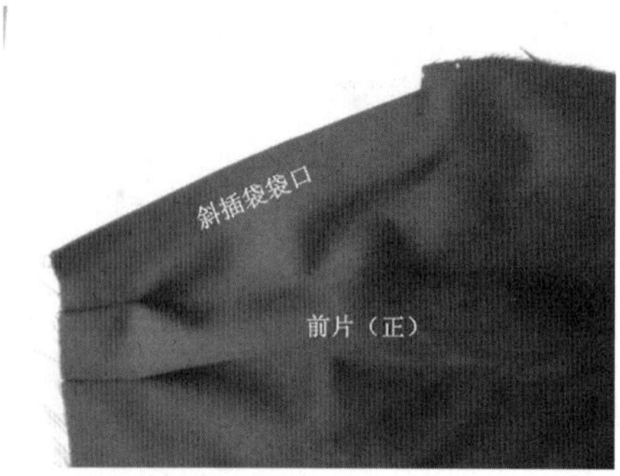

（h）

图4-2-8 做斜插袋袋口

（2）做斜插袋袋布（图 4-2-9）

① 将垫袋布反面对准袋布下片反面，沿垫袋布边缘缉缝 0.5 cm 线［图 4-2-9（a）、（b）］。再将袋布下片与裤片叠放在一起，检查裤片侧缝在口袋部位是否圆顺，并由腰口线向下沿袋口斜线缉缝 4.5 cm 的“L”形线（含 1 cm 绱腰缝份），末端来回针 3～4 次打结，以固定裤片与袋布［图 4-2-9（c）、（d）］。

② 将袋布上下层正面相对，沿边缘缉缝 0.5 cm 线［图 4-2-9（e）］，然后将袋布正面翻出勾缝 0.5 cm 明线，完成斜插袋制作［图 4-2-9（f）］。

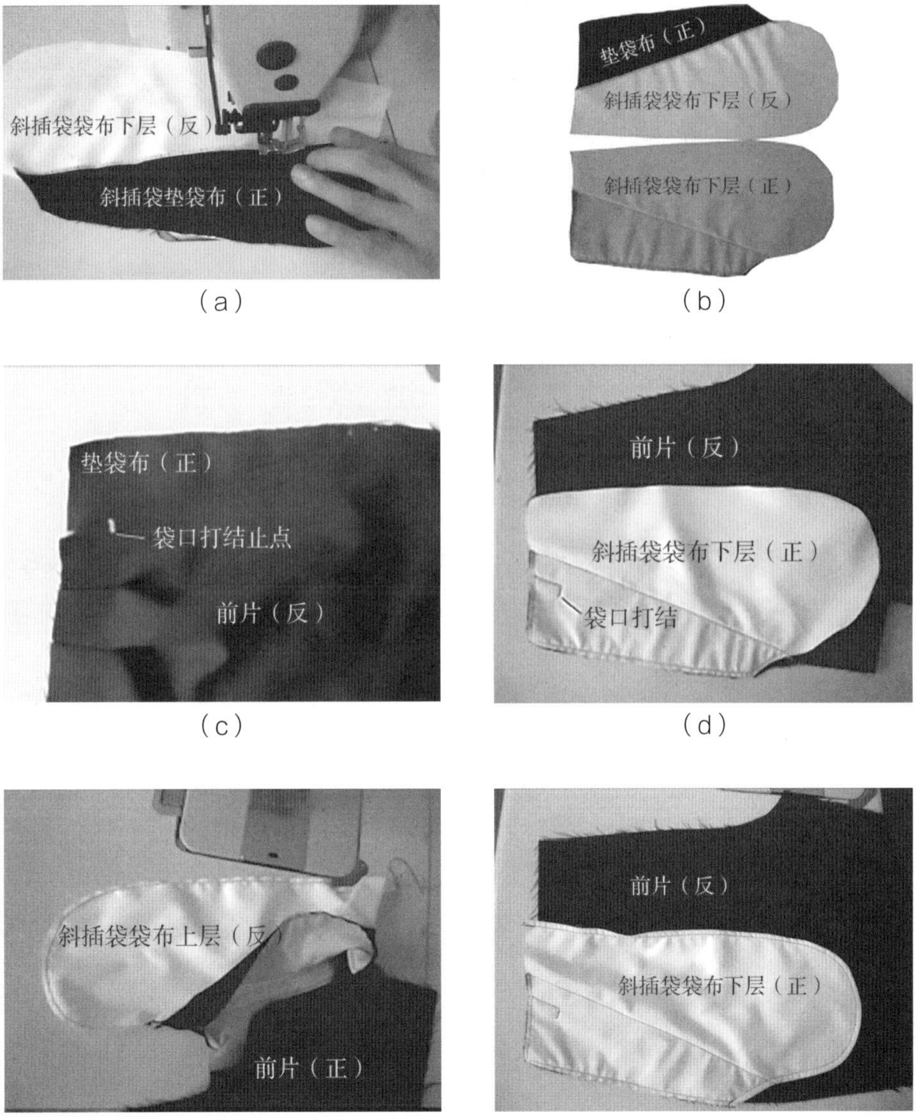

（a） （b） （c） （d） （e） （f）

图 4-2-9 做斜插袋袋布

3. 烫前裤挺线（图 4-2-10）

裤片铺平，沿侧缝缉缝 0.5 cm 线迹，固定斜插袋与裤片 [图 4-2-10（a）]，此时可用前片毛样板与裤片进行校对，检验成品裤片是否与样板有误差，以便及时做出调整。然后将裤片按裤挺线对折，烫出前裤挺线 [图 4-2-10（b）]。

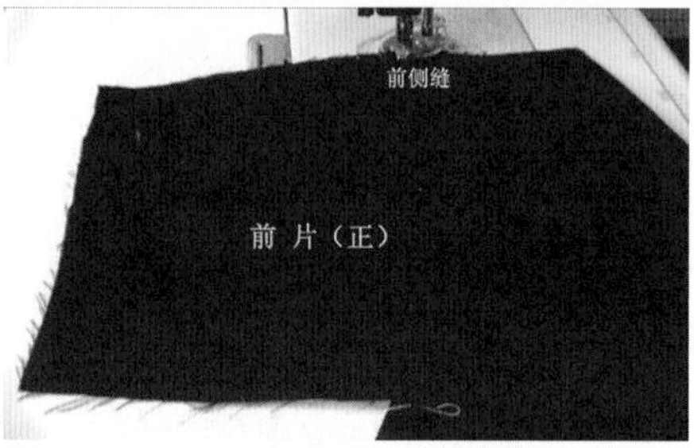

（a）

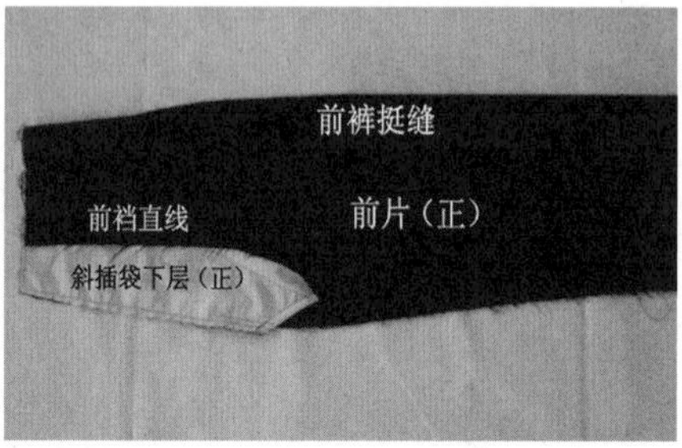

（b）

图 4-2-10　烫前裤挺线

4. 做前片裤膝绸（图 4-2-11）

① 按照裤膝绸剪口折叠腰部褶裥，沿腰口线缉缝，固定裤膝绸褶裥 [图 4-2-11（a）]。裤膝绸底边折光，宽度为 0.5 cm，缉 0.1 cm 明线 [图 4-2-11（b）]。

② 裤膝绸反面与裤片反面相对，沿边缘缉缝 0.5 cm 线迹，与裤片固定在一起 [图 4-2-11（c）]。裤膝绸与裤片一起拷边，拷边时裤片正面向上 [图 4-2-11（d）]。因左前片绱门襟，因此拷边至小裆弯上 5~6 cm 即可（如局部图所示）。

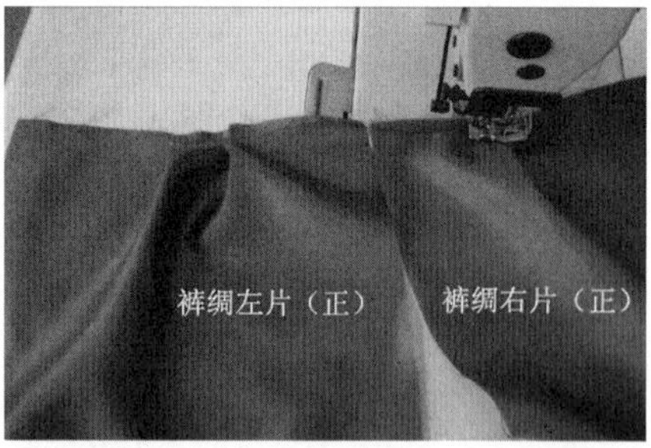

（a）

（b）

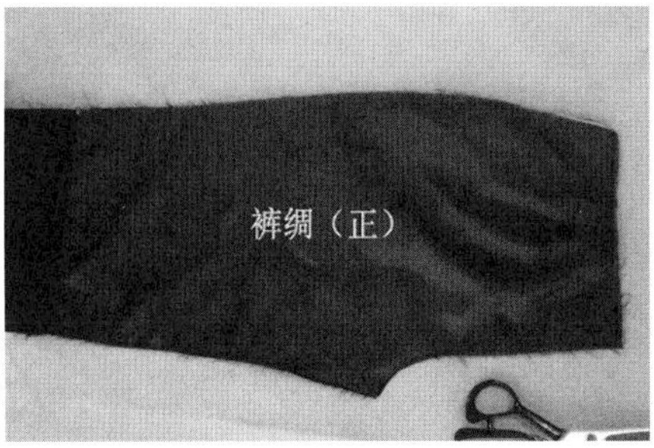

（c）

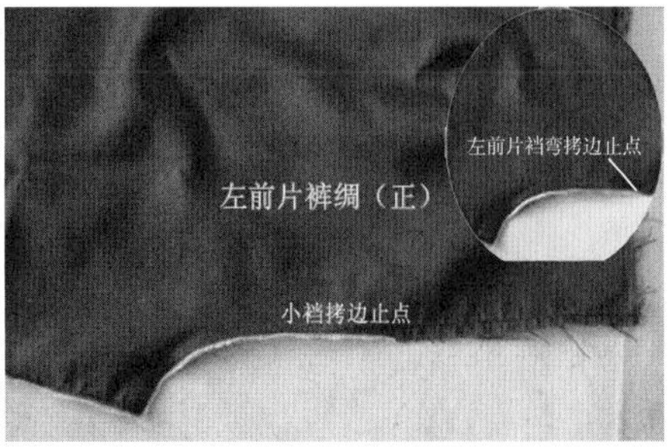

（d）

图 4-2-11　做前片裤膝绸

5. 绱门襟、绱拉链、合小裆（图 4-2-12）

① 门襟外弧形边拷边，成品宽度 4 cm，长度为臀围线下 2 cm［图 4-2-12（a）］。门襟正面与左裤片正面相对，对齐腰口线、直裆线，缉缝 0.8 cm 缝线［4-2-12（a）］。然后，将门襟扣折至左前片反面，前裆线止口向里多折进 0.2 cm，防止门襟反吐。烫平，并顺势将小裆线折扣 1 cm 缝份［图 4-2-12（b）］。

② 将门襟、左前片分缝铺平，沿缝口在门襟上缉 0.1 cm 明线，以使门襟不反吐且更平服地贴于左前裤片［图 4-2-12（c）］。再将拉链反面与门襟正面相对，拉链下端盖过前裆缝合线 0.3 cm，拉链上端比前裆缝合线缩进 0.3 cm［图 4-2-12（d）］。然后将拉链与门襟缉缝在一起，缝份 0.5 cm［图 4-2-12（e）］。

③ 将门襟拉平，右前裤片正面与左前裤片正面相对，沿净缝线缉缝小裆，缝份 1 cm，至门襟底端以上 2 cm 止［图 4-2-12（f）］。

④ 将门襟明线缉缝样板端正放于左裤片正面门襟处，沿样板边缘缉缝明线，宽度 3.5 cm［图 4-2-12（g）］，完成图如图 4-2-12（h）。

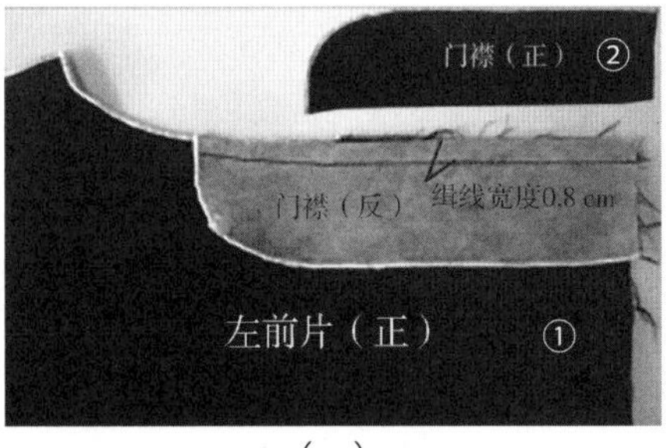

（a）

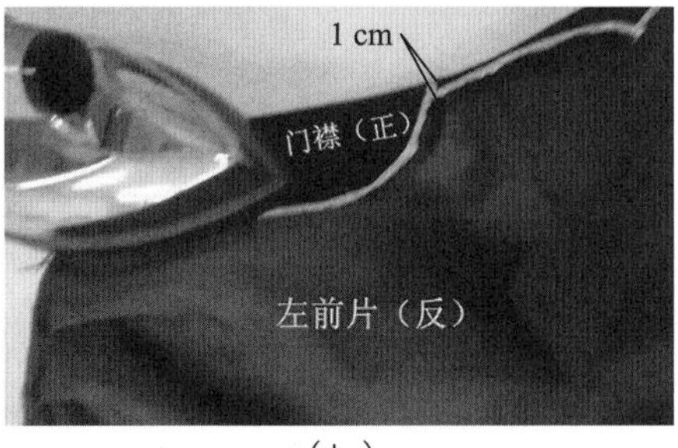

（b）

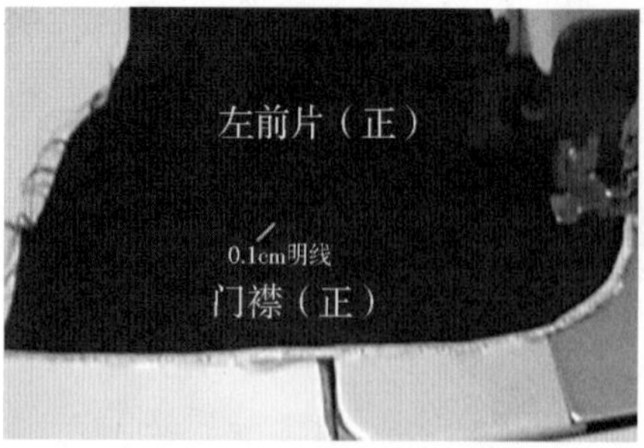

（c）

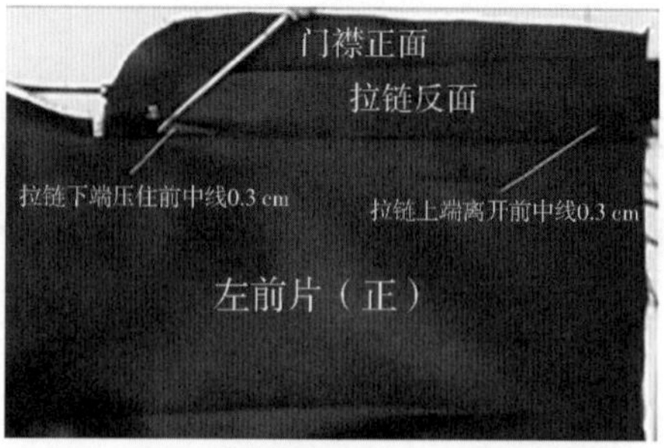

（d）

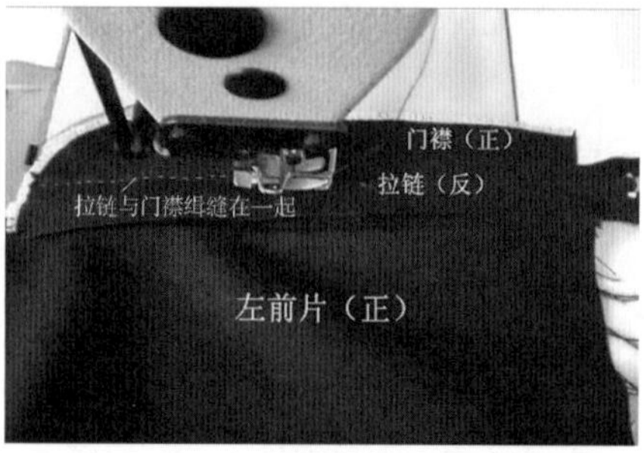

（e）

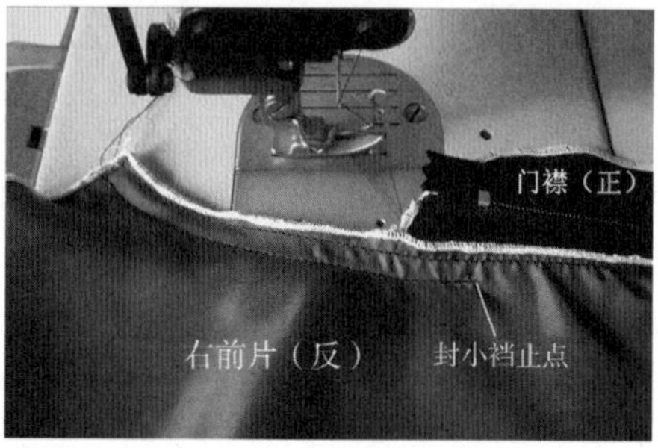

（f）

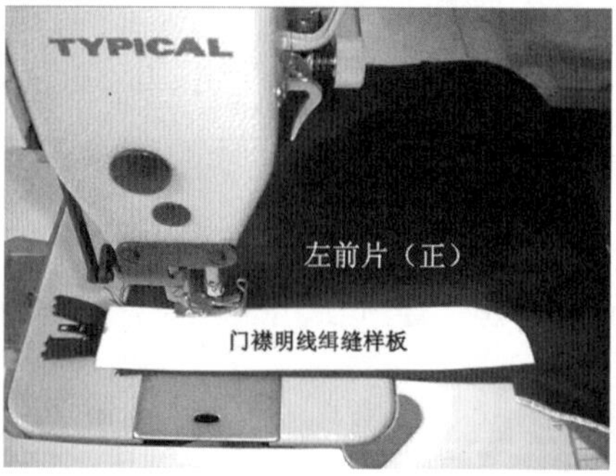

（g）

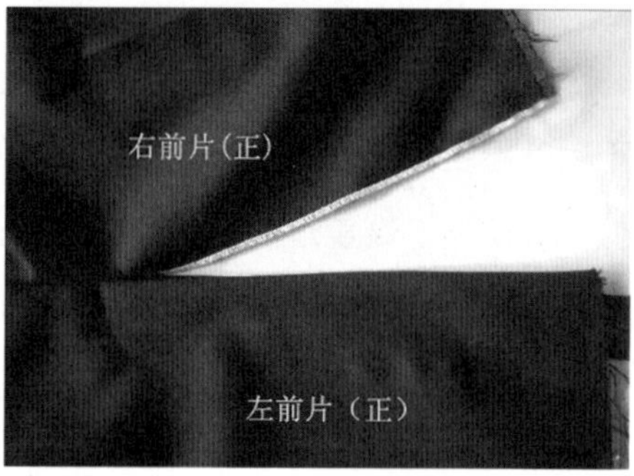

（h）

图 4-2-12　绱门襟、绱拉链、合小裆

6. 绱里襟、合裆缝、封里襟（图 4-2-13）

① 门襟布对折，缝合下端，翻至正面烫平，拷边［图 4-2-13（a）］。将里襟正面向上置于左前片下方，腰口对齐，将拉链未固定的一边从门襟折向里襟方向，使里襟正面与拉链反面相对，缉线固定［图 4-2-13（b）］。

② 左前片在上右前片在下对齐，将门襟反折向里、里襟铺平夹在两裤片之间，沿前裆净缝线缝合，绱里襟、合裆缝一起完成［图 4-2-13（c）及其局部图］。将裤片翻至正面，检查缝合线是否顺直、拉链是否外露［4-2-13（d）］。

③ 裤片翻至反面，将门襟、里襟在底端封结固定［图 4-2-13（e）、（f）］。

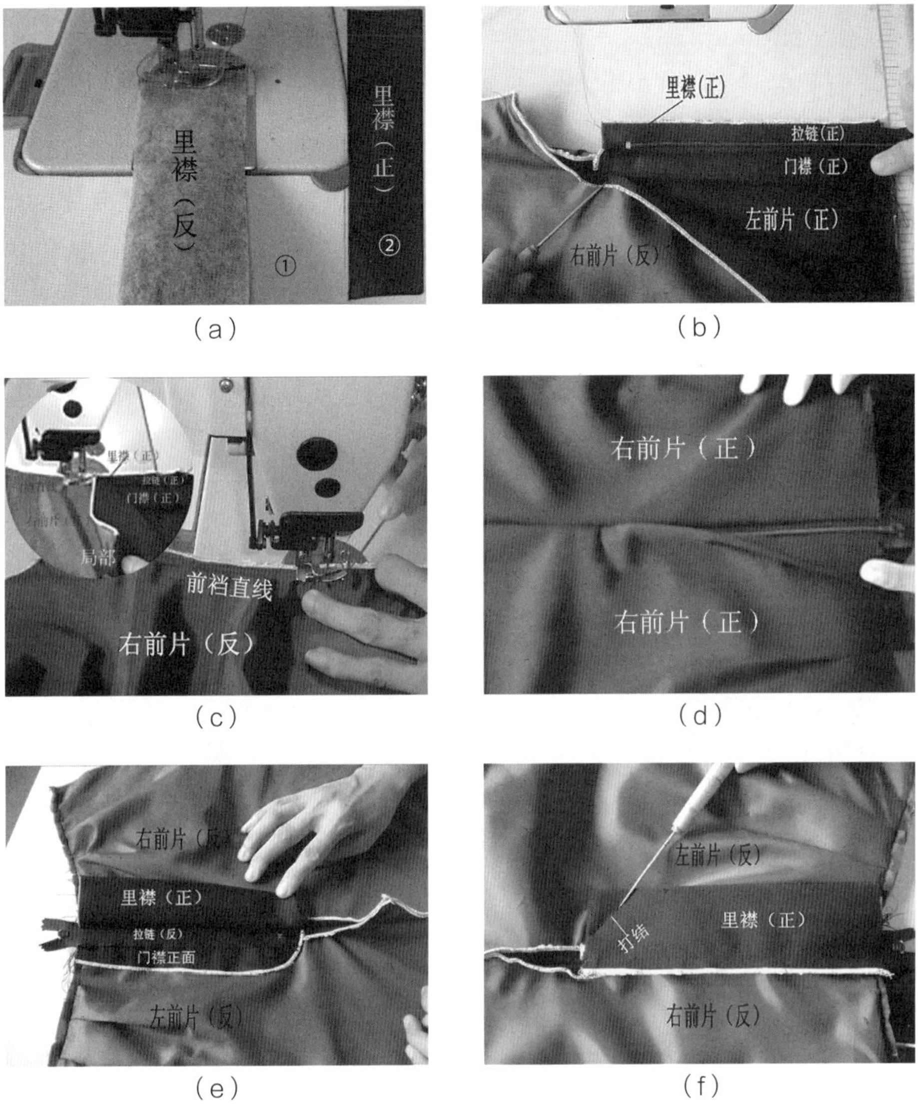

图 4-2-13 绱里襟、合裆缝、封里襟

（三）做后片

1. 拷边（图 4-2-14）

裤片、开袋嵌线布、垫袋布布料正面向上拷边。嵌线布和垫袋布下边线均应拷边 [图 4-2-14（a）、（b）]。

2. 做省（图 4-2-15）

缝合后片两个省，然后两省相对烫倒 [图 4-2-15（a）、（b）]。

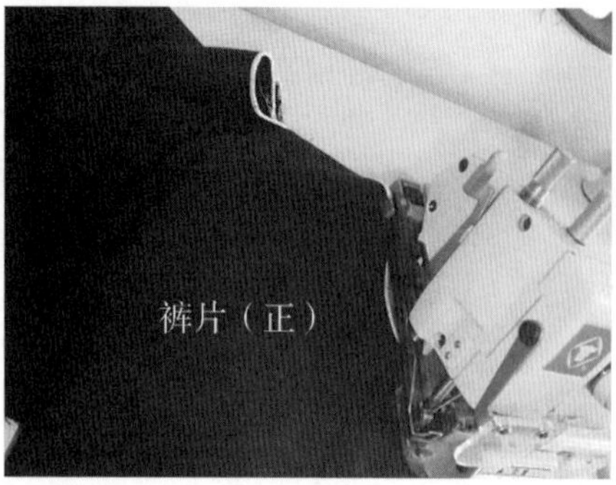

（a）

（b）

图 4-2-14 拷边

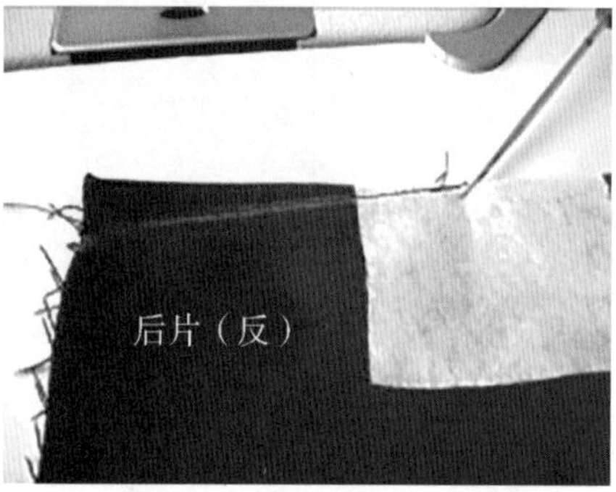

（a）

（b）

图 4-2-15 做省

3. 做后开袋

开袋缝制时要宽窄一致，袋口无毛露、无裥；袋布顺直、平服。

（1）画袋位

在后裤片正面画出口袋位置。袋口距侧缝 4～5 cm、距腰口线 7～8 cm，省尖过袋中线 0.3 cm [图 4-2-16（a）]。再用模板在开袋嵌线布反面定出袋位，袋位距开线嵌线布上边线 3 cm，袋宽度 1～1.2 cm（根据布料厚薄调整宽度）[图 4-2-16（b）]。

（2）固定袋布

将袋布正面与裤片反面相对，对好袋位，袋布上边比腰口线长出 1.4～2 cm，袋布宽度比袋口两端各宽出 2 cm [图 4-2-17（a）]。在裤片正面按袋中线位置缉合袋布与裤片 [图 4-2-17（b）]。反面如图 4-2-17（c）。

（3）缝嵌线

袋口嵌线布正面与裤片正面相对，对好袋位，根据袋口宽度上下各缉一道

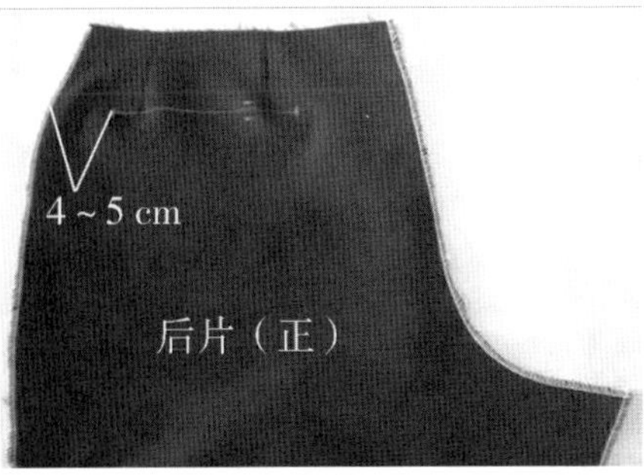

（a）

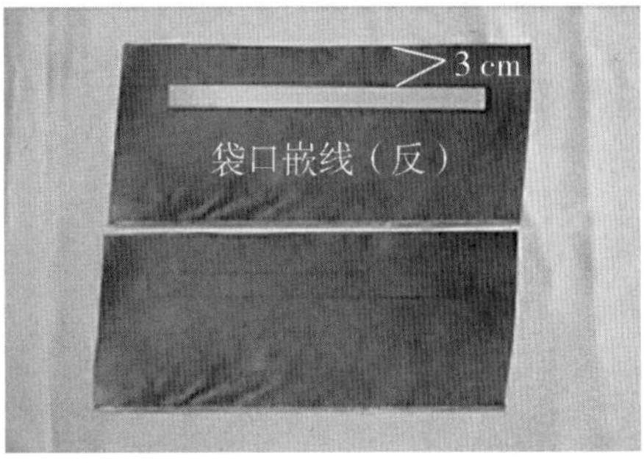

（b）

图 4-2-16　画袋位

（a）

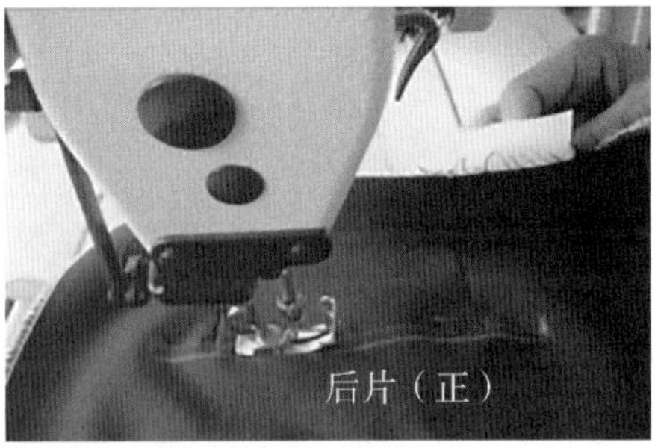

（b）

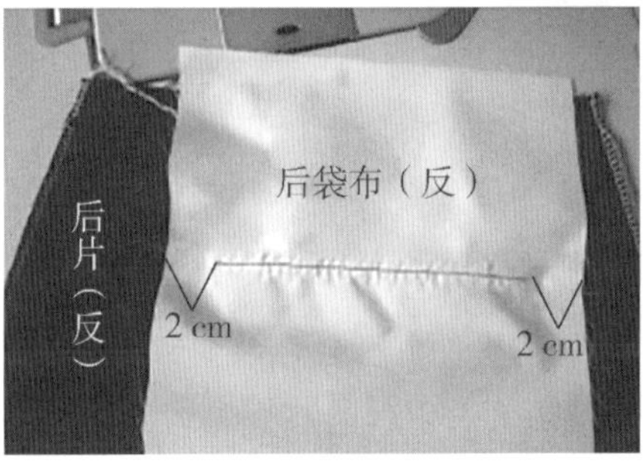

（c）

图 4-2-17　固定袋布

线，线两端来回针封结加固［图 4-2-18（a）］。从反面观察看，两线平行并等长［图 4-2-18（b）］。

（4）剪袋口

先沿袋口中线剪开袋口嵌线布，然后将袋口对折，从中间剪一缺口，再剪向两端，两端剪成三角形，裤片、袋布要剪透，三角形端点要剪至距封结处一根纱线的位置。剪过头或剪断绢线，都会产生边角毛露现象；若剪的位置不够，则会使袋口角不平整有疙瘩的现象［图 4-2-19（a）］。剪口从反面看呈字母“Y”形［图 4-2-19（b）］。

(a)

(b)

图 4-2-18 缝嵌线

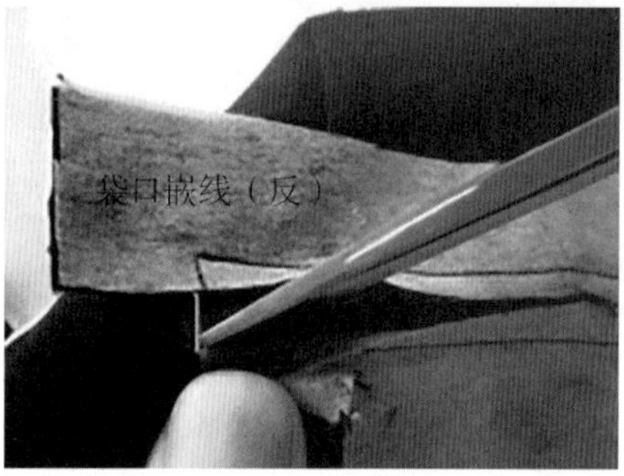

(a)

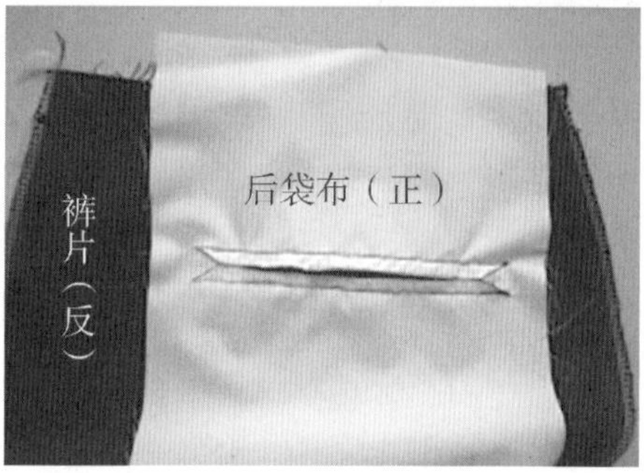

(b)

图 4-2-19 剪袋口

（5）烫嵌线

将嵌线从开袋口翻至裤片反面，拉平袋口 [图 4-2-20（a）]，用手针绷缝嵌线，上下嵌线宽窄要一致，再将开口两端小三角向衣片反面折转，用熨斗熨烫，保持四角方正，最后拆掉绷缝线 [图 4-2-20（b）、（c）]。

（6）固定下嵌线、封三角

将裤片沿下嵌线反折，并在缝口上缉线，将嵌线、裤片、袋布三层一起固定 [图 4-2-21（a）]。然后将下嵌线下边线与袋布缉缝在一起 [图 4-2-21（b）]。

掀起衣片，露出小三角，沿袋口端点标记用来回针把三角、嵌条、袋布缝合在一起 [图 4-2-21（c）]。车缝线要紧靠袋口端点，以确保袋口四角方正，不毛露 [图 4-2-21（d）]。

（7）缝袋布、固定上嵌线

① 袋布摆正，对好袋位缉缝垫袋布 [图 4-2-22（a）]；将袋布正面对

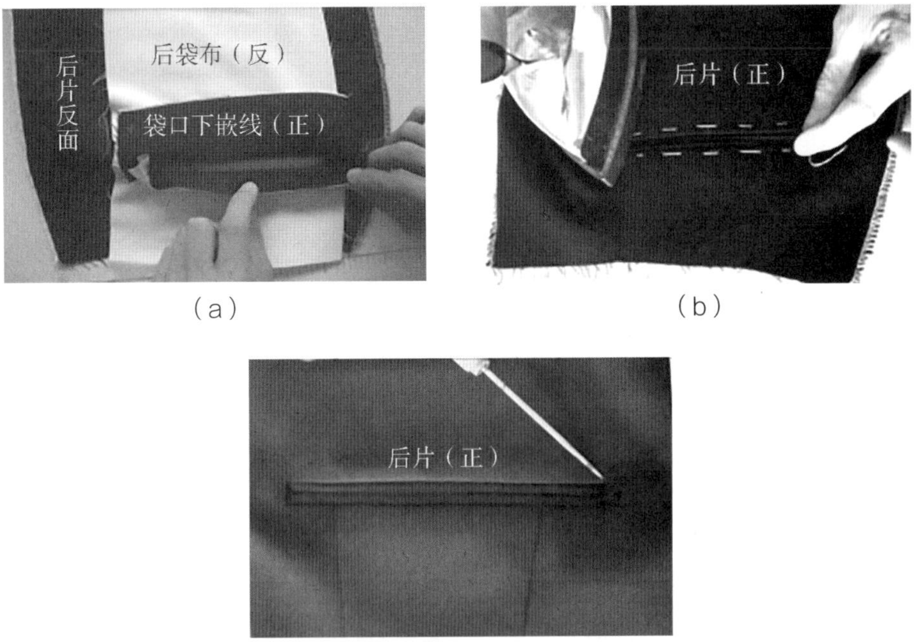

图 4-2-20　烫嵌线

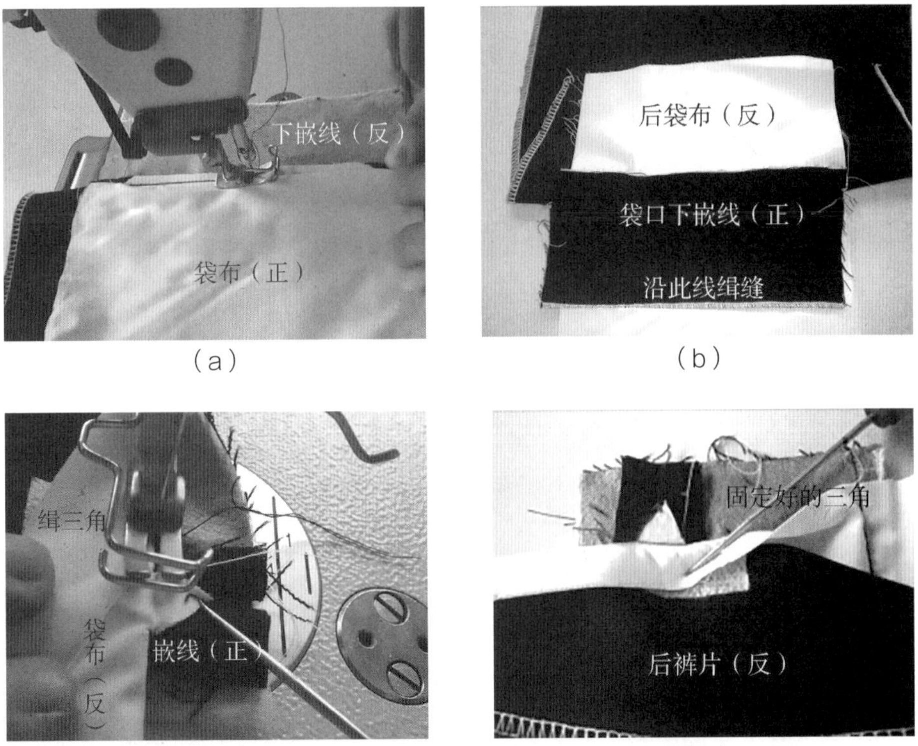

图 4-2-21　固定下嵌线、封三角

正面对折勾缝，缝份 0.3~0.4 cm [图 4-2-22（b）]；将袋布翻至正面勾缝 0.6 cm 缝线 [图 4-2-22（c）]。

② 掀开裤片，在裤片反面沿上嵌线缝口缉缝，将袋布、嵌线固定在一起 [图 4-2-22（d）]。

③ 将袋布和裤片铺平，沿腰口线缉缝 0.3 cm，固定袋布与裤片 [图 4-2-22（e）]，然后沿腰口线清剪多余袋布 [图 4-2-22（f）]。

（a）

（b）

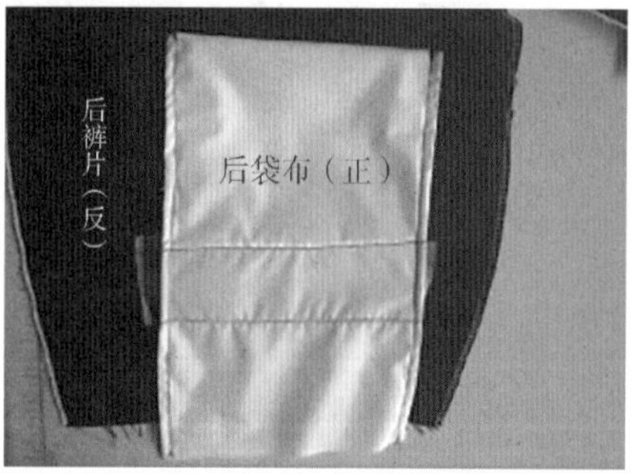

（c）

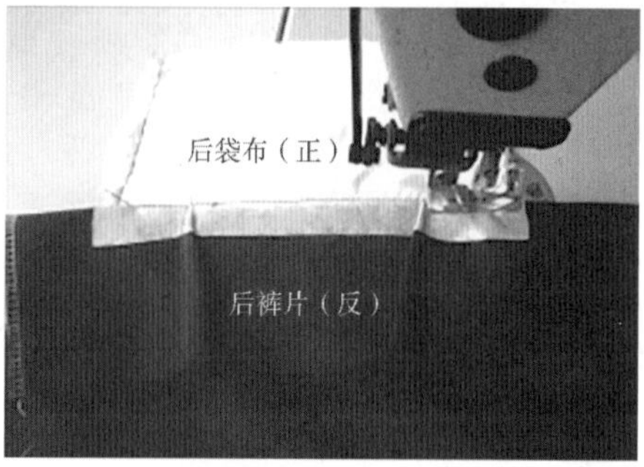

（d）

（e）

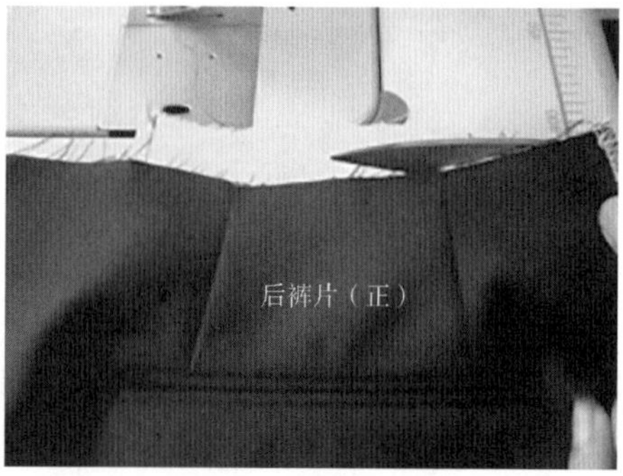

（f）

图 4-2-22　封袋布、固定上嵌线

4. 烫后片裤挺线

沿后片裤挺线对折，烫出后裤挺线，里外侧缝、裤脚内外角要对齐，裤线顺直、裤片无极光（图 4-2-23）。

图 4-2-23　烫后片裤挺线

（四）前后片组合

1. 合侧缝、扣烫底边（图 4-2-24）

前后片正面相对，侧缝对齐，按净缝线缉缝，缝份 1 cm。线迹要顺直、缝份宽窄保持一致 [图 4-2-24（a）] 分缝烫平 [图 4-2-24（b）]。然后用 4 cm 宽的样板扣烫底边 [图 4-2-24（c）]。

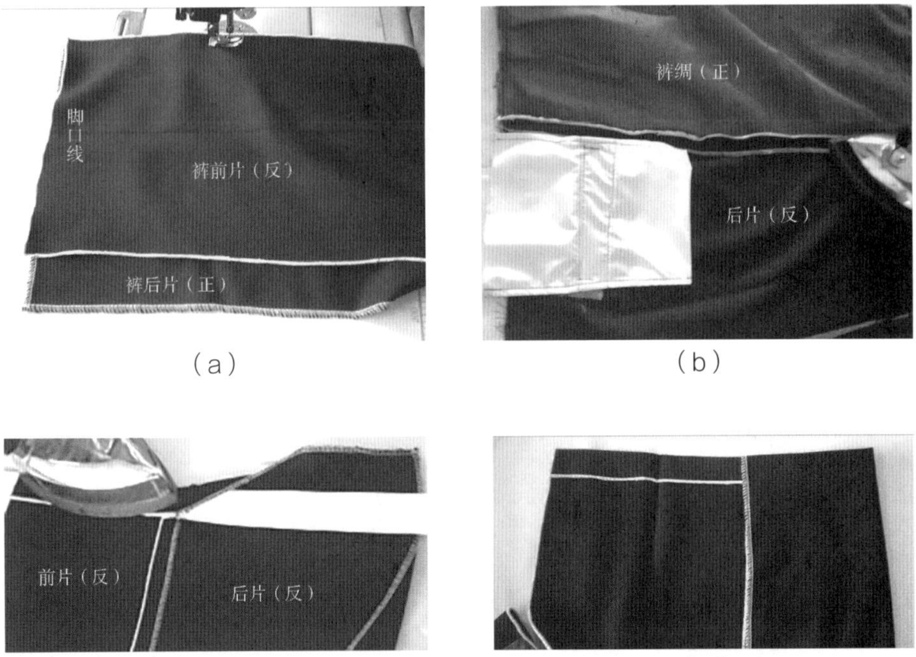

（a）　（b）　（c）　（d）

图 4-2-24　合侧缝、扣烫底边

2. 绱腰头、合后裆缝

（1）固定裤袢（图 4-2-25）

用 2 cm 硬纸板扣烫裤袢，沿中线对折将毛边折向内层，宽度 1 cm。缉缝 0.1 cm 明线后剪成 6 个 8 cm 长裤袢 [图 4-2-25（a）]；将裤袢钉缝在裤片腰线上。分别在裤前片褶裥处各钉一个，后裆成品线左右 2 cm 处各钉一个，其余两个找准前后裤袢中间位置钉上，裤袢固定位置缝线距腰口止口为 2 cm [图 4-2-25（b）]。

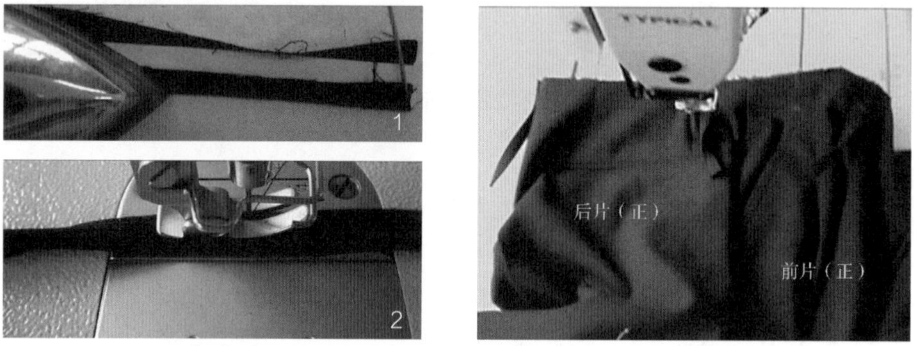

（a）　　（b）

图 4-2-25　固定裤袢

（2）绱腰面

① 腰头分为左右两片。左右腰面长度各为 1/2 腰围加 6.5 cm（包括止口 1 cm 缝份）余量，腰里长度与腰围相等。将成品腰里反面与扣烫好的腰面正面相对，沿腰面扣烫线下 0.3 cm 处缉缝 0.1 cm 明线，固定腰面与腰里 [图 4-2-26（a）、（b）]。

② 腰面正面与裤片正面腰口线相对车缝 [图 4-2-26（c）]，左右腰头在门襟处要宽窄一致，缝口对齐 [图 4-2-26（d）、（e）]。腰面余量翻折不缝合 [图 4-2-26（f）]。

（3）合后裆缝

腰头打开，将左右腰里、腰面、后裤片正面相对。后裆线对齐，左右腰里腰面缝口、左右腰面与腰口缝口对齐，按净缝线缉缝后裆缝 [图 4-2-27（a）]；然后将裤片放于烫凳上分缝烫平后裆缝 [图 4-2-27（b）]。

（4）封腰头

将腰面 6.5 cm 余量翻折与门襟止口比齐，下口缝线与绱腰缝线缝合

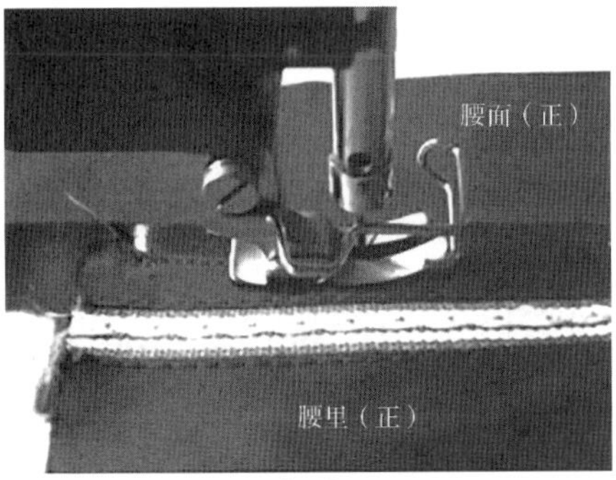

（a）

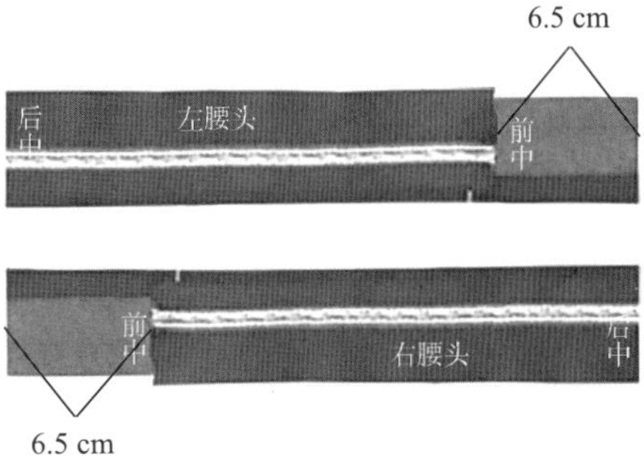

（b）

（c）

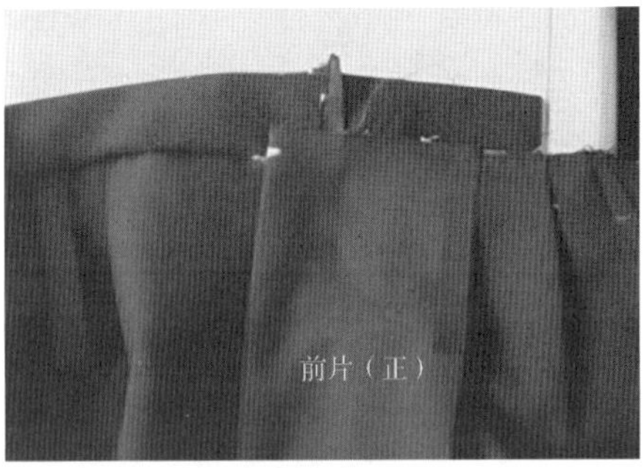

（d）

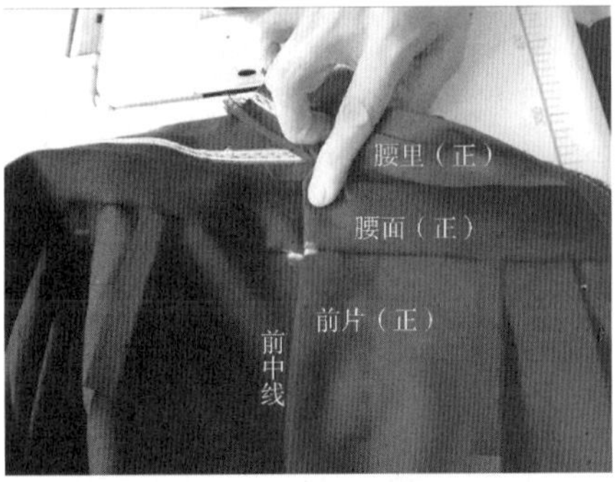

（e）

（f）

图 4-2-26　绱腰面

（a）

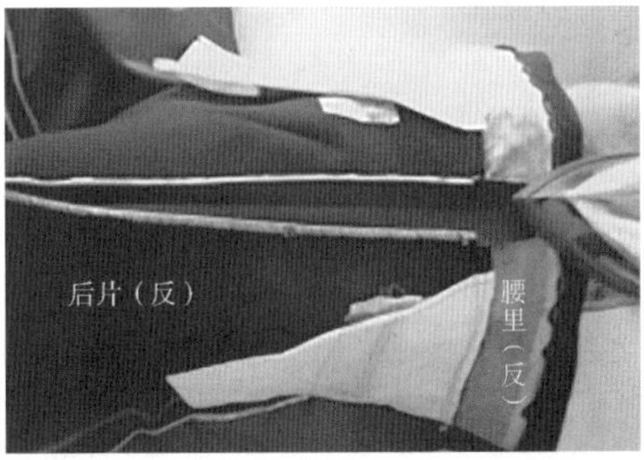

（b）

图 4-2-27　合后裆缝

[图 4-2-28（a）]，上口缝线与腰面扣烫线迹对齐缝合 [图 4-2-28（b）]。缝合线长度为 5.5 cm，将腰面翻正 [图 4-2-28（c）]。里襟腰头止口的做法同门襟。然后将腰面向里折光，用暗缲针与腰里缝在一起 [图 4-2-28（d）]。

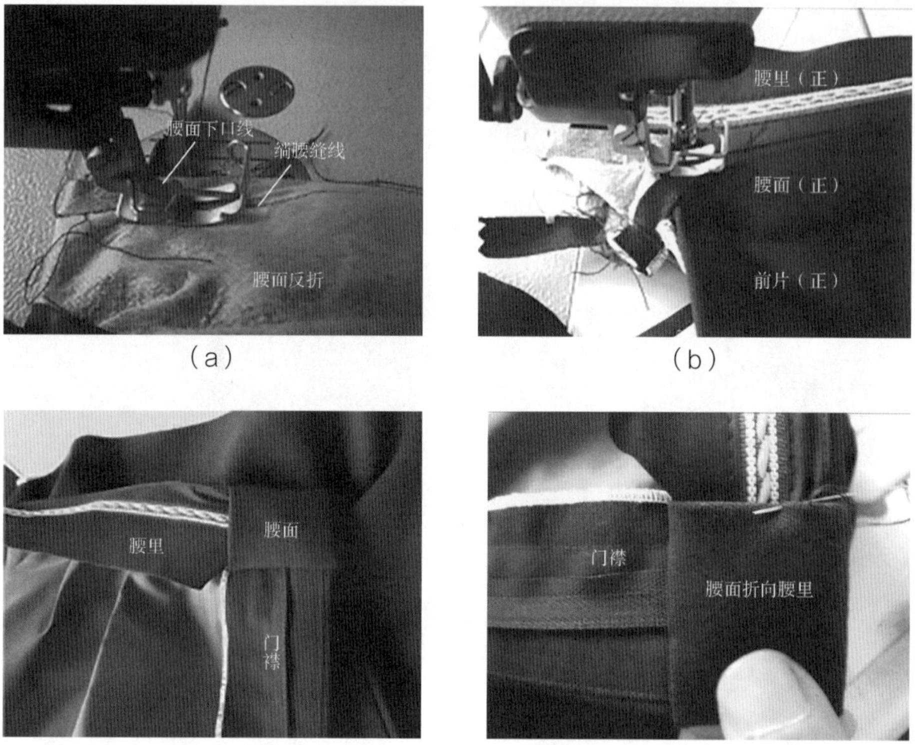

（a）（b）（c）（d）

图 4-2-28　封腰头

（5）绱腰里

腰里上层掀起，将腰里下层与裤片反面相对 [图 4-2-29（a）、（b）局部]，在正面沿腰头缝线落漏缝与腰里下层缉缝在一起 [图 4-2-29（c）]。

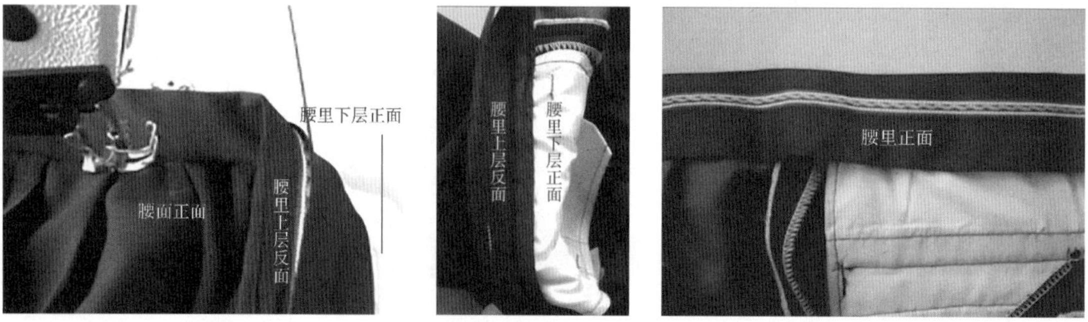

（a）（b）（c）

图 4-2-29　绱腰里

（6）合下裆缝

前后裤片正面相对，内侧缝、脚口对齐，沿成品线缉缝下裆缝。至裆缝处要前后裆线、左右下裆线均连成一线，形成十字形。最后在烫凳上将十字裆缝分缝烫平（图 4-2-30）。

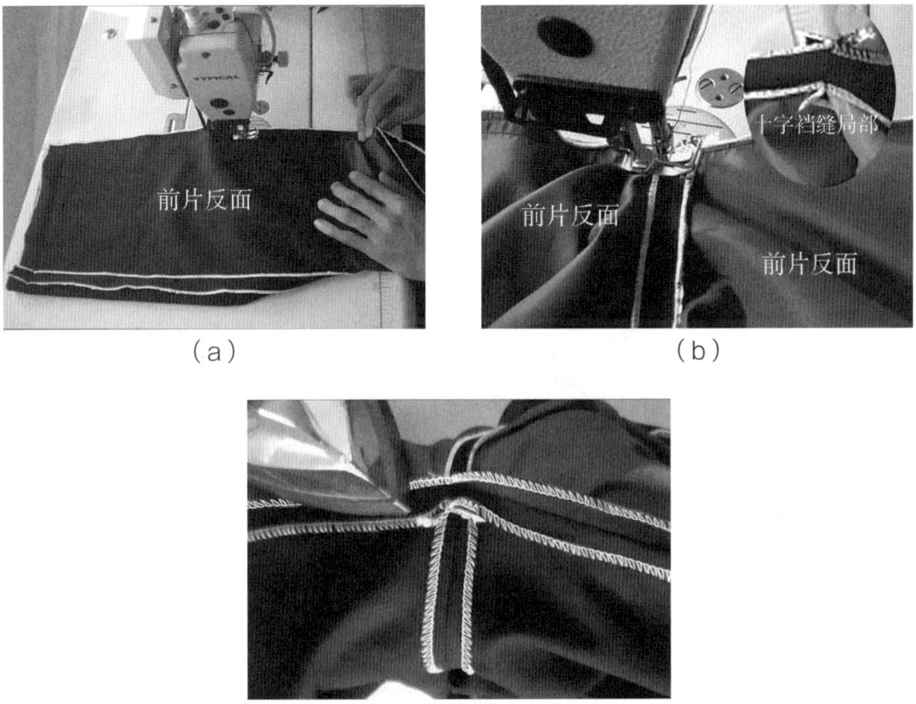

（a）　（b）　（c）

图 4-2-30　合下裆缝

（五）钉裤袢

将裤袢折向腰面，上端扣折 0.7 ～ 1 cm 缝份，然后反复车缝 3 ～ 4 次与腰头固定（图 4-2-31）。

（六）缲底边

三角针缲缝裤底边（图 4-2-32）。一并缲缝腰里里层，腰里外层打结固定。

（七）锁眼、钉扣

烫平腰头、后袋口，定好纽洞位置，锁扣眼、钉纽扣。扣眼长 1.5 cm，纽扣直径 1.3 cm（图 4-2-33）。

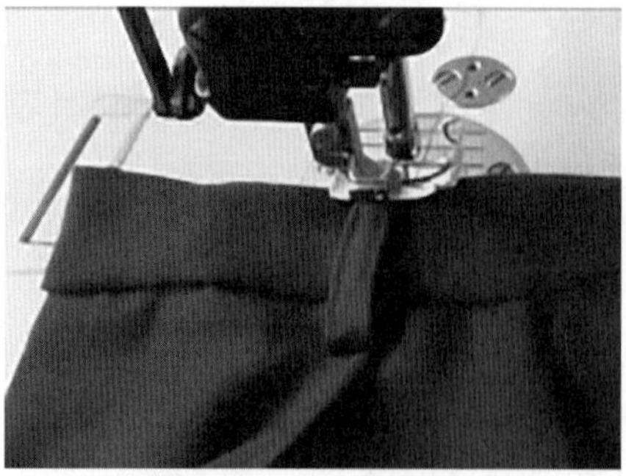

图 4-2-31 钉裤袢

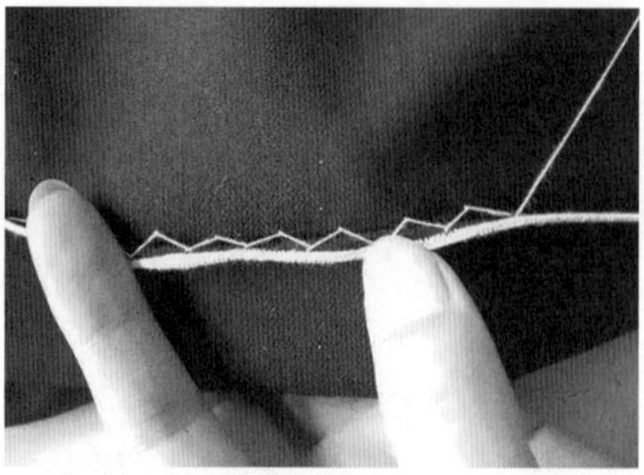

图 4-2-32 缲底边

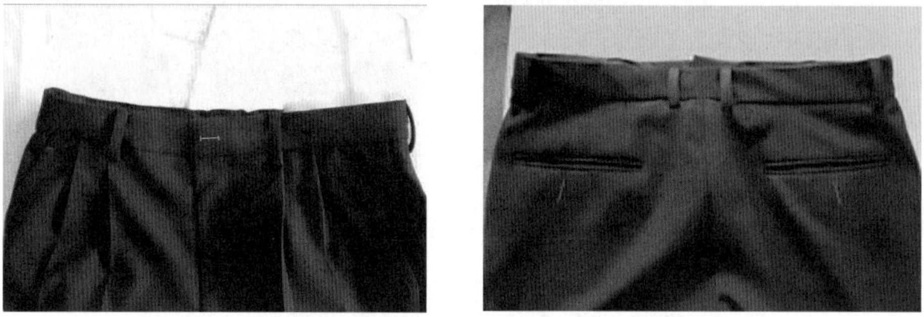

（a） （b）

图 4-2-33 锁眼、钉扣

（八）整烫

① 剪线头：整烫之前要将裤子划粉印记、油污、线头去掉，使裤子里外干净。

② 烫缝子：将裤子反面所有缝份喷水，盖布烫平。

③ 烫腰头：将裤子反面向上，熨烫腰里；然后将裤子翻正烫腰面及腰袢。

④ 烫门襟、里襟：裤子正面向上放在整烫馒头上，喷水、盖布烫平里襟，翻正裤子盖布熨烫门襟。

⑤ 烫裤腿：喷水、盖布熨前后烫迹线。下裆缝与侧缝要重合，先烫内侧再烫外侧。

拓展学习

西裤是下装中的重要款式之一，西裤的缝制工艺在历史上经历了多个重要的革新和突破。20 世纪初，随着工业革命的推进，西裤的生产开始从手工制作转向机械化。这一变革极大地提高了生产效率，降低了成本，使得西裤能够大规模普及。20 世纪 20 年代，拉链的发明为西裤的设计带来了革命性的变化。它取代了传统的扣子和腰带，使得裤子穿脱更加方便快捷。拉链的使用也成为了西裤现代化的标志之一。20 世纪中叶，弹性腰带的引入使得西裤更加舒适，适应了不同体型的需求。这种设计的改进提高了西裤的穿着体验，也促进了其在日常生活中的普及。无褶裤的设计简化了西裤的外观，减少了制作过程中的复杂工序。这种简洁的设计不仅降低了生产成本，也符合了现代人崇尚简约风格的审美。随着消费者对个性化的需求增加，西裤生产开始结合定制和成衣的特点。通过标准化的尺寸和个性化的调整，满足了不同消费者的需求，提高了市场竞争力。近年来，随着环保意识的提升，西裤的生产开始采用可持续材料，如有机棉、再生纤维等。可持续材料的加入不仅能够大大减少成衣生产对环境的影响，起到环保的作用，也能为消费者提供更多的选择需求。

西裤工艺的进步是多方面因素共同作用的结果。技术创新、消费者需求的变化、环保意识的提升以及全球化的市场竞争都推动了西裤工艺的不断发展。这些进步不仅提高了生产效率和产品质量，也使得西裤更加多样化和个性化，满足了不同消费者的需求。因此，学习西裤工艺，严谨认真的态度必不可少，以确保工艺的准确性和品质。还要通过不断实践来巩固和深化对西裤工艺的理解，提高动手能力。无论是在生产过程中还是在材料的选择上，都要加强质量意识和环保意识。此外，持续学习能力和创新意识也是极其重要的，只有在技术创新和市场需求之间找到平衡，才能不断适应时代的变化。

第五章　上装缝制工艺

第一节　男衬衫缝制工艺

一、款式特点

该款是典型的男式长袖衬衫，立翻领，明门襟，6 粒纽扣，宽松式直腰身，圆下摆，左前片为明门襟，左胸尖角贴袋，后片有 2 个褶裥，双层过肩，袖口收 2 个褶，宝剑头袖衩，接装圆角袖克夫（图 5-1-1）。

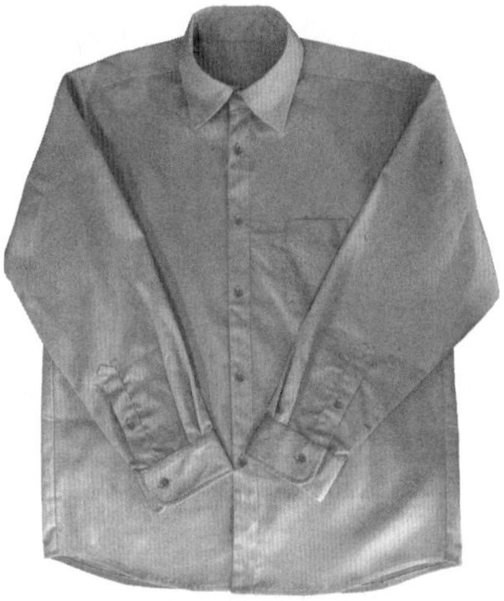

图 5-1-1　男衬衫正面图

二、规格与结构设计

（一）规格设计

1. 主要部位规格（表 5-1-1）

表 5-1-1　男衬衫主要部位规格表　　单位：cm

名称	衣长	胸围	肩宽	领围	袖长	袖口
规格	74	110	46	40	60	26

2. 细部规格（表 5-1-2）

表 5-1-2　男衬衫细部规格表　单位：cm

名称	门襟宽	袋口大	袖克夫（长 / 宽）	袖衩（长 / 宽）
规格	3	11.5	26/6	12（2.5/1.25）

（二）结构设计

1. 男衬衫基本结构图

图 5-1-2 为男衬衫基本结构图，图中的尺寸为男衬衫的成品尺寸，把衬衫的前片、后片和过肩集中在一起画，这样有利于男衬衫的款式变化和纸样分解。

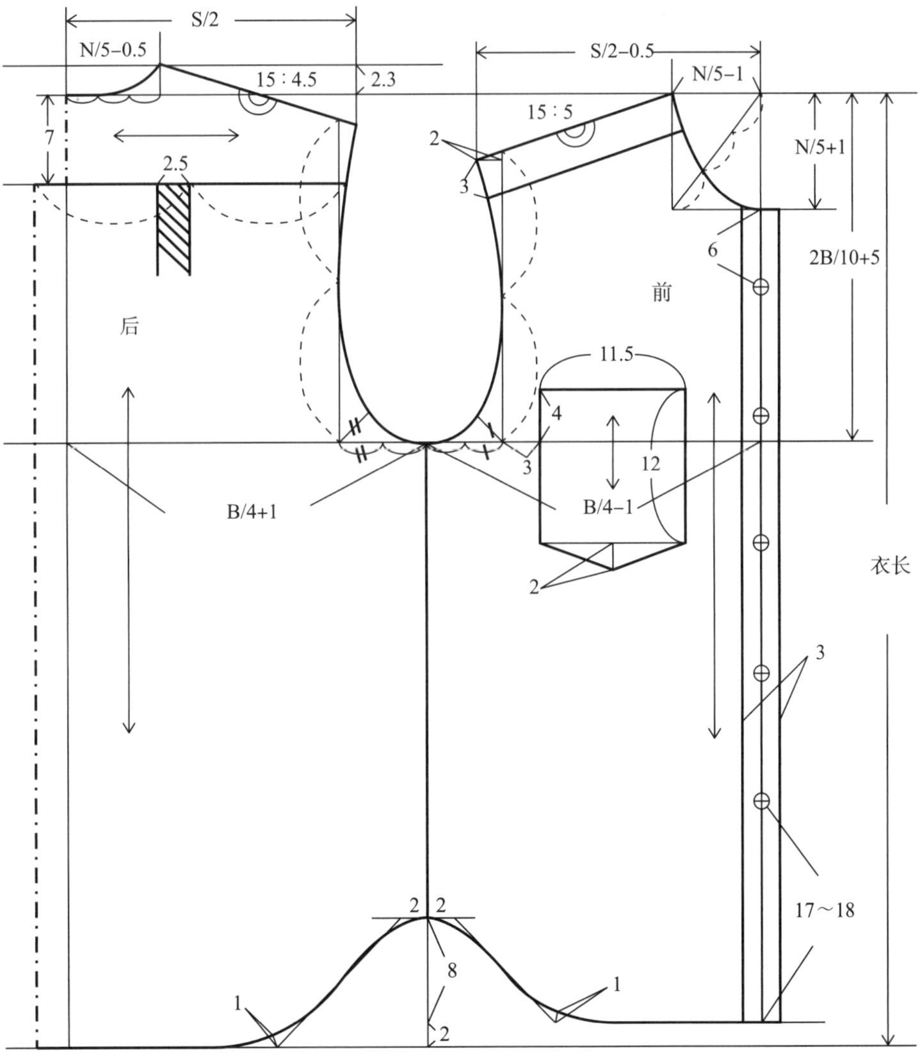

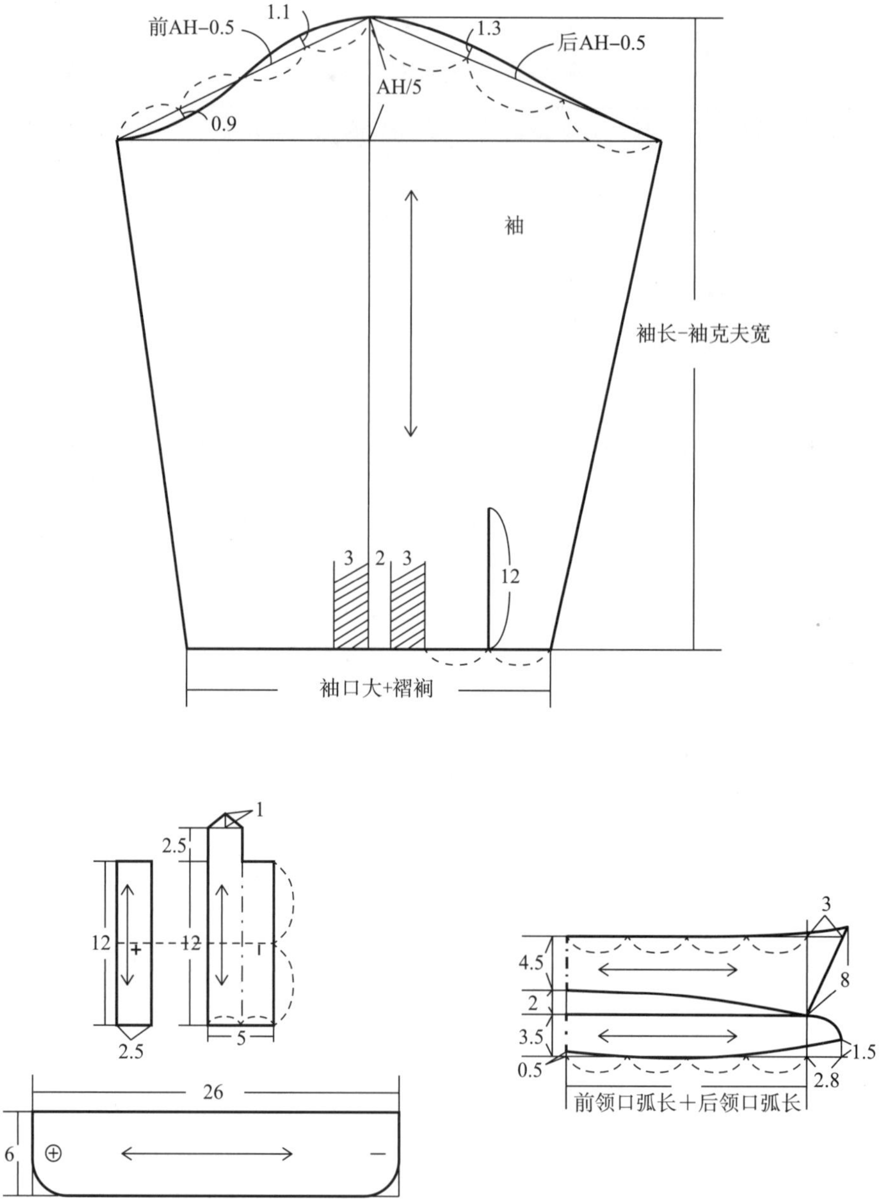

图 5-1-2　男衬衫基本结构图

2. 男衬衫净样图

图 5-1-3 为男衬衫净样图，净样图是在男衬衫基本结构图的基础上，按照男衬衫款式的要求，分解出前片、后片、过肩、袖片、袖克夫、翻领、底领、大袖衩、小袖衩、门襟、胸袋净样。为了防止成品出现光泽度不一致、倒顺毛、倒顺花、色差等现象，衣片纱向线采用单箭头表示。

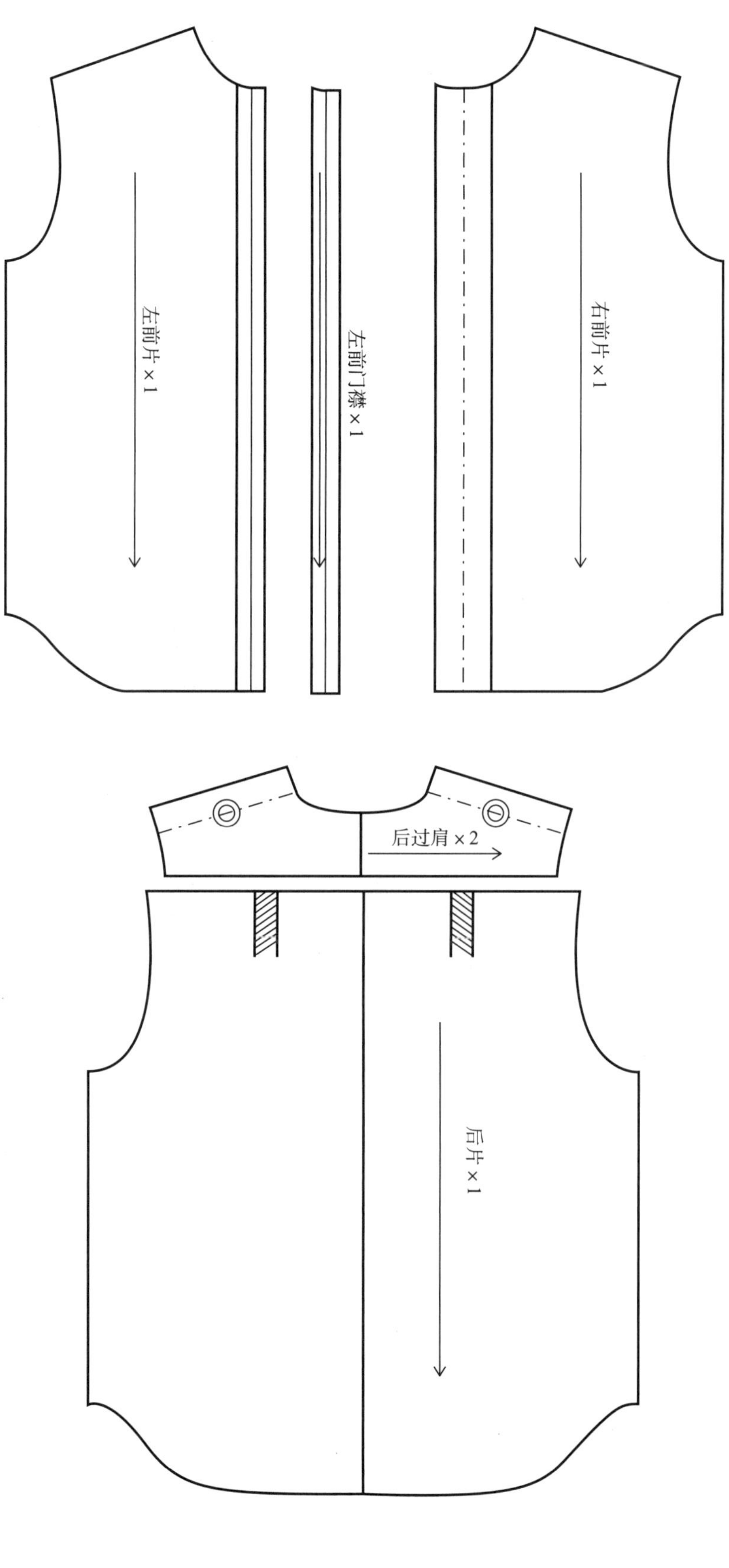
左前片×1
左前门襟×1
右前片×1
后过肩×2
后片×1

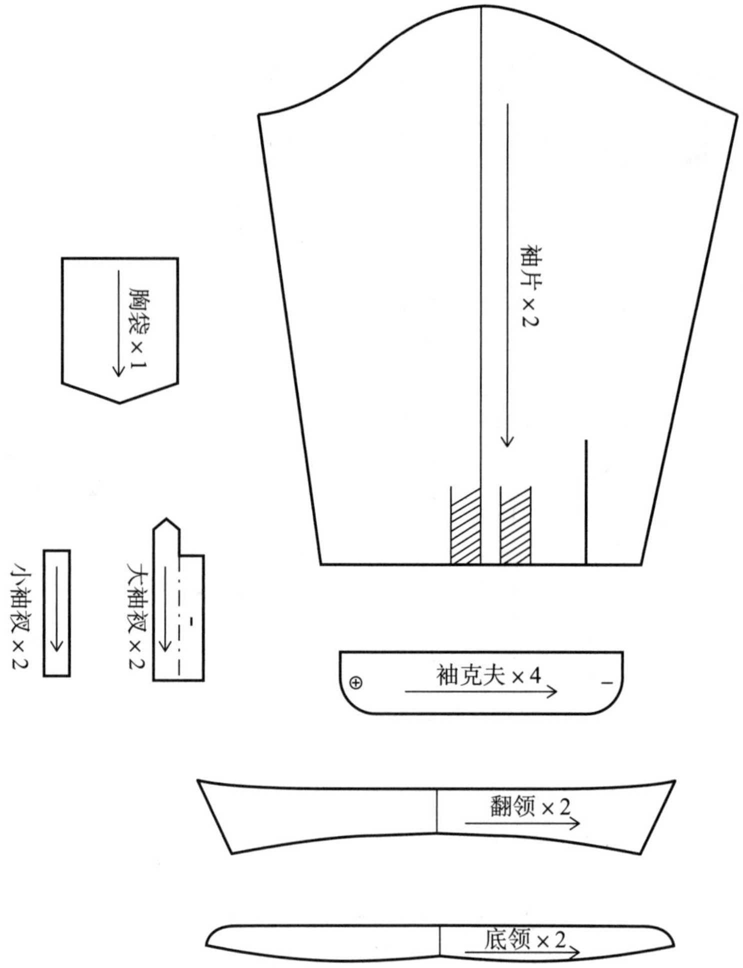

图 5-1-3 男衬衫净样图

3. 男衬衫毛样图

图 5-1-4 为男衬衫毛样图，按男衬衫的款式要求，根据服装工业化生产的要求，对男衬衫各个部件的净板加放缝份和贴边。图中未特别标明的部位放缝量均为 1 cm。

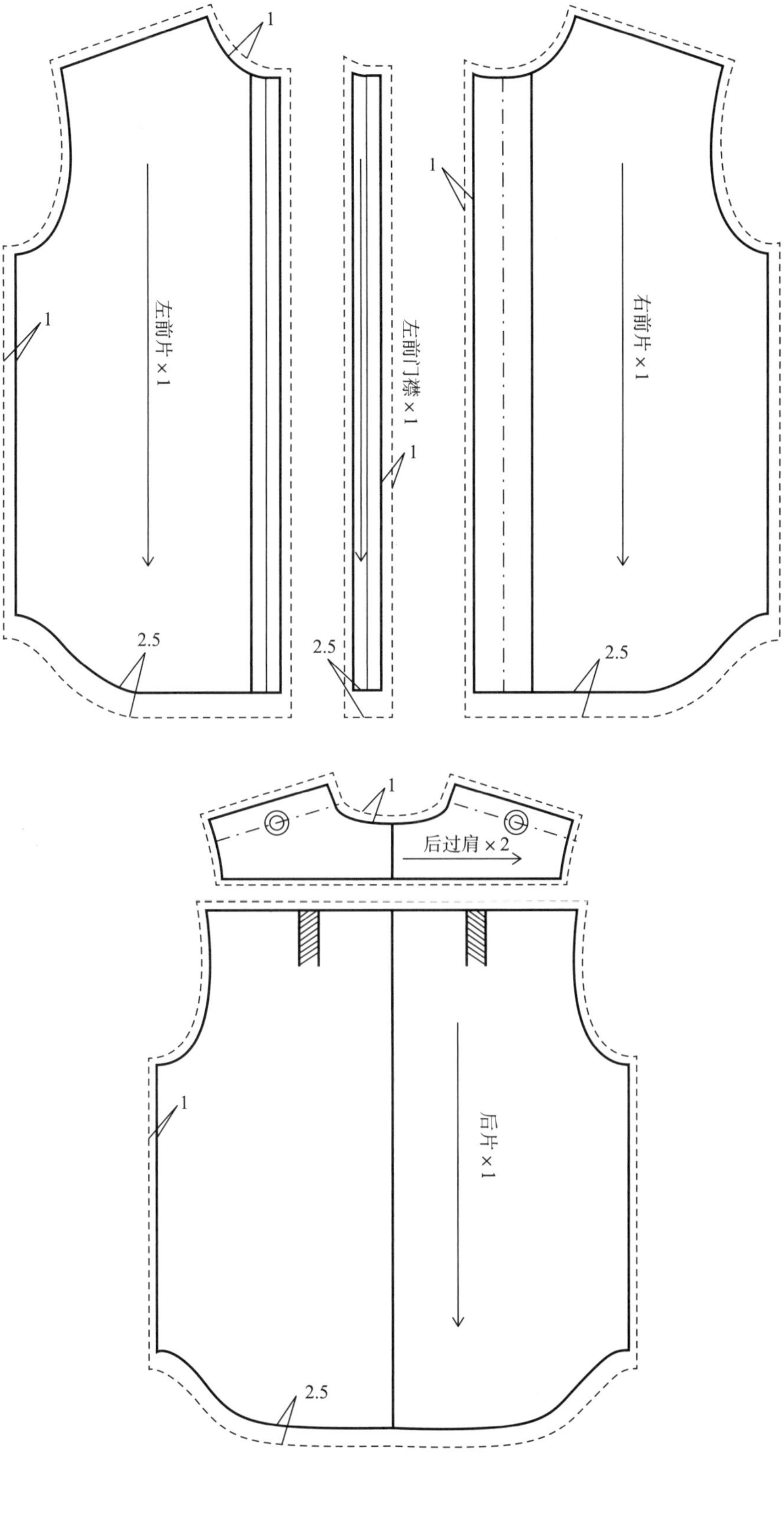
1
1
1
左前片×1
左前门襟×1
1
右前片×1
2.5
2.5
2.5
1
后过肩×2
1
后片×1
2.5

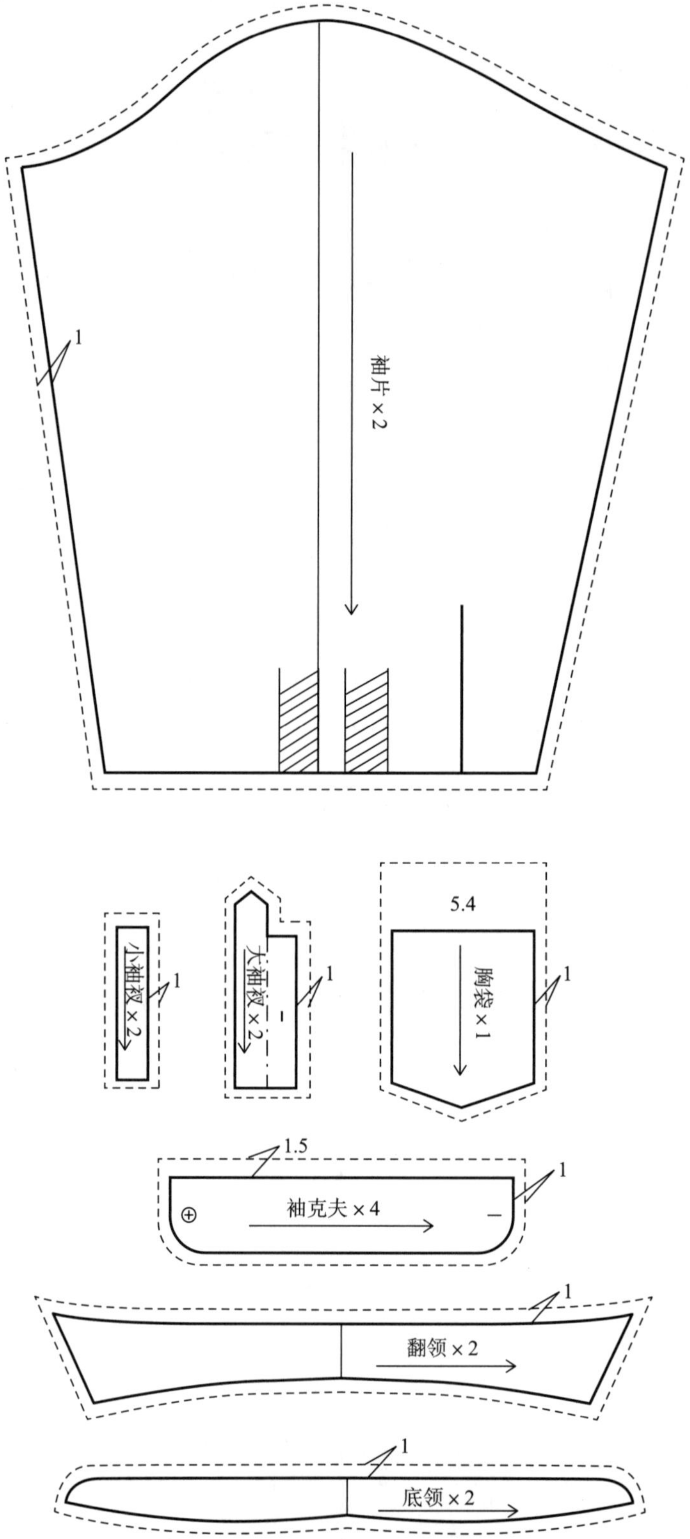

图 5-1-4 男衬衫毛样图

三、排料设计

图 5-1-5 为男衬衫排料图，面料幅宽为 150 cm。排料图是根据各样板对纱向的要求，按照紧密套排、节约用料的原则进行排料。

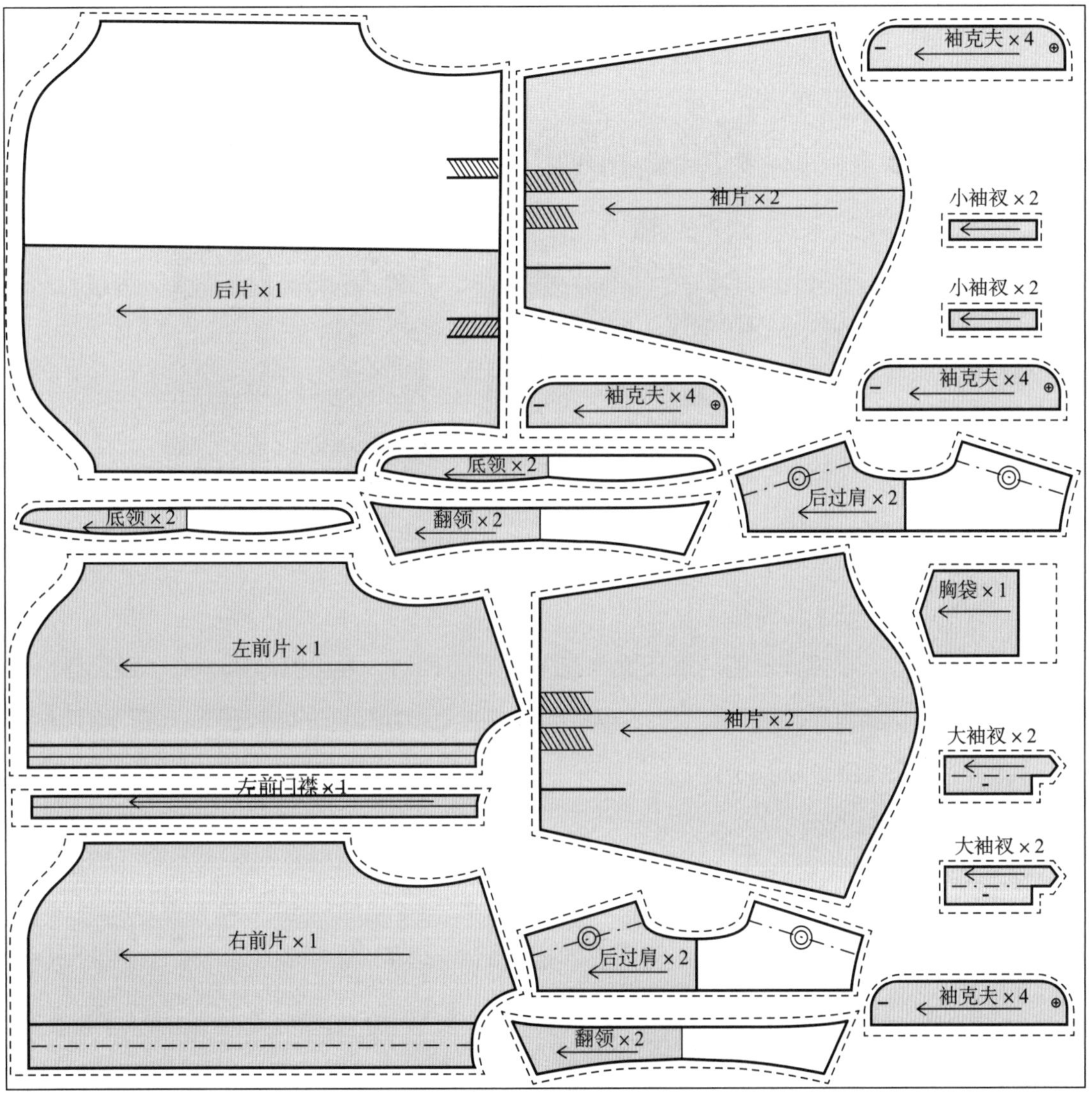

图 5-1-5　男衬衫排料图

四、缝制工艺设计

（一）前片制作

1. 左前片制作

（1）门襟黏衬、扣烫

在门襟反面烫上有纺黏合衬，注意黏烫牢固［图 5-1-6（a）］，按门襟净样板宽度 3 cm 折转扣烫，压烫平服，清剪门襟两边缝份为 1 cm［图 5-1-6（b）］。

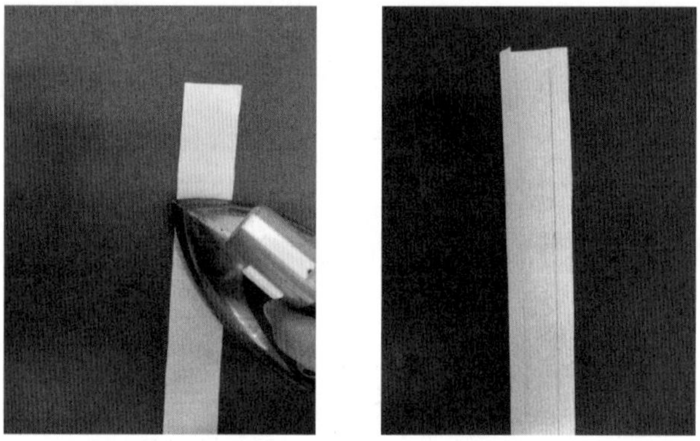

（a）　　（b）

图 5-1-6　门襟黏衬、扣烫

（2）门襟制作

将扣烫好的门襟正面与左前片反面相对，沿门襟净线车缝一道，缝份为 1 cm［图 5-1-7（a）］。再将缝合好的门襟翻转到左前片正面，在门襟两侧止口各缉缝 0.1 cm 明线［图 5-1-7（b）］。要求缉线顺直、宽窄一致，开始和结束均需倒针。

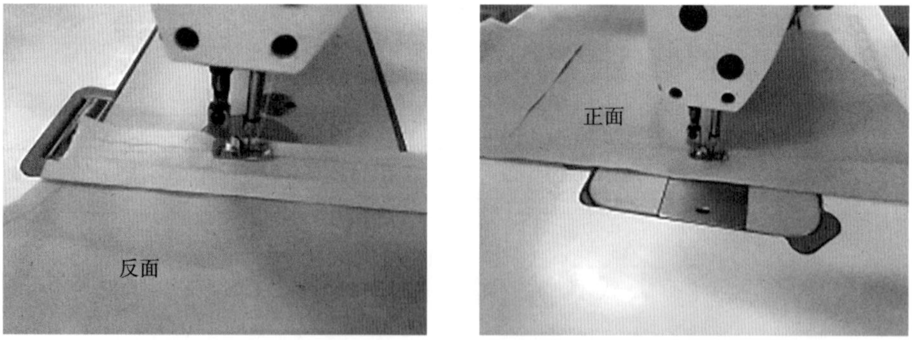

（a）　　（b）

图 5-1-7　门襟制作

（3）烫袋

将 5.4 cm 的袋口贴边分两次扣烫，先扣烫 2.4 cm，再折转 3 cm 扣烫［图 5-1-8（a）］，距折边缉 0.1 cm 明线固定袋口［图 5-1-8（b）］，其余袋口边按照口袋净样板进行扣烫，要求熨烫平服，袋底尖角居中［图 5-1-8（c）、（d）］。

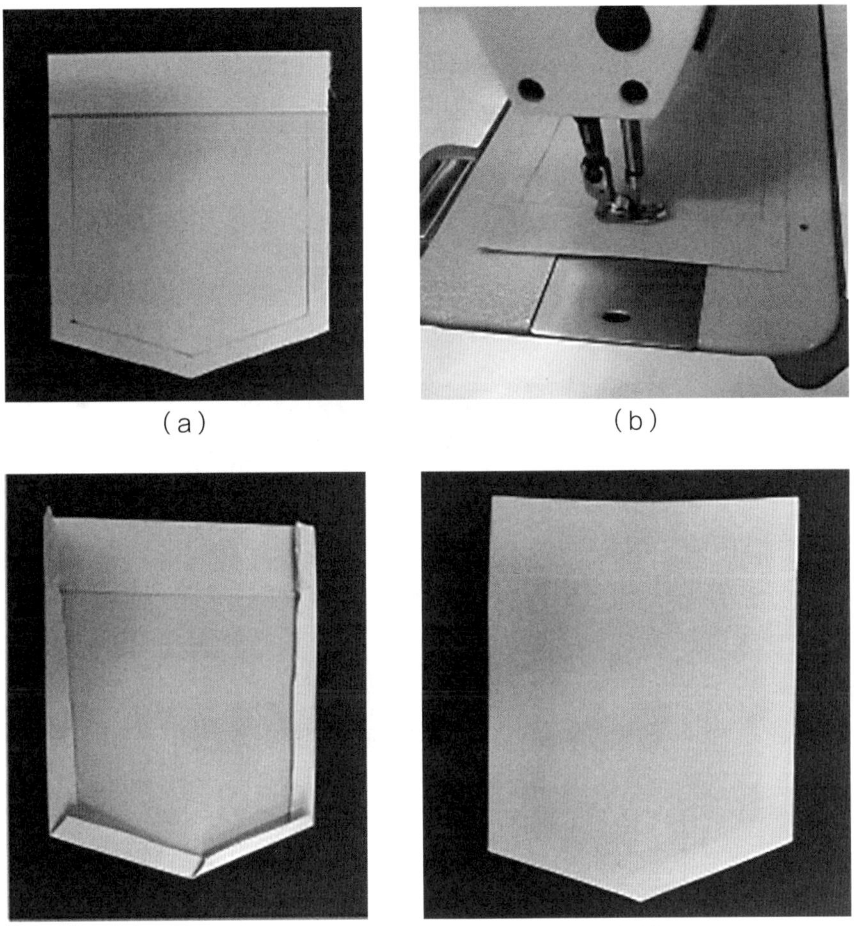

（a）　（b）　（c）　（d）

图 5-1-8　烫袋

（4）钉胸袋

在左前片正面先定好胸袋位，再按照胸袋的位置将袋布用 0.1 cm 明止口车缝固定（图 5-1-9）。从袋口一侧起针，缉 0.1 cm 明线，缉直角三角形封袋口两端，长为袋口贴边宽 3 cm，宽为 0.5 cm。缝制时要求袋位准确，袋口牢固，左右封口对称，缉线顺直，内缝不外露。

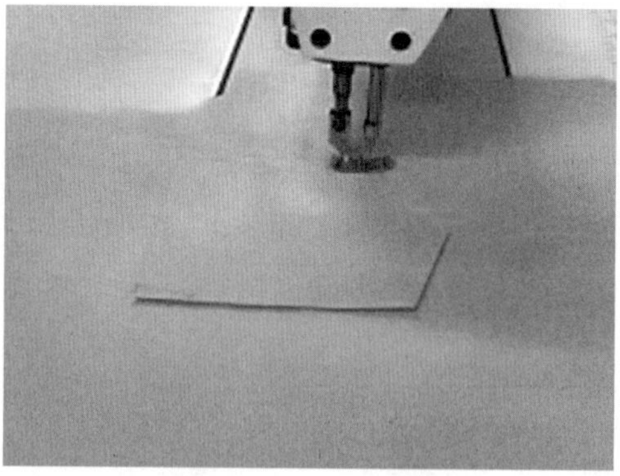

图 5-1-9　钉胸袋

2. 右前片制作

（1）扣烫里襟

先将外侧 1 cm 缝份沿里襟贴边折向反面进行扣烫，再沿止口线按里襟净样板（3 cm 宽）继续向里扣烫，宽窄保持一致（图 5-1-10）。

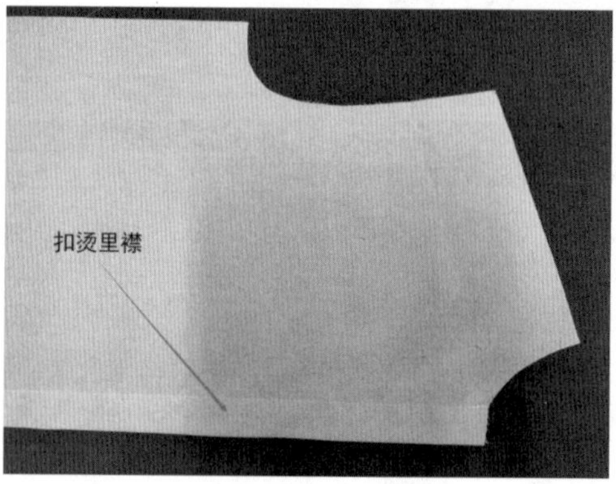

图 5-1-10　扣烫里襟

（2）缉里襟明线

将扣烫好的里襟沿边缘缉 0.1 cm 明线（图 5-1-11）。

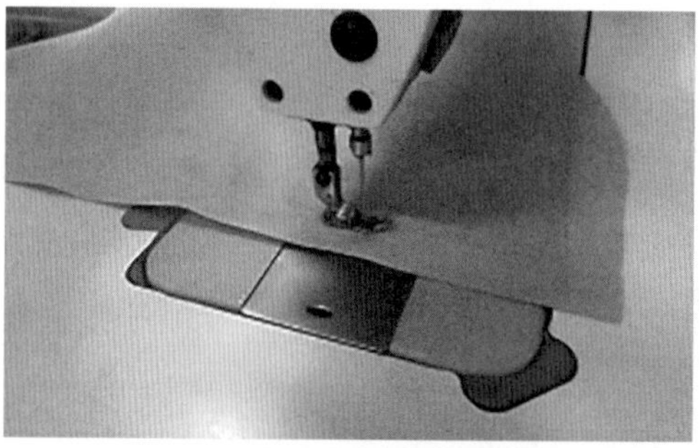

图 5-1-11　缉里襟明线

（二）后片制作

根据后衣片褶裥的对位标记折叠褶裥，背裥正面为明褶裥，褶裥量均为2.5 cm，并以0.6 cm缝份车缝固定褶裥位（图5-1-12）。

图5-1-12　后片制作

（三）袖衩制作

1. 大、小袖衩扣烫

大、小袖衩反面朝上，按净样板将两侧毛边折向反面熨烫［图5-1-13（a）、（b）］，再将大、小衩条对折进行扣烫，小袖衩宽度为1.25 cm，大袖衩宽度为2.5 cm，注意衩里吐出衩面0.1 cm，便于车缝［图5-1-13（c）］。

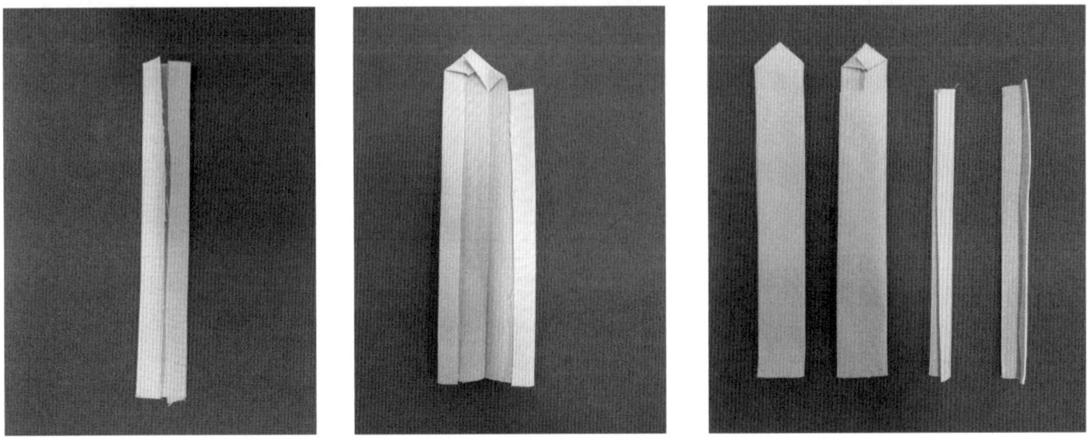

（a）　（b）　（c）

图5-1-13　大、小袖衩扣烫

2. 大、小袖衩制作

按袖片样板画出袖开衩位并沿定位标记将袖片衩口剪开，并剪三角，净开衩长度为 12 cm。将小袖衩正面与袖子反面的后袖一侧相对，勾缝 1 cm 缝份，注意小袖衩上端止口线要与开衩的顶端对齐 [图 5-1-14（a）]。将大袖衩正面与袖子反面的另一侧相对，勾缝 1 cm 缝份 [图 5-1-14（b）]。将大、小袖衩翻向袖片正面，在小袖衩上车缝 0.1 cm 明线 [图 5-1-14（c）]，在大袖衩上车缝 0.1 cm 的明线，并兜缉宝剑头明止口，在衩口处做好封口 [图 5-1-14（d）]。

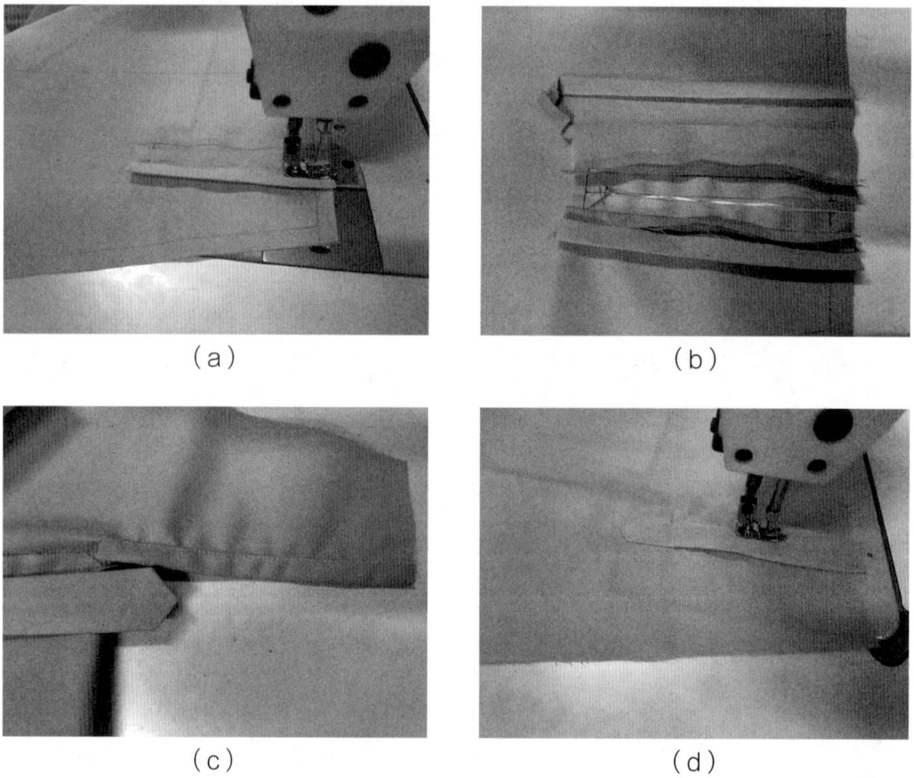

图 5-1-14　大、小袖衩制作

（四）领子制作

1. 底领、翻领黏衬

按照底领、翻领净样板分别裁剪黏合衬，将底领衬烫在底领面反面 [图 5-1-15（a）]，再沿底领底边缝份折转扣烫 [图 5-1-15（b）]，将翻领衬烫在翻领面反面 [图 5-1-15（c）]。

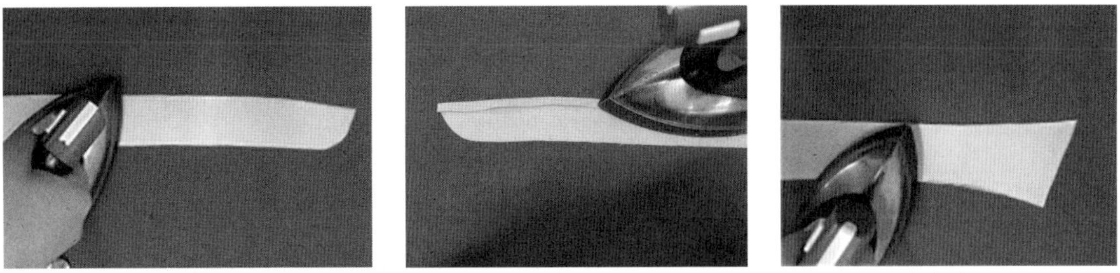

（a）　（b）　（c）

图 5-1-15　底领、翻领黏衬

2. 翻领领面缝合、扣烫、缉明线

将翻领面与翻领里正面相叠，领面在上，领里在下，沿净线车缝三边。车缝时，领角处不可缺针或过针，领角两侧领里稍拉紧，以满足领角的窝势［图 5-1-16（a）］。沿上领外口修剪翻领缝份，留缝头 0.3 cm，领角缝头修成宝剑形［图 5-1-16（b）］，并沿净线将缝份朝领面一侧扣烫。用手指捏住领角轻轻翻出，领角翻足翻尖，然后将领里在上，熨烫领外口线，注意止口不反吐，领角左右两边要对称［图 5-1-16（c）］。在翻领正面沿上领止口缉 0.6 cm 明线［图 5-1-16（d）］，熨烫平整，画出翻领下口净样线［图 5-1-16（e）］，清剪翻领下口缝份为 0.6 cm［图 5-1-16（f）］，定出居中对位记号。

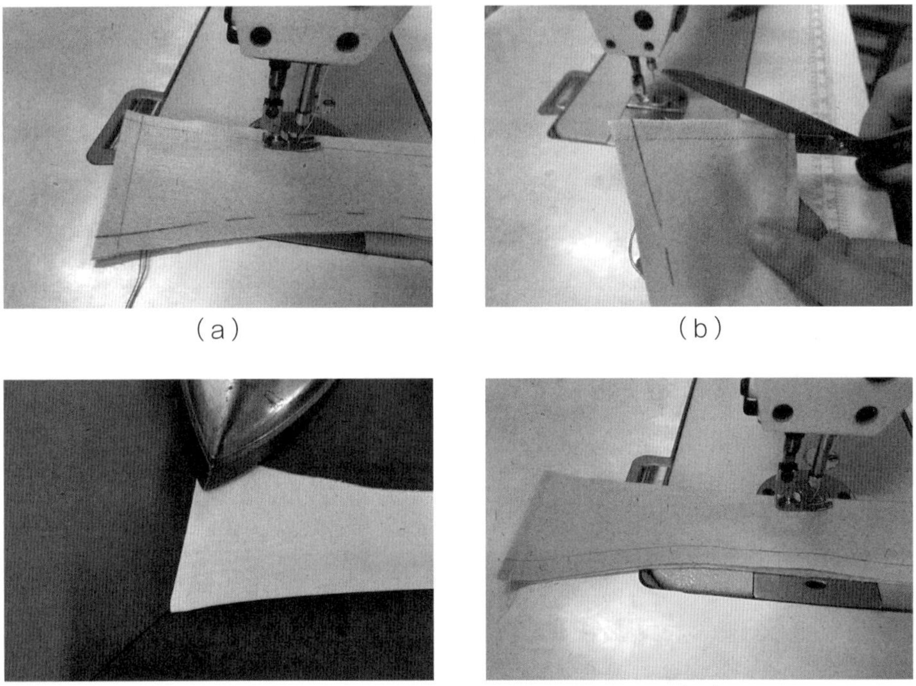

（a）　（b）

（c）　（d）

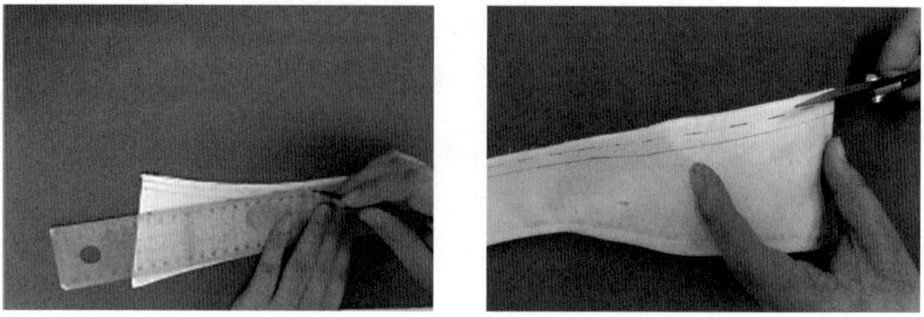

（e）　　（f）

图 5-1-14　翻领领面缝合、扣烫、缉明线

3. 底领缉明线

沿底领的扣烫线车缝 0.7 cm 明线，明线宽窄要一致（图 5-1-17），并根据净样定出领上口中点以及与上领缝合时所需的对位记号。

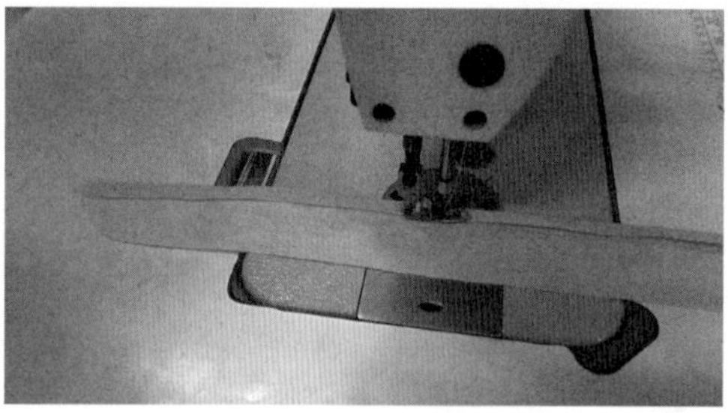

图 5-1-17　底领缉明线

4. 翻领、底领缝合、扣烫

将底领的面和里正面相叠，面在上，里在下，中间夹入翻领，沿净线进行缉缝［图 5-1-18（a）］，缉线时要将翻领的上下两层缝份摆放整齐，三眼刀对准。缝合完清剪缝份，两圆头留 0.3 cm，其余 0.5 cm，翻转底领并熨烫，然后修剪装领缝份留 0.8 cm 缝头［图 5-1-18（b）］。

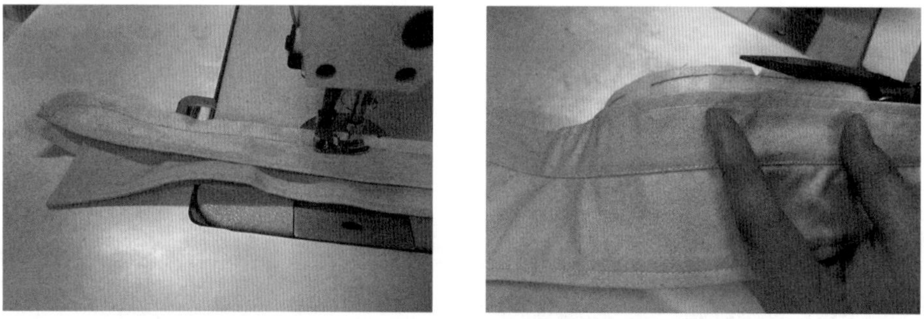

（a）　　（b）

图 5-1-18　翻领、底领缝合、扣烫

（五）袖克夫制作

1. 袖克夫黏衬

在袖克夫面的反面烫上黏合衬［图 5-1-19（a）］，画出净样，并将上口缝头扣转烫平［图 5-1-19（b）］，正面沿边缉 0.8 cm 明止口。

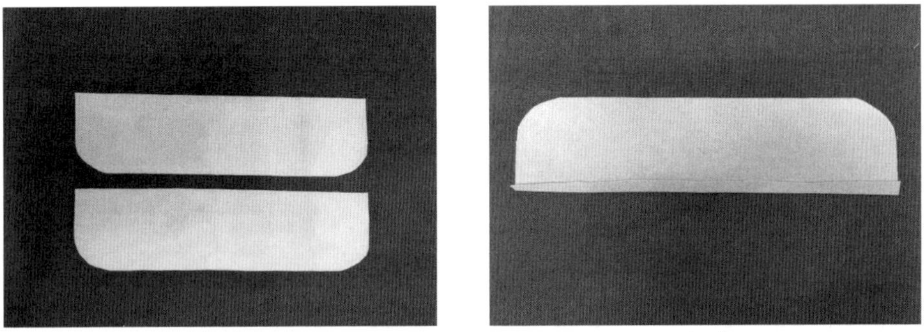

（a）　（b）

图 5-1-19　袖克夫黏衬

2. 袖克夫缝合

将袖克夫面、里正面相对，袖克夫面在上、里在下，依据样板大小兜缉三边，缉线时应注意圆角圆顺、大小相同，做到里外匀称（图 5-1-20）。

3. 袖克夫扣烫

沿边缘修剪缝份，留缝 0.5 cm，圆头处留缝 0.3 cm，拐角处打几个剪口，翻出袖克夫并进行熨烫，翻转后把圆头烫顺，对合一致，下口烫直，无反吐。最后把袖克夫里布上口缝份向里折光扣烫，宽度比面布大 0.1 cm（图 5-1-21）。

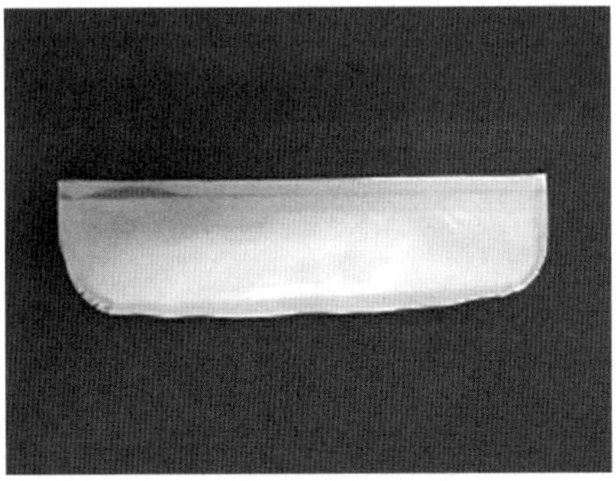

图 5-1-20　袖克夫缝合

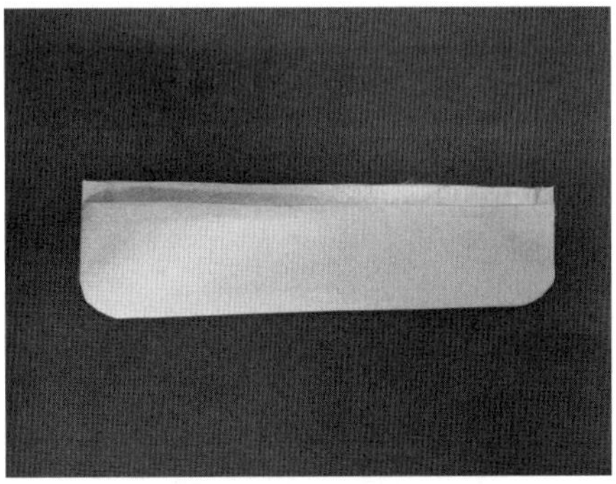

图 5-1-21　袖克夫扣烫

（六）组合缝制

1. 后片与过肩缝合

装后过肩时，过肩里正面向上放下层，后衣片正面向上放中层，过肩面正面向下放上层，对准刀眼按缝份三层一起缝合固定，缝份为 1 cm。再将过肩面翻正，熨烫后过肩，沿边缉 0.1 cm 明线 [图 5-1-22（a）、（b）]，注意后过肩里布不要缉住。

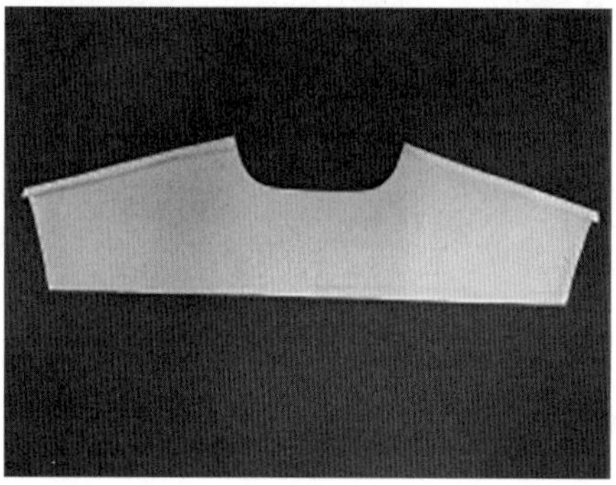

（a）

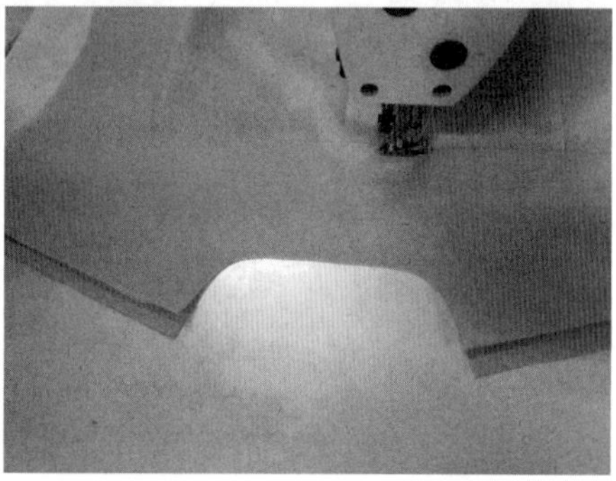

（b）

图 5-1-22　后片与过肩缝合

2. 缝合肩缝

将后过肩里正面与前片反面相对，压缉 0.8 cm 缝份 [图 5-1-23（a）]，缝份倒向后侧，再将过肩面翻正，沿肩缝缉 0.1 cm 明线 [图 5-1-23（b）]。

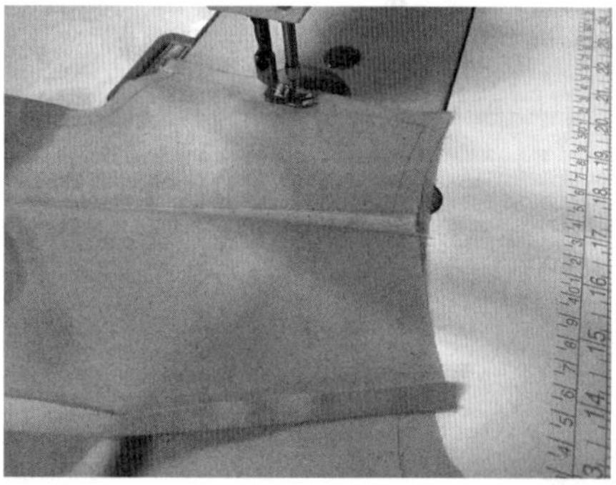

（a）

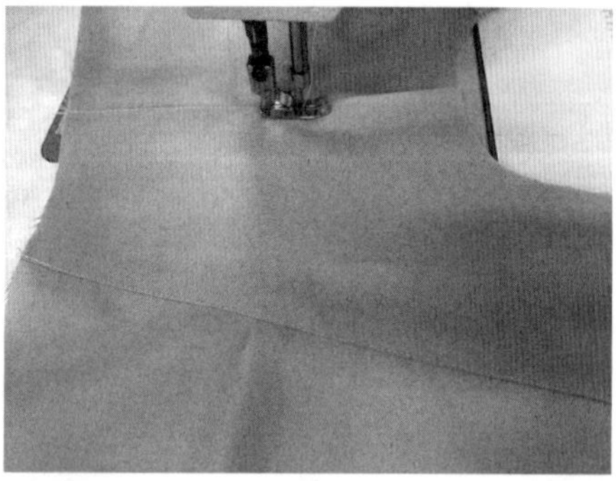

（b）

图 5-1-23　缝合肩缝

3. 绱袖

袖片和衣片正面相对，袖片放下层、衣片在上层，袖山与袖窿放齐，肩缝倒向后片，沿袖窿弧线按 1 cm 缝份缉合衣片与袖片 [图 5-1-24（a）]，然后用包缝机锁边 [图 5-1-24（b）]。

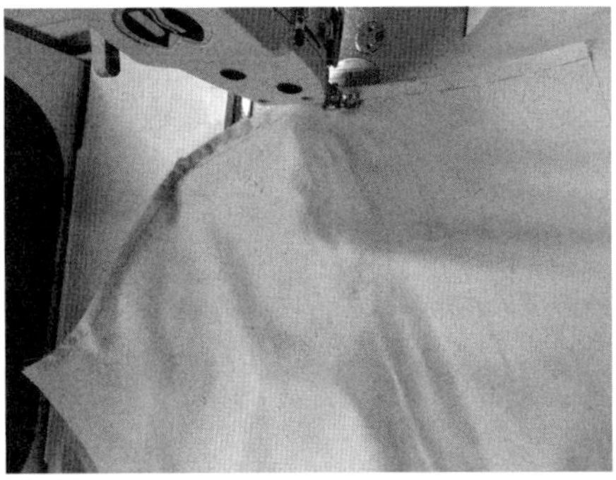

（a）

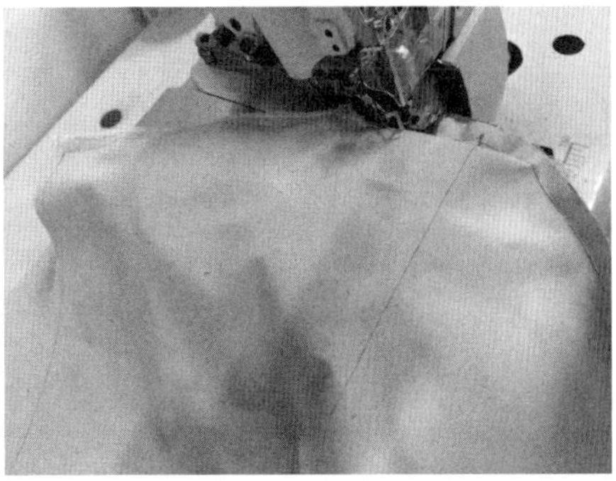

（b）

图 5-1-24 绱袖

4. 合侧缝、袖底缝

前衣片和后衣片正面相对，沿侧缝至袖底缝车缝 1 cm 缝份，缉线顺直，袖底十字缝对齐，上下层松紧一致，缉完后用包缝机锁边 [图 5-1-25（a）、（b）]。

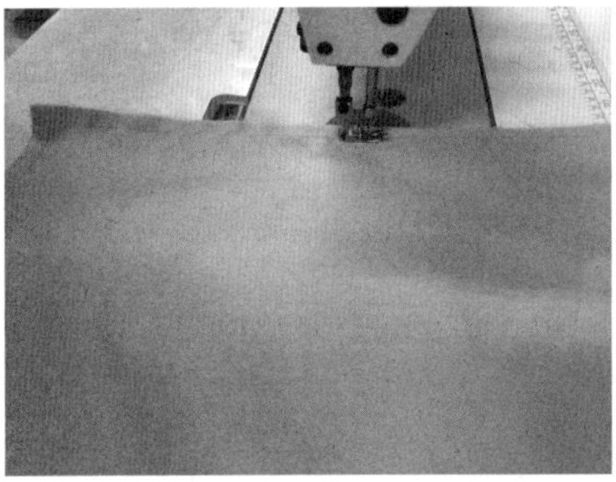

（a）

（b）

图 5-1-25 合侧缝、袖底缝

5. 绱袖克夫

将袖克夫里的正面与袖口反面相对，袖克夫在上，袖口在下层进行缉缝，缝份为 1 cm [图 5-1-26（a）]，绱袖克夫时注意袖口有两个裥，袖裥朝后袖方向折转。再将袖口的缝份放在两层袖克夫之间，在袖克夫正面缉 0.1 cm 明线，其余三边缉 0.6 cm 明线 [图 5-1-26（b）]。

6. 绱领子

底领领里和衣片正面相对，衣片在下，领里在上，按 0.8 cm 缝份并对准对位记号进行车缝。注意起始点必须与衣片对齐，领子两端缩进 0.1 cm，肩缝、后中要对准，起止点打来回针固定 [图 5-1-27（a）]。将领面翻正，底领面盖住绱领缝线，在底领面下口和底领与翻领接合处缉 0.1 cm 明线 [图 5-1-27（b）]。

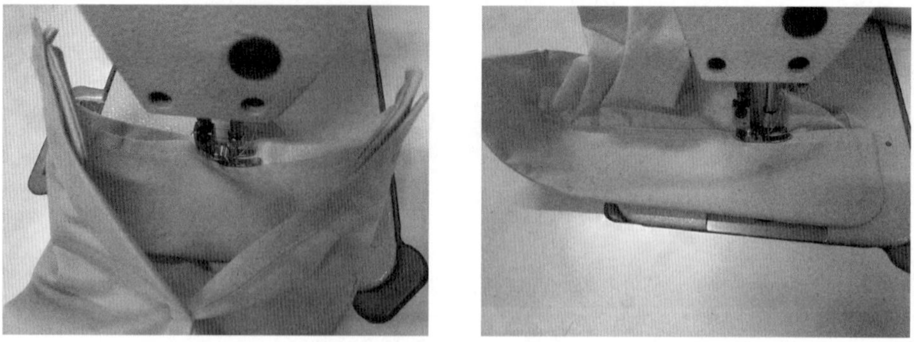

（a） （b）

图 5-1-26 绱袖克夫

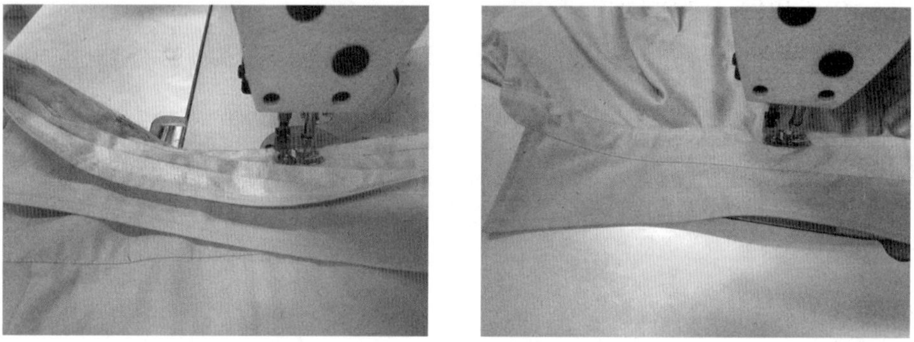

（a） （b）

图 5-1-27 绱领子

7. 缉底摆明线

衣片反面朝上，将底摆修齐修顺，按照放缝 2.5 cm，第一次折 1 cm，第二次折 1.5 cm 的宽度卷边，弧度大的地方利用长针距车缝抽吃势。从门襟底摆门襟处开始向里襟缉 0.1 cm 止口明线，起落针打倒回针固定，要求门、里襟长短一致，线迹松紧适宜，卷边宽窄均匀，平服不起皱，侧缝缝份倒向后片（图 5-1-28）。

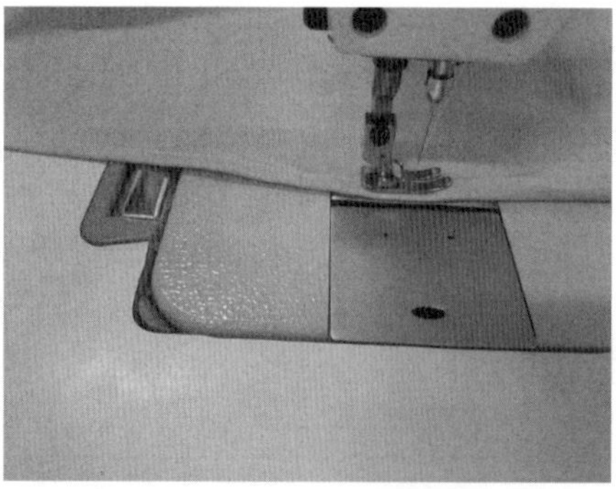

图 5-1-28 缉底摆明线

8. 锁眼

根据样板定出锁眼位，左、右袖克夫门襟锁横扣眼各一个，左右位于距离袖克夫边 1.2 cm，高低以袖克夫边宽的中间为准，左、右大袖衩各一个，共 4 个。左衣片底领锁横眼一个，左衣片前门襟 5 个竖眼，距领口

6 cm 确定第一个扣眼位，再定好最下边的扣眼位，然后等分确定其他扣眼位，扣眼大小均为 1.5 cm。

9. 钉扣

钉扣的扣位高低、进出以扣眼位为准，底领扣位以里襟扣位直线为依据，里襟扣位应低于眼位中心 0.1 cm，进出和扣眼相对。袖克夫里襟扣位进出距离袖克夫边 1 cm，高低居中袖克夫宽，小袖衩扣位与大袖衩上的扣眼位相对。

10. 整烫

（1）烫领子

将领面熨烫平服，留有窝势，使领子领面平整、无褶皱，折转自然，左右对称，领面与领里松紧适宜，反面领里不起涌。

（2）烫袖子

将前后袖子的袖面、袖克夫、袖衩、袖裥熨烫平整，褶裥要熨烫顺直，袖底缝烫平。

（3）烫大身

衣片反面朝上，分别将前后衣身、门里襟、过肩、底边、口袋等位置熨烫平服，使衣身平挺，门里襟顺直，前过肩左右高低一致，摆缝圆顺，装袖的缝头向袖子一侧坐倒烫平。

第二节　茄克衫缝制工艺

一、款式特点

这是一款牛仔装茄克衫，前中开襟，五粒扣，两用翻领，前片过肩和前后育克分割线，育克线下分别作纵向分割线，前片左右各设两条分割线，后片左右各设一条分割线，前胸育克线中嵌入两个袋盖，袋盖下装贴袋。衣身底摆作克夫边，后侧做扣袢。后袖片分割缝做袖衩，袖口装袖克夫，衣身止口及各接缝缉明线（图 5-2-1）。

图 5-2-1　茄克衫款式图

二、规格与结构设计

（一）规格设计

1. 主要部位规格（表 5-2-1）

表 5-2-1　茄克衫主要部位规格表　单位：cm

部位	背长	胸围	颈围	袖长	袖口
名称	42.5	92	38	57.5	26

2. 细部规格（表 5-2-2）

表 5-2-2　茄克衫细部规格表　单位：cm

部位	袖克夫宽	下摆宽	腰袢	袋盖（长 × 宽）	口袋（长 × 宽）
名称	4.5	4.5	8×3	13.5×4.5	13.5×12.5

（二）结构设计

1. 茄克衫基本结构图

本款茄克衫是在男装原型的基础上变化而来，因此需先将原型绘制出来，图 5-2-2 为本款茄克衫基本结构图，把前片、后片、领子、下摆、口袋和腰袢，大袖分割片和小袖分割片集中在一起画可以更好地理解茄克衫的款式与结构之间的关系，为茄克衫的面料样板制作提供方便。

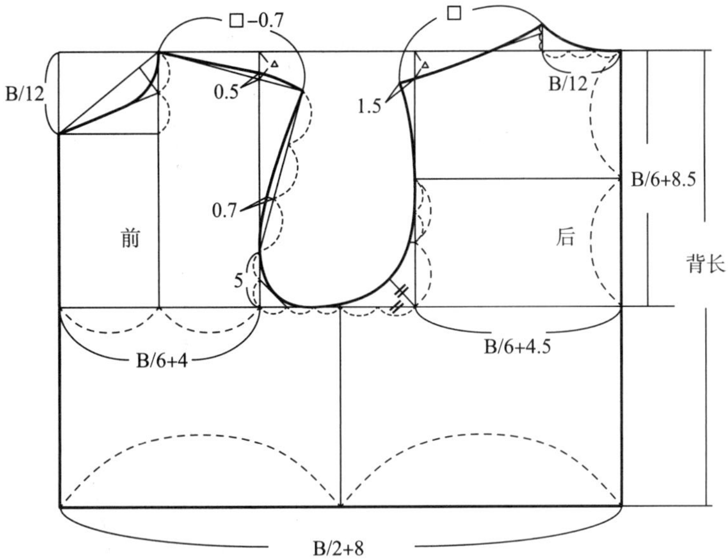
□-0.7
□
B/12
0.5
1.5
B/12
B/6+8.5
0.7
前
后
背长
5
B/6+4
B/6+4.5
B/2+8
男装上衣原型制图

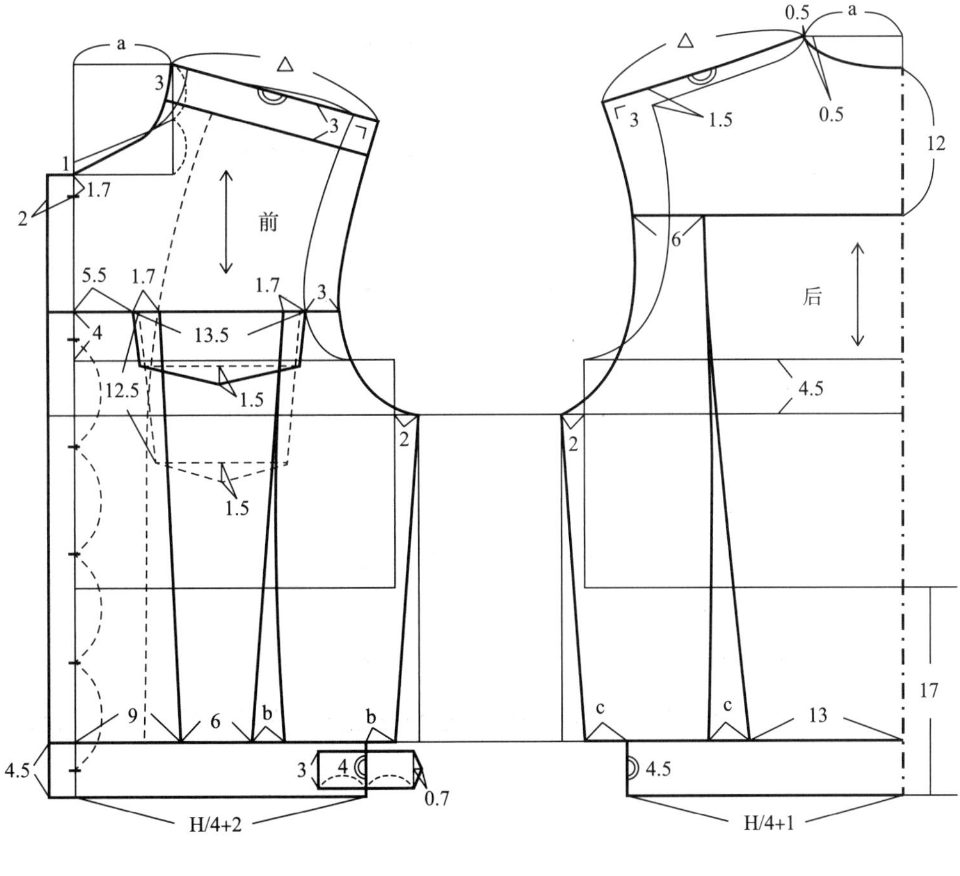
a
△
3
3
1
1.7
2
前
5.5
1.7
1.7
3
4
13.5
12.5
1.5
2
1.5
9
6
b
b
4.5
3
4
0.7
H/4+2
0.5
a
△
3
1.5
0.5
12
6
后
4.5
2
17
c
c
13
4.5
H/4+1

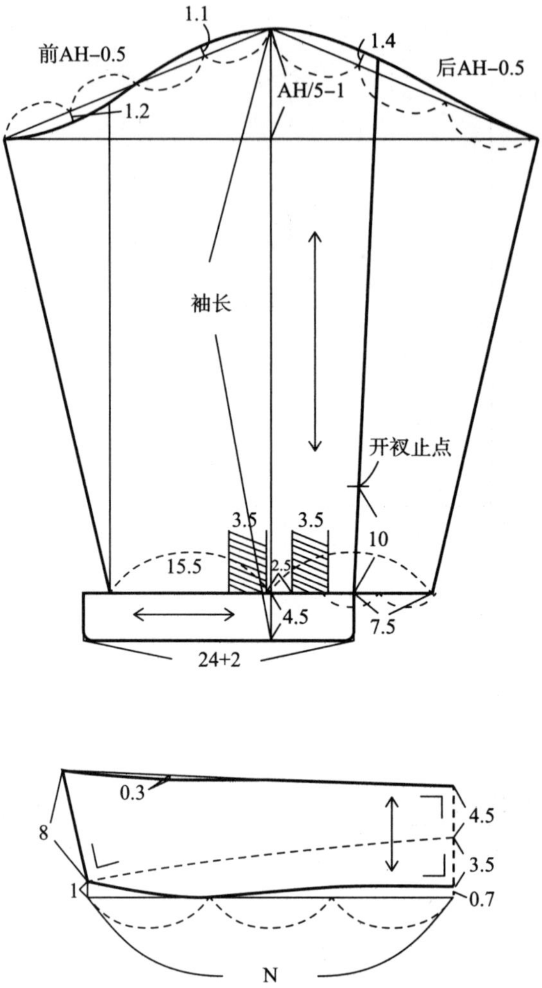

图 5-2-2　茄克衫基本结构图

2. 茄克衫净样图

图 5-2-3 为在图 5-2-2 茄克衫基本结构图上，根据图 5-2-1 茄克衫款式，再结合茄克衫工艺要求，分解出的净样图。为了防止成品出现光泽度不一致的现象和色差现象，纱线方向采用单箭头表示。

3. 茄克衫毛样图

图 5-2-4 为在图 5-2-3 茄克衫净样图的基础上，结合茄克衫的款式和工艺要求，在各个部位加放缝份和贴边而形成的茄克衫毛样图。为了防止成品出现光泽度不一致的现象和色差现象，纱向线采用单箭头表示。图中未特别标明的部位放缝量均为 1 cm。

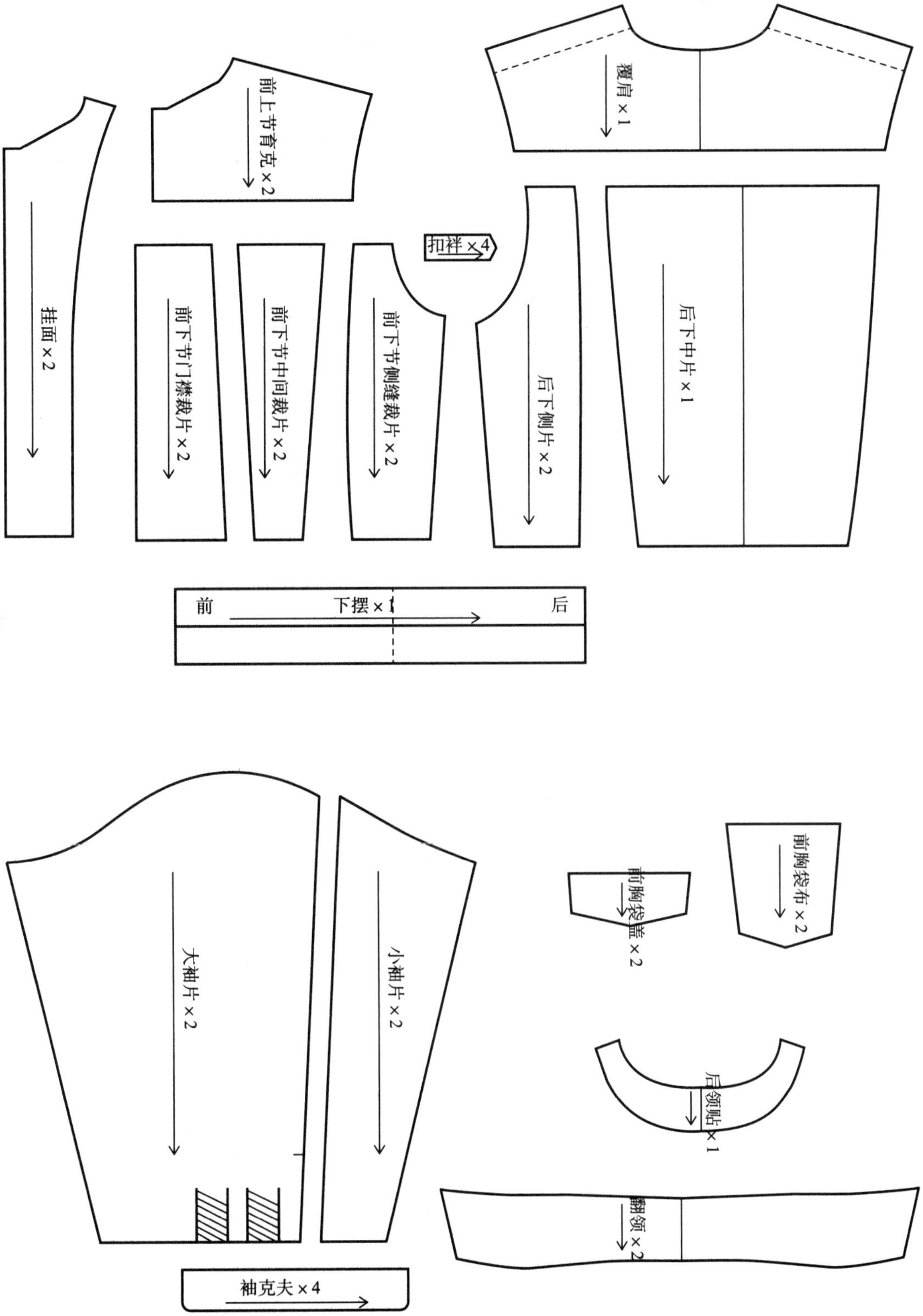
覆肩×1
前上节育克×2
挂面×2
扣袢×4
前下节门襟裁片×2
前下节中间裁片×2
前下节侧缝裁片×2
后下侧片×2
后下中片×1
前
下摆×1
后
大袖片×2
小袖片×2
前胸袋盖×2
前胸袋布×2
后领贴×1
翻领×2
袖克夫×4

图 5-2-3 茄克衫净样图

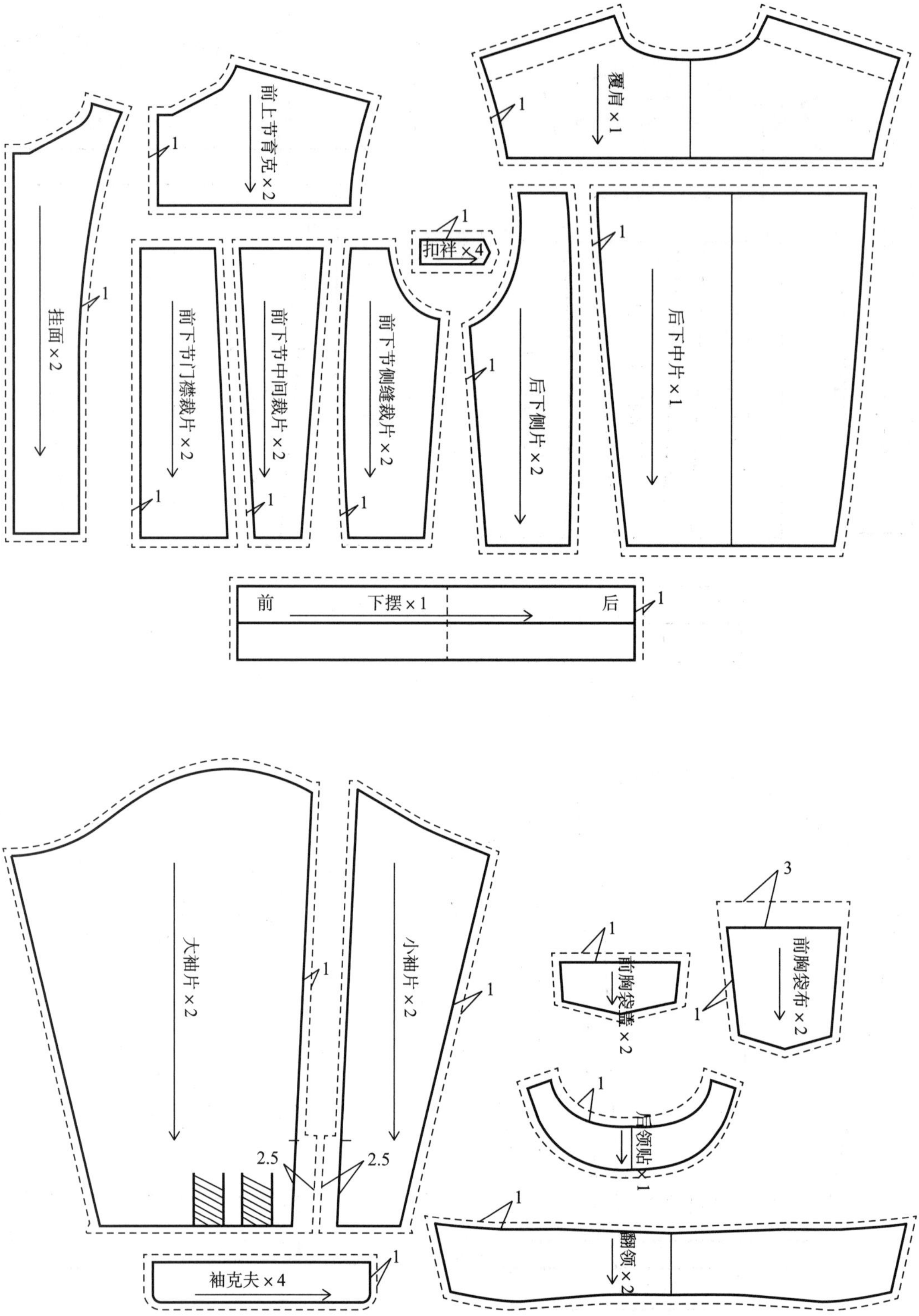
挂面×2
前上节育克×2
覆肩×1
扣袢×4
前下节门襟裁片×2
前下节中间裁片×2
前下节侧缝裁片×2
后下侧片×2
后下中片×1
前
下摆×1
后
大袖片×2
小袖片×2
前胸袋盖×2
前胸袋布×2
后领贴×1
翻领×2
袖克夫×4
1
3
2.5
2.5

图 5-2-4 茄克衫毛样图

三、排料设计

图 5-2-5 为茄克衫的面料排料图，面料幅宽为 150 cm，将面料正面对折进行的排料，根据茄克衫面料样板各部位对纱向的要求，再结合紧密套排的原则而形成的排料图。为了防止成品出现光泽度不一致的现象和色差现象，纱线方向采用单箭头表示。

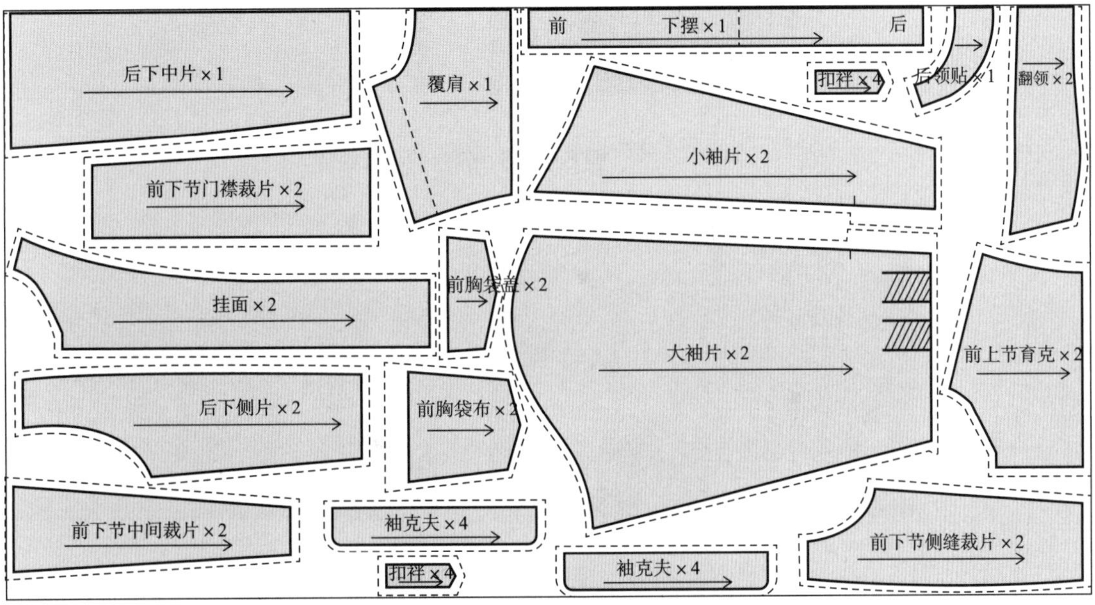

图 5-2-5　茄克衫面料排料图

四、缝制工艺设计

（一）前片制作

1. 缝合前衣身裁片

分别将前下节门襟裁片、前下节中间裁片、前下节侧缝裁片正面相对，按 1 cm 缝份平缝［图 5-2-6（a）］；用锁边机三线锁边［图 5-2-6（b）］，缝份分别倒向侧缝和前中，熨烫后，在正面分别压缉 0.1 cm 和 0.7 cm 的明线。

2. 口袋盖制作

用袋盖净板在袋盖面反面画缉线位置，将袋盖面与袋盖里正面相合缉线，缉线时注意上口留出不缝，袋盖里紧面松，袋盖、袋里要里、外匀称［图 5-2-7（a）］。清剪袋盖缝份为 0.3 cm，翻转熨烫，注意面要吐出止口 0.1 cm。袋盖止口缉明线，距边为 0.6 cm［图 5-2-7（b）］。

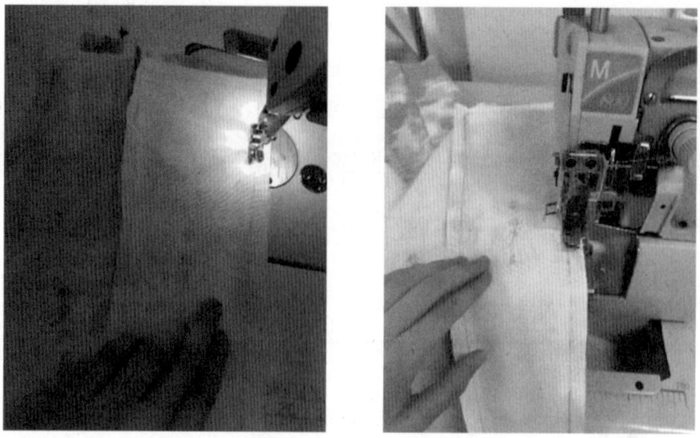

（a） （b）

图 5-2-6 缝合前衣身裁片

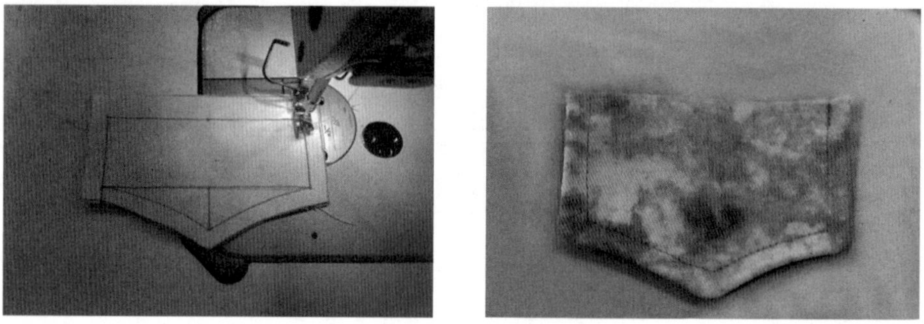

（a） （b）

图 5-2-7 口袋盖制作

3. 装贴袋

按照口袋净样板将袋布进行扣烫［图 5-2-8（a）］，并在前衣片正面按照样板上的口袋位置画胸袋位置［图 5-2-8（b）］，将扣烫好的胸袋对准口袋位置，三方先缉 0.1 cm 明线，再缉第二道明线，两条明线之间的间距为 0.6 cm［图 5-2-8（c）］，袋口采用矩形封口封牢，也可以用直角三角形封袋口，注意左右两边贴袋位置对称，线迹平顺。

4. 装袋盖及缝制前育克

将缝好的袋盖在前下节衣片与贴袋袋口对位，贴袋与袋盖固定线距离 1.5 cm；先在下衣片上按照袋盖的位置以 0.3 cm 缝份固定袋盖［图 5-2-9（a）］，再将前育克夹住袋盖，与衣片正面相对，缝份对齐，沿 1 cm 净缝线缝合；缝份锁边，向上坐倒，熨烫平整，在衣片的正面压缉第一道 0.1 cm 止口线，距 0.1 cm 缉第二道 0.5 cm 明线［图 5-2-9（b）］，并用熨斗熨烫平整。

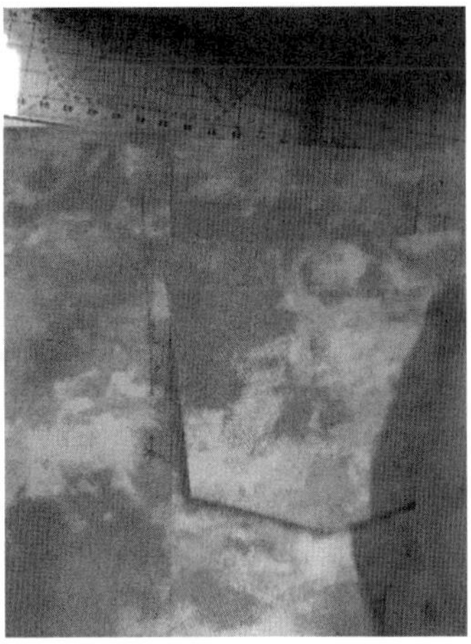

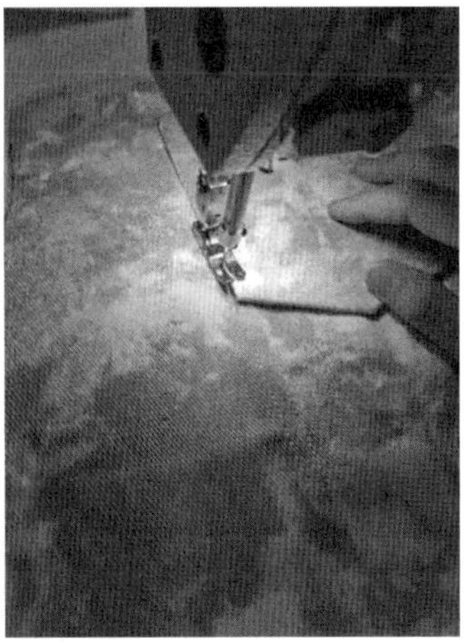

（a）　　（b）　　（c）

图 5-2-8　装贴袋

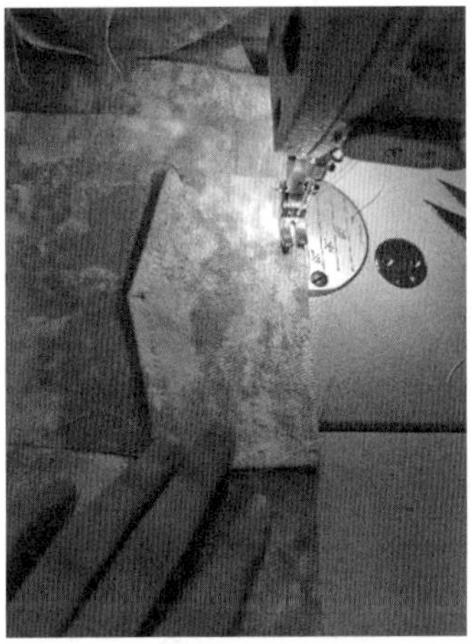

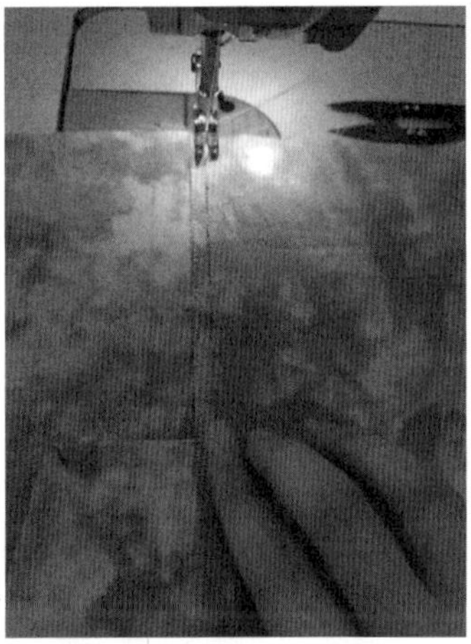

（a）　　（b）

图 5-2-9　装袋盖及缝制前育克

（二）后片制作

将后片左侧片、后中片、右侧片分别正面相对，按 1 cm 缝份缝合，缝份锁边，分别倒向侧缝；熨烫后，在正面分别压缉 0.1 cm 和 0.7 cm 的明线 [图 5-2-10（a）]。将缝好的后下片与后过肩正面相叠，后中对位，按 1 cm 缝份在反面对齐缉缝 [图 5-2-10（b）]，然后进行锁边，缝份向上倒，熨烫平整后，重复压缉双明线的工序。

（三）袖片制作

将大袖分割片、小袖分割片正面相叠，沿净样线暗缝一道，缝份为 1 cm [图 5-2-11（a）]，留出袖衩位置，袖衩长为 10 cm（净）[图 5-2-11（b）]。

将缝合好的缝份锁边，并修剪、扣转熨烫两侧袖衩缝份，使其与 1 cm 缝份平齐［图 5-2-11（c）］，在袖片正面压缉双明线，缝至开衩处止，打倒回针［图 5-2-11（d）］；分别掀起大袖或小袖裁片，单独压缉两袖片在袖衩处的双明线，在开衩处横向压缉来回三道加固［图 5-2-11（e）］。

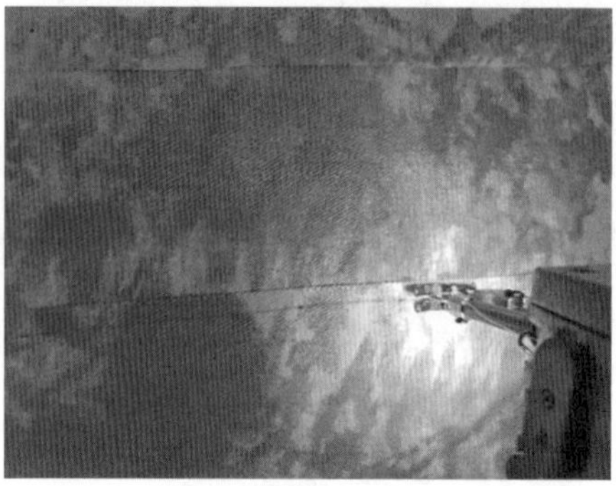

（a）

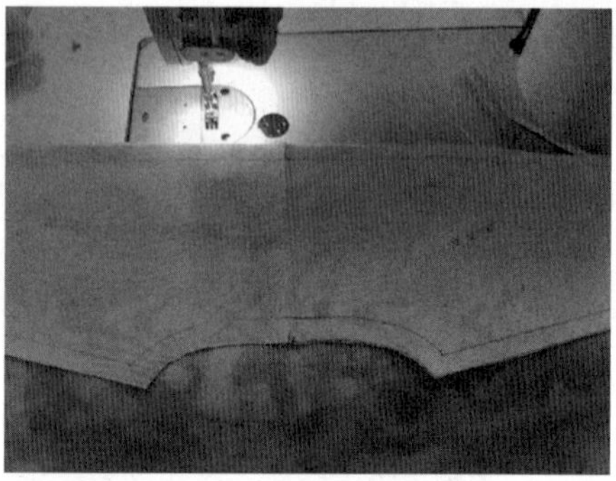

（b）

图 5-2-10　后片制作

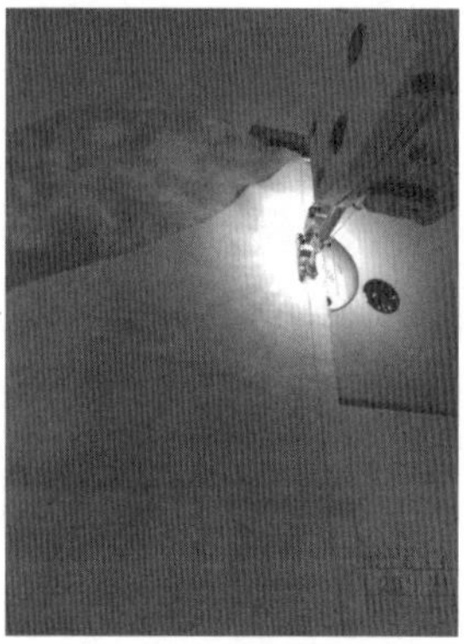

（a）

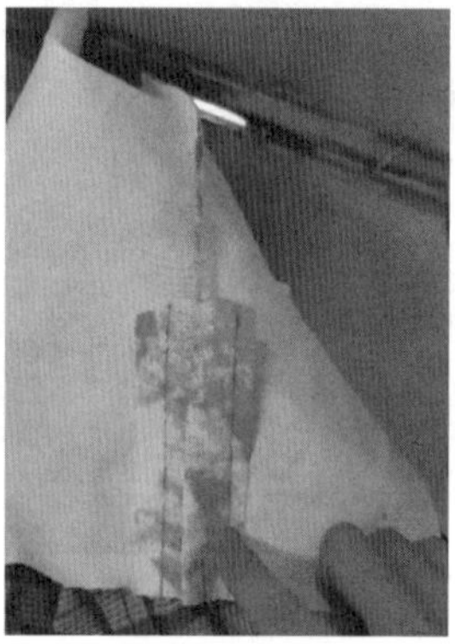

（b）

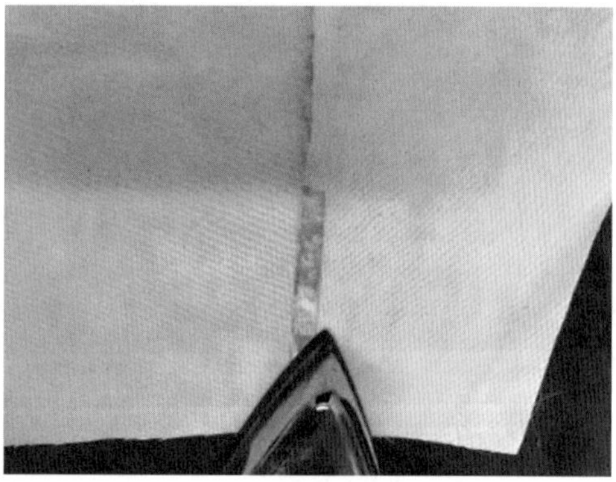

（c）

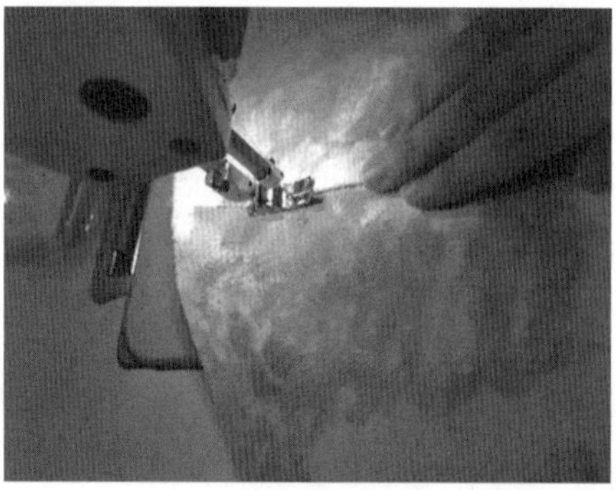

（d）

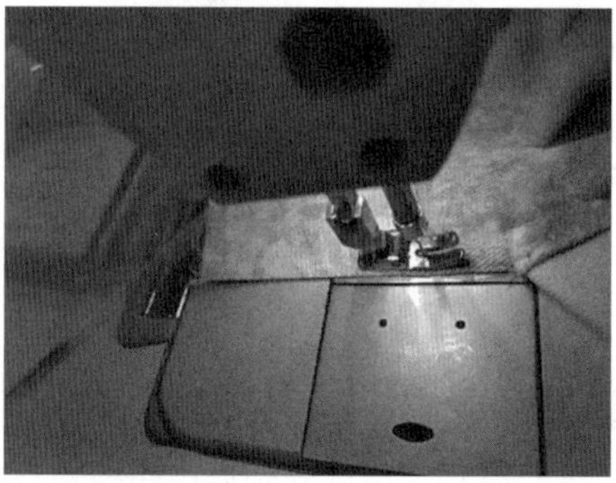

（e）

图 5-2-11　袖片制作

（六）领制作

在领里领面反面，按照净样板画出领子净缝线，将领面下口 1 cm 缝边折转熨烫［图 5-2-12（a）］，缝头扣烫整齐，不可凹进突出，从正面缉线 0.6 cm 固定［图 5-2-12（b）］。将领里、领面正面相叠，领面在上，领里在下，按领净样线勾缉［图 5-2-12（c）］，缝合时要注意领面的领角要放吃势，领角里外匀，左右保持对称，［图 5-2-12（d）］，清剪缝份，尖角处留 0.3 cm，其余 0.5 cm，并熨烫，熨烫时要保持面吐止口 0.1 cm［图 5-2-12（e）］。翻转至正面，领角翻出，熨烫定型［图 5-2-12（f）、（g）］，注意两边领角形状对称，沿领面外口车缝 0.6 cm 明线，扣转领底边缝份，领里比领面多出 0.1 cm，防止绱领掉针，并做好肩缝和后领圈中心对位标记。

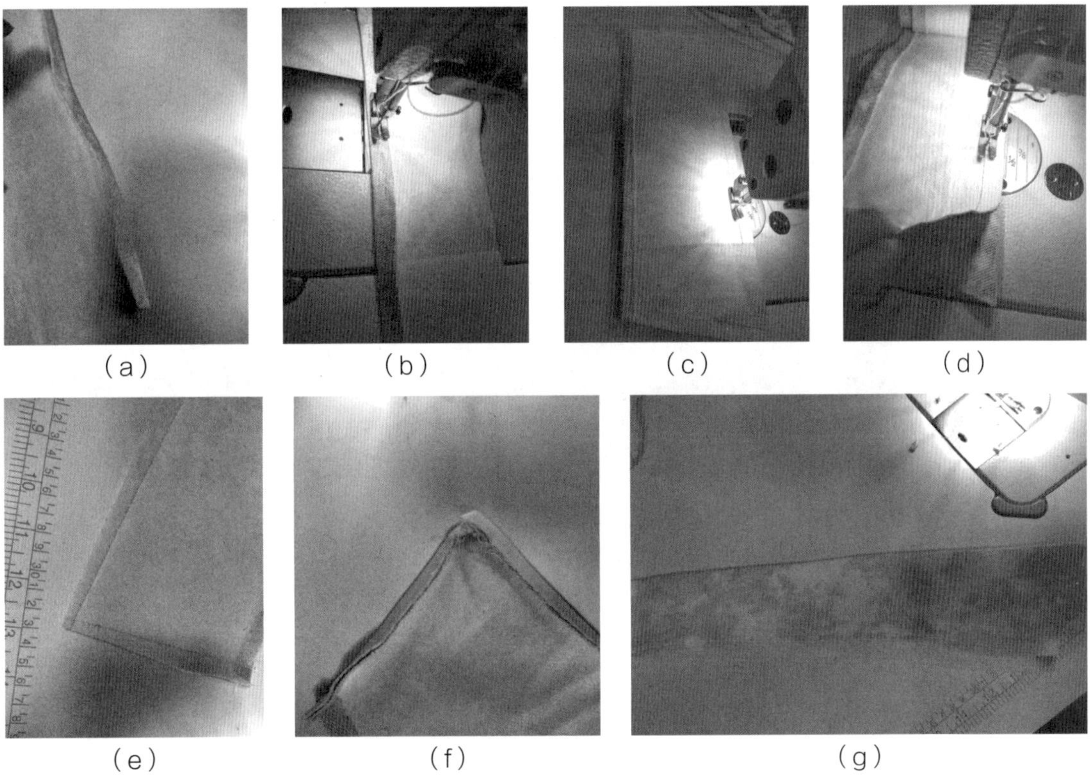

图 5-2-11　领制作

（七）袖克夫制作

扣烫袖克夫两边止口，再对折熨烫，下层比上层多出 0.1 cm, 在少的一侧缝份正面压缉 0.7 cm 的明线。袖克夫两端接缝处按照袖口大小沿中缝对折，各暗缝一道（图 5-2-13），缝份 1 cm，翻转至正面熨烫平服。

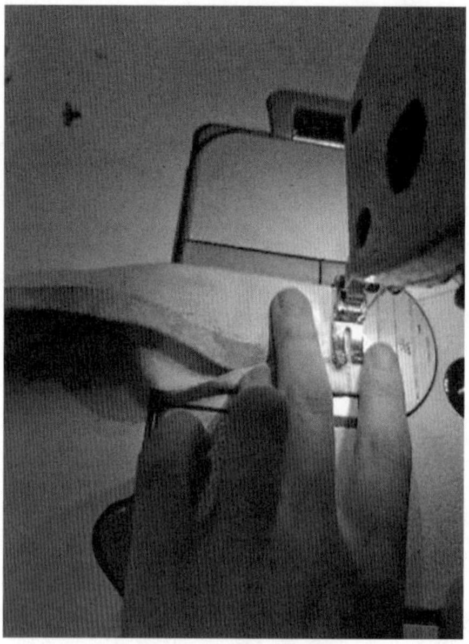

图 5-2-13　袖克夫制作

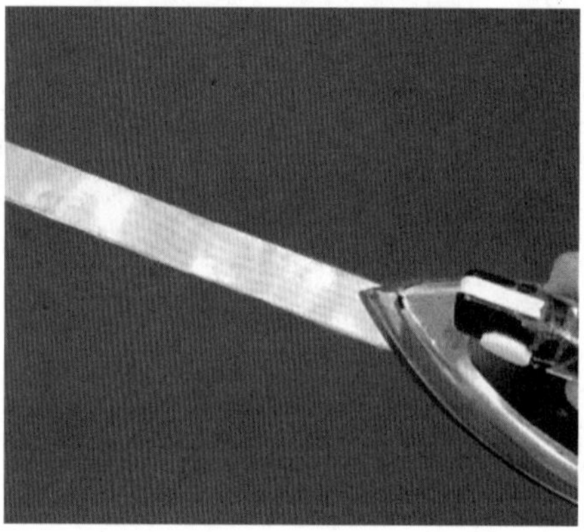

图 5-2-14　下摆克夫制作

（八）下摆克夫制作

扣烫下摆两侧缝份各 1 cm，再对折熨烫，注意下层比上层多出 0.1 cm（图 5-2-14）。

（九）组合缝制

1. 门襟止口制作

大身在上，挂面在下，沿所画止口净线自挂面里侧起针缉缝，在反面压缉 1 cm 缝份，经底摆、门襟止口至绱领点，注意缉线顺直，起始和结束回针打牢，注意缉线顺直、修剪缝头，这样才能保持左右对称。将止口翻出熨烫，要求将止口烫得薄、顺、挺。

2. 合过肩肩缝

将前片肩缝与后片肩缝正面相叠，前片朝上，肩缝处对齐，按 1 cm 缝份缉缝［图 5-2-15（a）］；肩缝锁边，缝份倒向后片，熨烫平整，在正面压缉双明线，第一条明线距边为 0.1 cm，两条明线之间间距为 0.6 cm［图 5-2-15（b）、（c）］。

3. 绱袖子

将衣片与袖片正面相叠，袖片的袖山与衣身的袖窿缝份对齐，注意对合肩缝与袖山高点、袖片分割缝与衣身后过肩缝份，沿 1 cm 缝份缉缝［图 5-2-16（a）］，分割缝处来回针固定，将缝份锁边［图 5-2-16（b）］。装袖时既要让袖子有一定的吃势，又不能起皱打裥，前后松紧一致。缝份倒向衣身，熨烫平服，在正面沿袖窿线压缉双明线，第一道明线距边为 0.1 cm，两条明线之间间距为 0.6 cm，明线宽窄要保持一致。

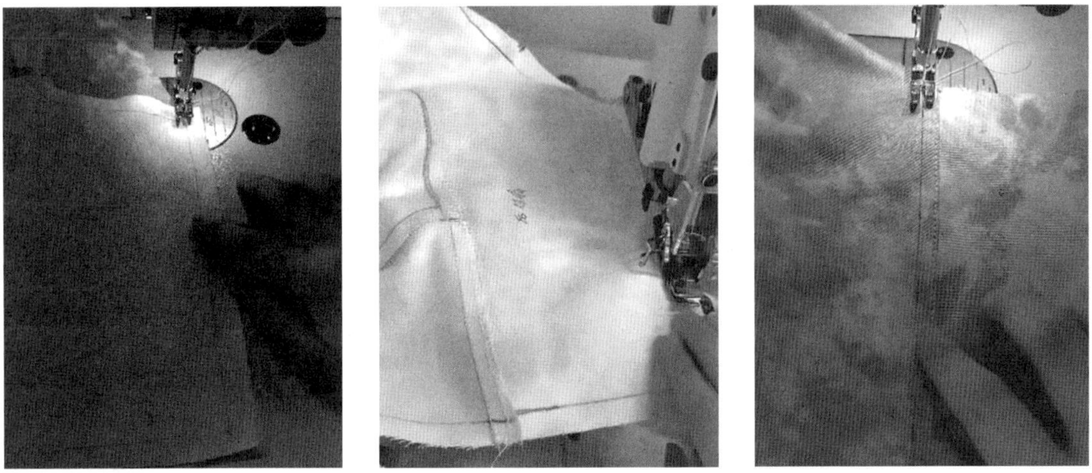

（a） （b） （c）

图 5-2-15 合过肩肩缝

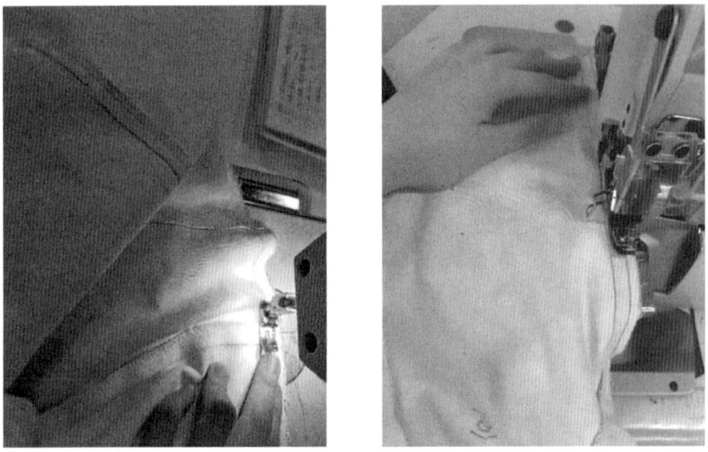

（a） （b）

图 5-2-16 绱袖子

4. 合侧缝、袖底缝

沿 1 cm 缝份将袖底缝和衣身侧缝自袖口处一道线平缝至底摆，缉线顺直，上下层平服，注意袖底十字缝对准缝合［图 5-2-17（a）］。将缝份锁边，缝份倒向后片，熨烫平整［图 5-2-17（b）］。

5. 绱领子

将后领贴与挂面的肩缝处正面相合，按照 1 cm 缝份缝合在一起，锁边倒向后侧，熨烫平整。为了防止绱领子时面料滑动，需将领口处的后领贴与衣身领口缝合 0.3 cm 进行固定。领子夹住衣身领口弧线，注意领中眼刀对位，领面朝上，通过压缉一道 0.1 cm 的明线绱领，注意两侧领里不反吐，衣身不起皱（图 5-2-18）。

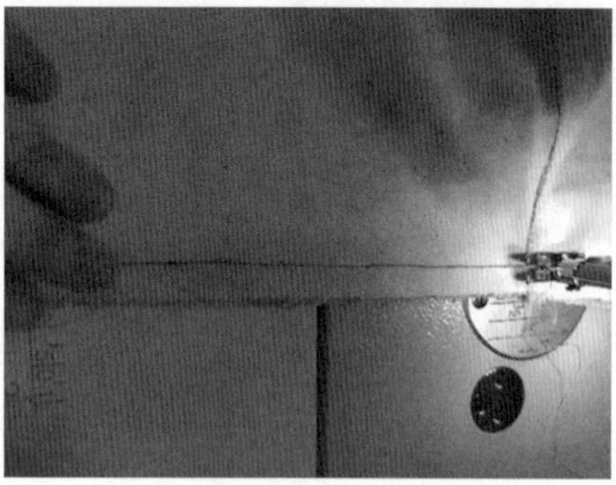

（a）

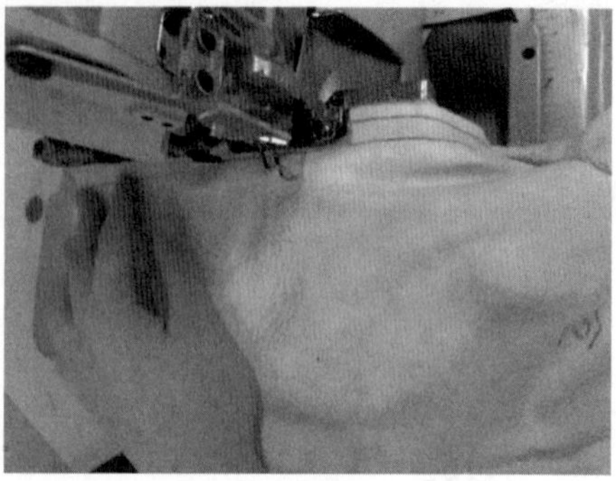

（b）

图 5-2-17　合侧缝、袖底缝

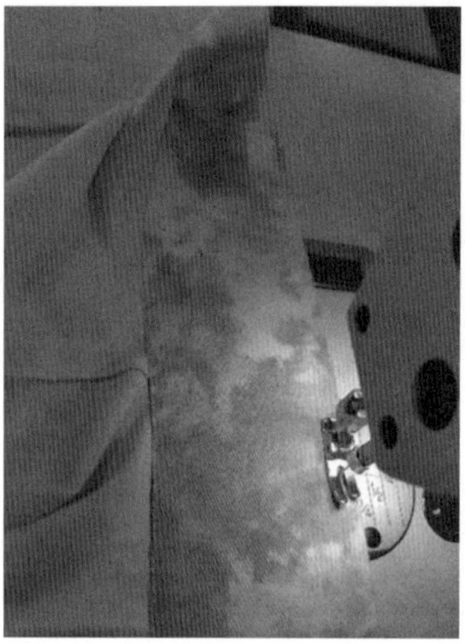

图 5-2-18　绱领子

6. 绱袖克夫

按照样板在袖口缝份处以 0.5 cm 缝份固定袖口褶裥 [图 5-2-19（a）]。将袖口缝份放入袖克夫面与里之间，缉 0.1 cm 明线 [图 5-2-19（b）]，注意止口不反吐，反面不掉针，线迹顺直。再缉第二道明线，两道明线之间间距为 0.6 cm [图 5-2-19（c）]。另外三边同样压缉两道明线，0.1 cm 明线和间距第一道明线宽 0.6 cm。

7. 绱底摆

将下摆正面与衣片正面相叠，衣身在上，底摆在下，按照下摆的净样线暗缝一道，缝份为 1 cm [图 5-2-20（a）]，注意缝份的倒向，固定下摆两端，按照 1 cm 缝份缝合 [图 5-2-20（b）]，翻转至正面熨烫平整，注意两侧的缝头止口不外露，将下摆与衣身用双明线固定，第一道明线宽度为 0.1 cm，第二道明线与第一道明线之间的间距为 0.6 cm [图 5-2-20（c）、（d）]。

8. 做腰袢、绱腰袢

将扣袢正面相叠，合缉三边，修剪缝份，留 0.3 cm 缝头，翻转至正面，熨烫平整，正面缉缝 0.15 cm 宽明线。将做好的腰袢正面与后衣片下摆正面相叠，

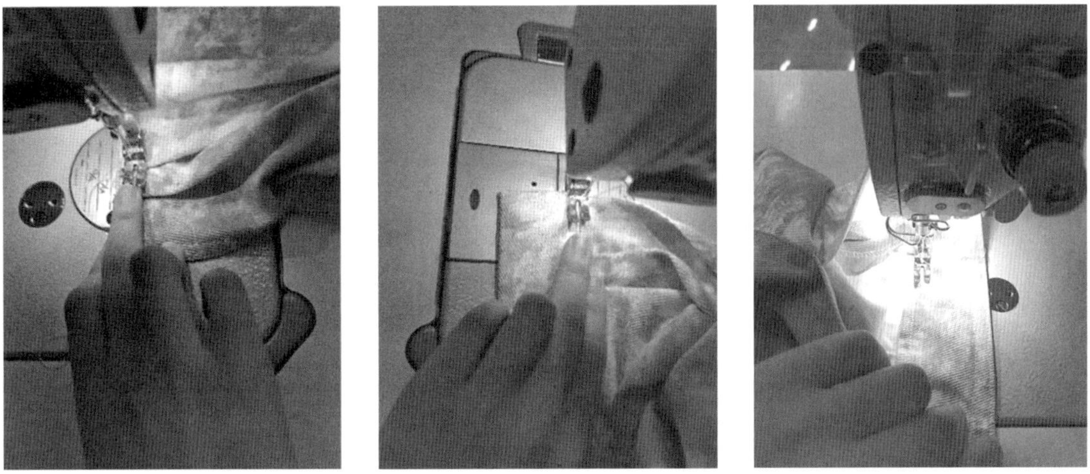

（a）　（b）　（c）

图 5-2-19　绱袖克夫

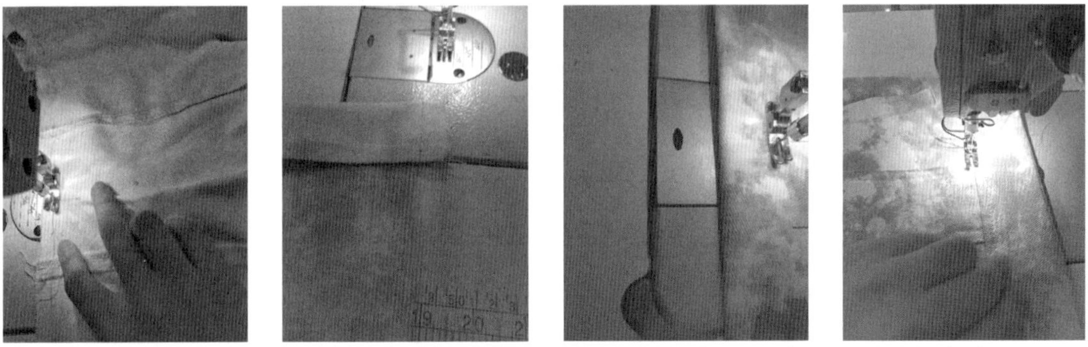

（a）　（b）　（c）　（d）

图 5-2-20　绱底摆

腰袢长度净线对准后衣片侧缝，沿净线车缝一道。再翻转腰袢，在腰袢上缉 0.6 cm 明线，注意做完后腰袢在后衣片朝后。

9. 锁眼

根据样板定出门襟处、袋盖、袖克夫、腰袢扣眼位置，扣眼为横口眼，剪开扣眼，在圆头处剪出小三角，用手缝针锁扣眼，线迹密度适中，注意不要使边缘丝缕毛漏（图 5-2-21）。门襟上锁 5 个横眼，左右袋盖各锁眼 1 个，左右袖克夫上各锁眼 1 个，共

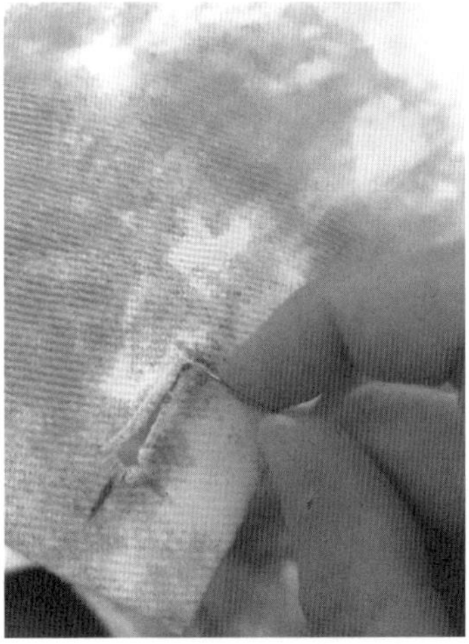

图 5-2-21　锁眼

2个，左右腰袢上各锁眼1个，共2个。门襟上第一个扣眼位于门襟上止口向下1.7 cm处，第五个扣眼位于底摆宽度中间的位置，其他扣眼位间距等分，眼位进出以门襟止口2 cm为准。左右袋盖扣眼位于尖角垂直向上1.5 cm处。左右袖克夫扣眼位于大袖分割片方向的一端，左右以扣眼外封口距袖克夫边1.5 cm为准，高低位于袖克夫宽的中央。左右腰袢扣眼位按样板确定位置，左右距腰袢尖点为0.7 cm，高低位于腰袢中央，扣眼大小均为2 cm。

10. 钉扣

根据圆头扣眼位置定出扣位，用螺丝刀辅助，将扣子固定在扣位上（图5-2-22）。里襟钉扣5个，左右袋布钉扣各1个，左右袖克夫各钉1个，左右腰袢对应底摆位置各钉1个。里襟扣位以扣位直线为依据，纽扣距离里襟止口为2 cm，左右袋布上的扣位在袋口中间垂直向下4.5 cm处。左右袖克夫扣位高低位于袖克夫宽的中央，进出以距袖克夫边1.5 cm为准。腰袢放平，确定腰袢纽扣位置，按照确定的腰袢纽扣位置在底摆钉腰袢纽扣。

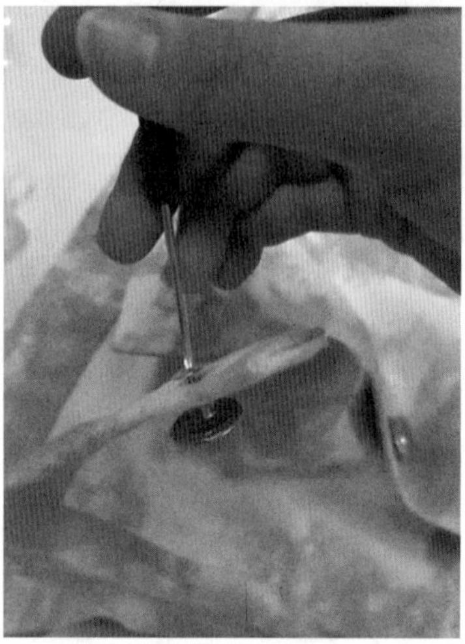
图5-2-22 钉扣

11. 整烫

（1）烫袖口

方法：将袖口正面朝上，放在铁凳上，喷水熨烫，烫平烫煞。

（2）烫袖缝

方法：将袖子正面朝上，放在铁凳上，袖子缝份倒向后袖，喷水熨烫，烫平烫煞。

（3）烫衣身

方法：在茄克衫正面熨烫，需垫干布或拧干的湿布。熨烫时将茄克衫放在布馒头、铁凳上进行。

（4）烫下摆

方法：将茄克衫正面朝上，摆缝喷水熨烫，烫平烫煞，熨烫时切记不要用力拉扯底摆，防止底摆出现涟形，影响整体美观。

（5）烫领子

方法：将茄克衫正面领子朝上，放置在铁凳上，喷水熨烫，用力地烫平烫煞，切记不要用力拉扯面料，防止领口处起涟形，导致穿着时不贴合人体，影响美观。

第三节　男西装缝制工艺

一、款式特点

男西装主要品种有单排扣、圆下摆、平驳领式，双排扣、直下摆、枪驳领等款式，虽然款式有别，但缝制工艺大体相同。西装的缝制工艺较为复杂，技术要求较高，缃胸衬、缃领和缃袖是西装较有特点的工艺，本节以单排三粒扣、平驳领、圆下摆男西装为例介绍其缝制工艺，两个双开线大口袋，装袋盖，左胸手巾袋一只，两片袖，袖口做开衩（图 5-3-1）。

图 5-3-1　男西装款式图

二、规格与结构设计

（一）规格设计

1. 主要部位规格（表 5-3-1）

表 5-3-1　男西装主要部位规格表　单位：cm

部位	号型	胸围	衣长	腰节长	袖长	袖口
规格	170/88A	108	76	41	59	15

2. 细部规格（表 5-3-2）

表 5-3-2　男西装细部规格表　单位：cm

部位	领宽	袋盖	手巾袋	袖开衩
规格	6	15.5×5	9×2.5	8

（二）结构设计

1. 男西装基本结构图（文化式原型制图）（图 5-3-2）

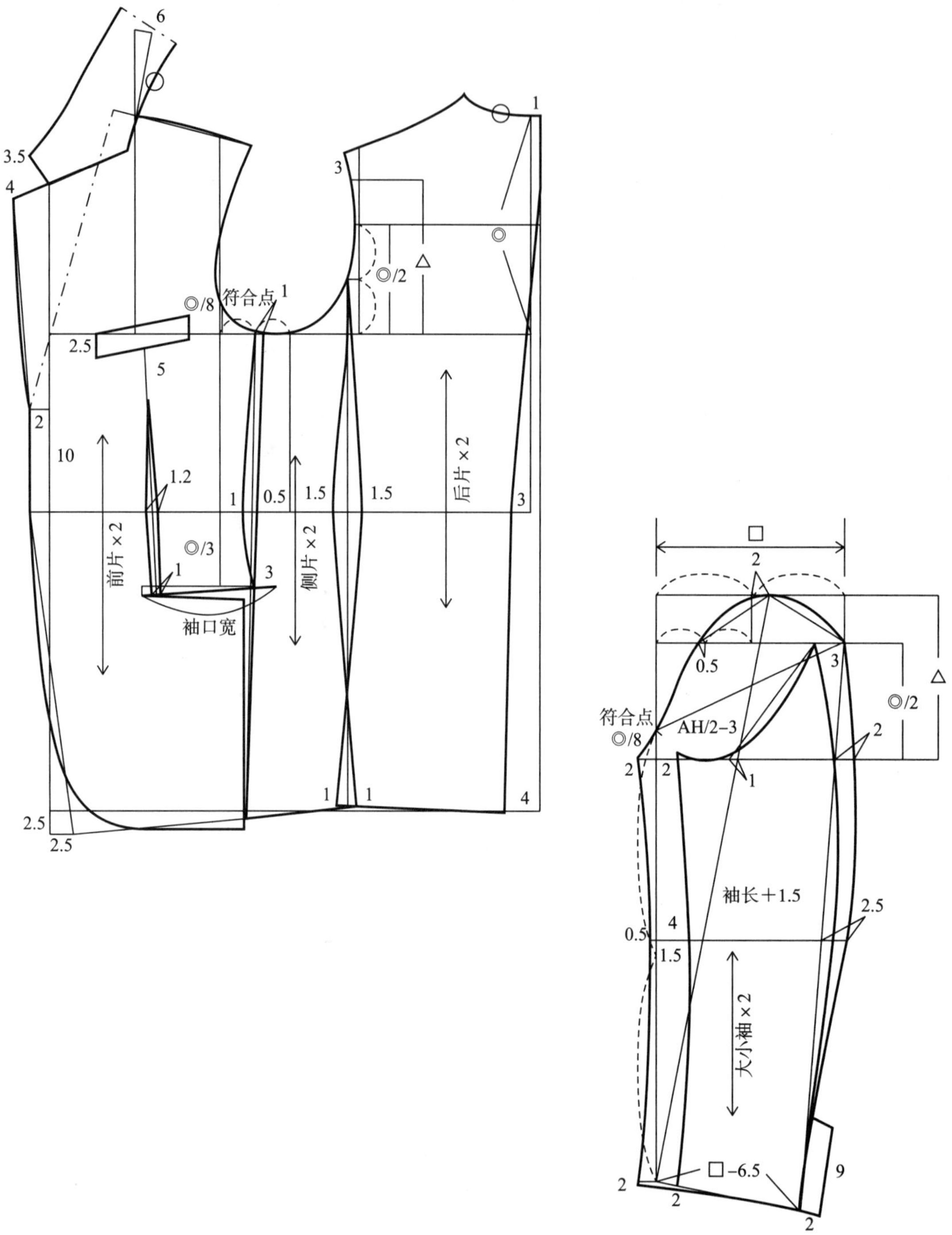

图 5-3-2　男西装基本结构图

2. 男西装净样图（面）

图 5-3-3 为在图 5-3-2 男西装基本结构图基础上，根据图 5-3-1 的款式，再结合男西装工艺要求，分解出的净样图（面）。为了防止成品出现光泽度不一致的现象和色差现象，纱向线采用单箭头表示。

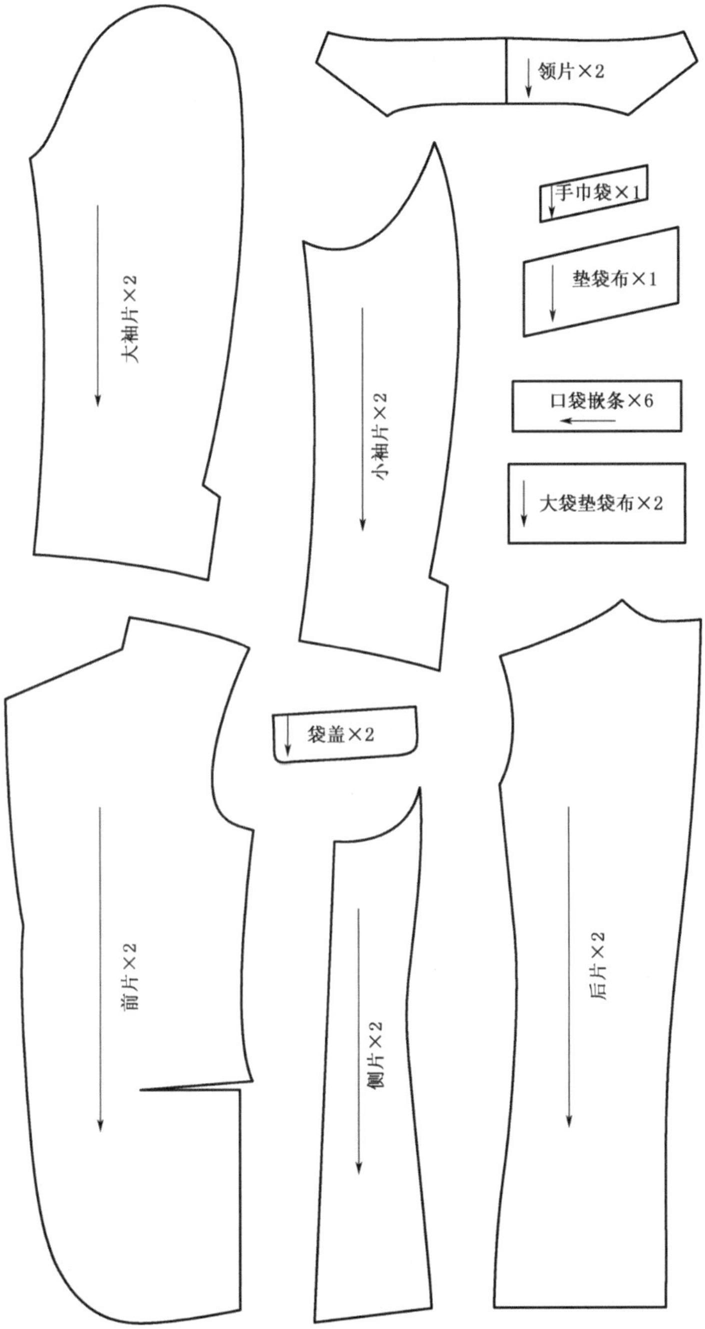

图 5-3-3　男西装净样图（面）

3. 男西装毛样图（面）

图 5-3-4 为在图 5-3-3 男西装净样图（面）的基础上，结合男西装的款式和工艺要求，在各个部位加放缝份和贴边而形成的男西装毛样图（面）。为了防止成品出现光泽度不一致的现象和色差现象，纱向线采用单箭头表示。

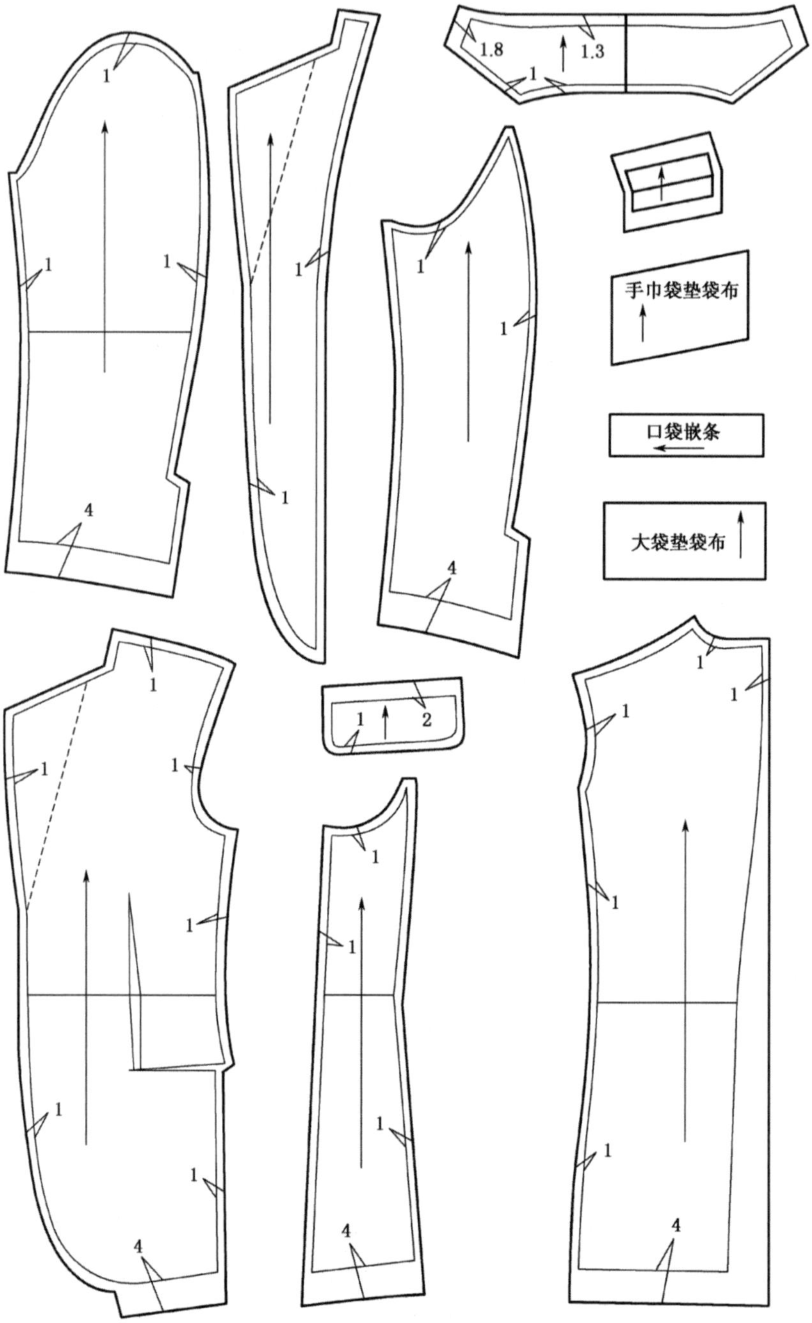

图 5-3-4 男西装毛样图（面）

4. 男西装净样图（里）

图 5-3-5 在图 5-3-2 的男西装基本结构图的基础上，结合其款式及里子工艺要求，分解出的男西装净样图（里）。为了防止成品出现光泽度不一致的现象和色差现象，纱向线采用单箭头表示。

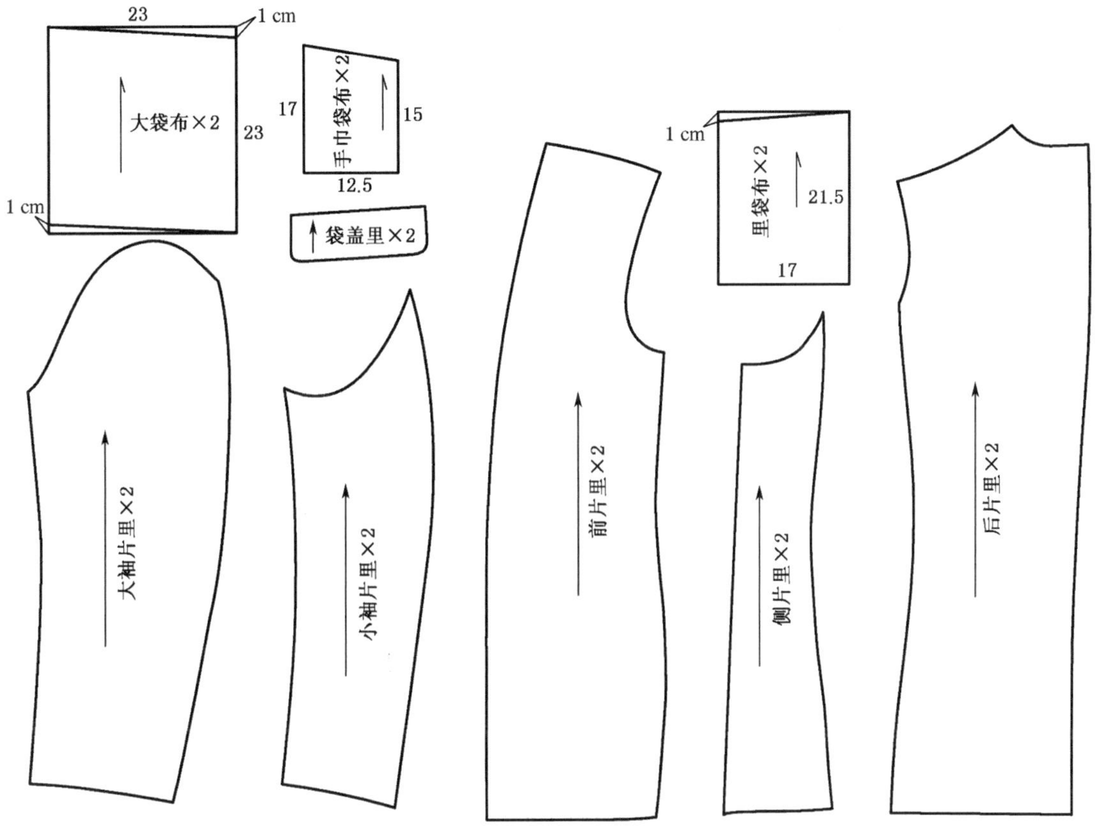

图 5-3-5 男西装净样图（里）

5. 男西装毛样图（里）

图 5-3-6 为在男西装净样图（里）的基础上，结合男西装里子的工艺要求，在各个部位加放相应的缝份而形成的男西装毛样图（里）。为了防止成品出现光泽度不一致的现象和色差现象，纱向线采用单箭头表示。

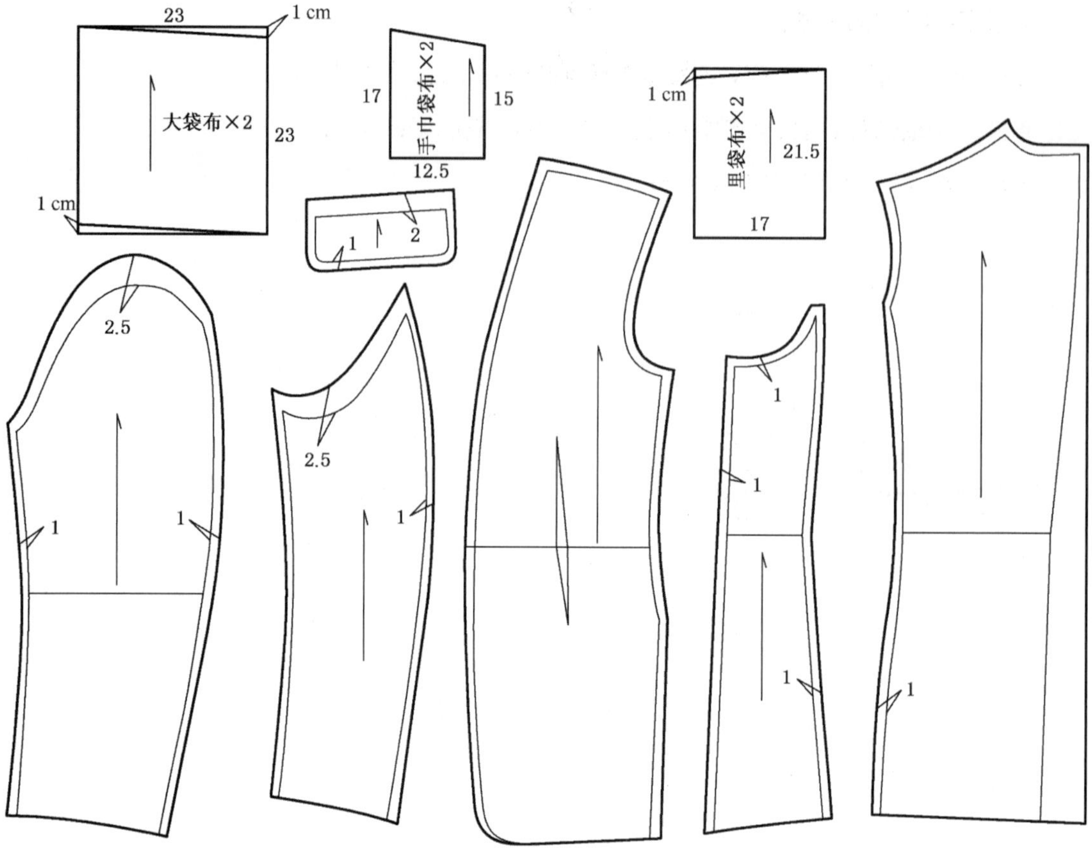

图 5-3-6 男西装毛样图（里）

三、排料设计

（一）男西装面料排料

图 5-3-7 为男西装在幅宽为 150 cm 的面料上的排料图，实际利用幅宽 148.5 cm。单件裁剪时，面料沿幅宽（纬纱方向）对折。是根据西装面料样板各部位对纱向的要求，再结合紧密套排的原则而形成的排料图。为了防止成品出现光泽度不一致的现象和色差现象，纱向线采用单箭头表示。

（二）男西装里料排料

图 5-3-8 为男西装在幅宽为 150 cm 的里料排料图。单量单裁时，面料沿幅宽（纬纱方向）对折。是根据西装里料样板各部位对纱向的要求，再结合紧密套排的原则而形成的排料图，为了防止成品出现光泽度不一致现象和色差现象，纱向线采用单箭头表示。

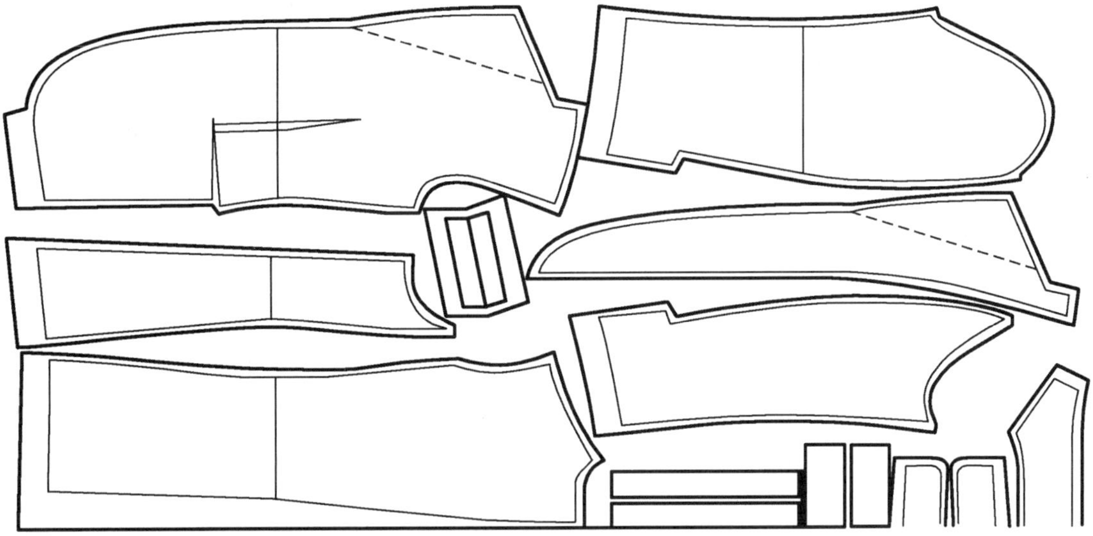

图 5-3-7　男西装面料排料图

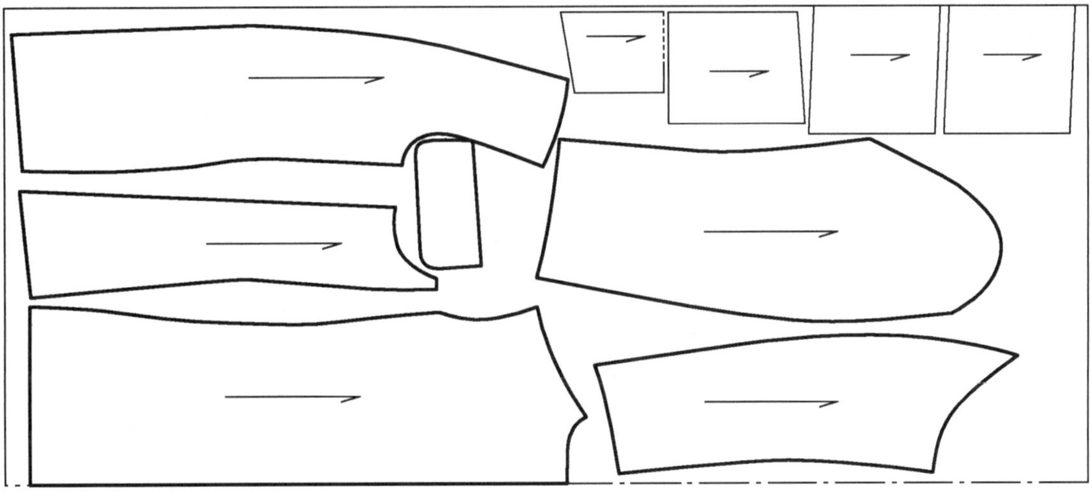

图 5-3-8　男西装里料排料图

四、缝制工艺设计

（一）做前片

1. 缝合省道

① 将腹省按净线剪开［图 5-3-9（a）］。

② 将前衣片省道对折，从反面省尖开始缉缝省道。在省尖部位垫缝一块长约 6 cm、宽约 4 cm 的斜丝本料布条，利于正面整烫时保证省尖平服［图 5-3-9（b）］。

③ 剪开省道，剪口距离省尖约占省长的 1/3，剪口以下分缝烫平，未剪开的省倒向一侧，斜丝布条倒向另一侧，使省尖部位厚度一致 [图 5-3-9（c）]。

④ 将腹省的两道省线对齐，在反面黏一层无纺衬固定，把侧片与前片进行缝合并分缝烫平 [图 5-3-9（d）]。

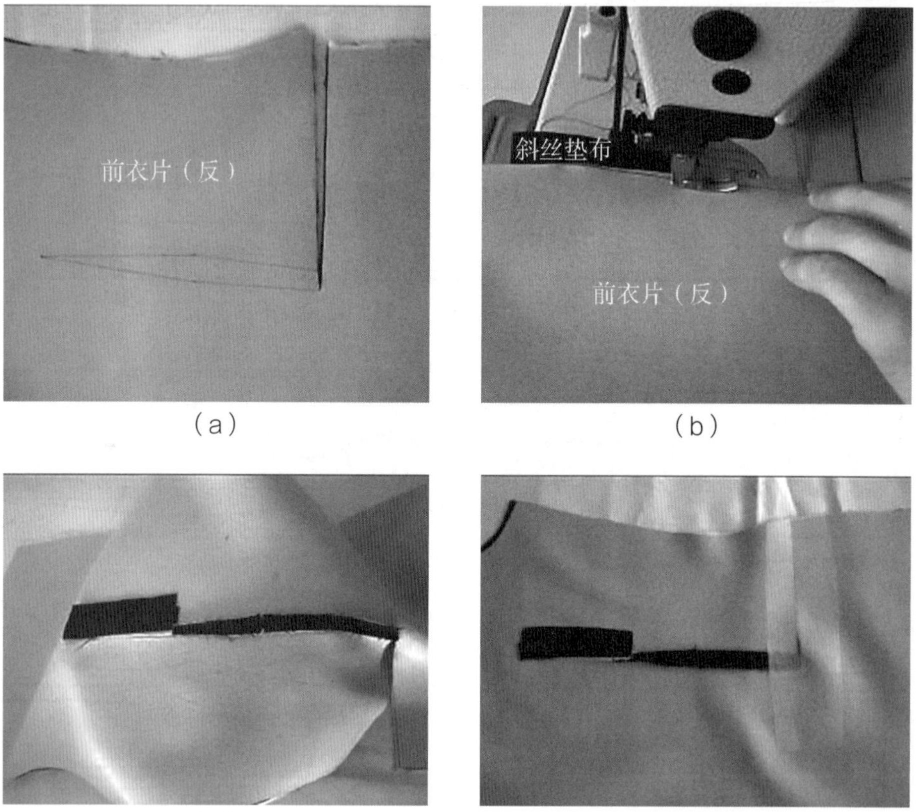

（a） （b） （c） （d）

图 5-3-9 缝合省道

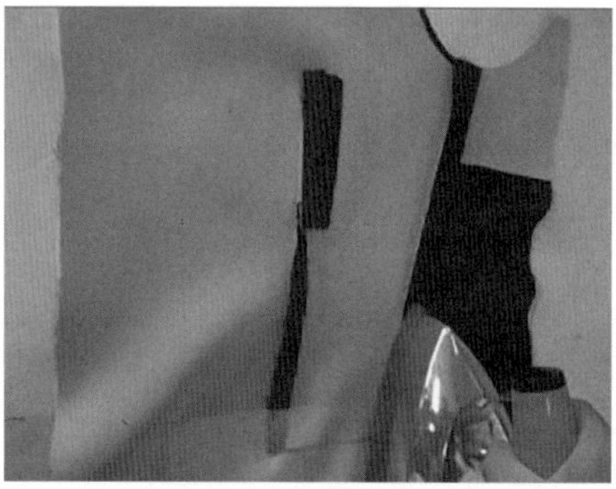

图 5-3-10 缝合侧片

2. 缝合侧片

把侧片和前片正面相对，对齐腰线对位点，缝合侧缝线（图 5-3-10）。

3. 做大袋

（1）做袋盖

在袋盖里的反面画好净样线，将袋盖面与袋盖里正面相对，里在上、面在下进行三边车缝。注意在袋盖面两圆角部位略吃，使袋盖面松里紧，里外匀称［图 5-3-11（a）］。

（2）熨烫袋盖

清剪缝边，保留 0.3 cm 缝份，袋盖面朝上，扣烫缝份，圆角部位扣烫圆顺。然后将袋盖的正面翻出来，整烫边沿线，使袋盖面吐止口 0.2 cm［图 5-3-11（b）］。

（3）缝嵌线

把双嵌线缉缝在袋口上下各 0.5 cm 位置上，要求两条缝线平行，相距 1 cm 宽并等长，缝线两端注意要打倒回针加固［图 5-3-11（c）］。

（4）剪袋口

从袋口中间剪开，剪到距离袋口两端 1 cm 处时，向两端缝线止口处剪三角，注意剪到根部但不能剪断缝线［图 5-3-11（d）］。

（5）烫嵌线

把缉缝好的嵌线翻到袋口里面，上下嵌线对齐，等宽进行熨烫［图 5-3-8（e）］。

（6）固定三角

衣片正面朝上，在袋口一侧折叠反转衣片，把衣片上的三角与嵌线进行缉缝加固。另一侧使用相同的工艺［图 5-3-11（f）］。

（7）固定袋盖

把翻转扣烫好的袋盖塞入两个嵌线中间，上嵌线对准袋盖上口的净缝线，把口袋以上的衣片翻折下来，从反面把袋盖和上嵌线进行固定缝合［图 5-3-11（g）］。

（8）缉缝袋布

把垫袋布与口袋布正面相对，暗缝一道，再把口袋布下端与下嵌线缝合，把垫袋布一端与上嵌线缝合［图 5-3-11（h）］。

（9）缝合袋布

按图示操作，将两层袋布在两端进行缝合［图 5-3-11（i）］。

（10）清剪袋布

衣片反面朝上，按 1 cm 缝份把多余的布边清剪掉［图 5-3-11（j）］。

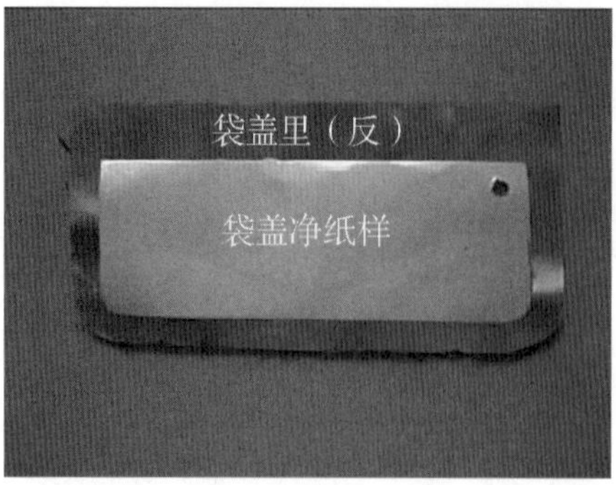

（a）

（b）

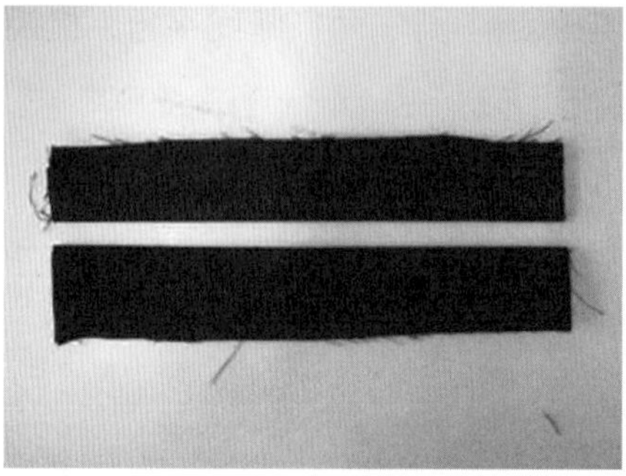

（c）

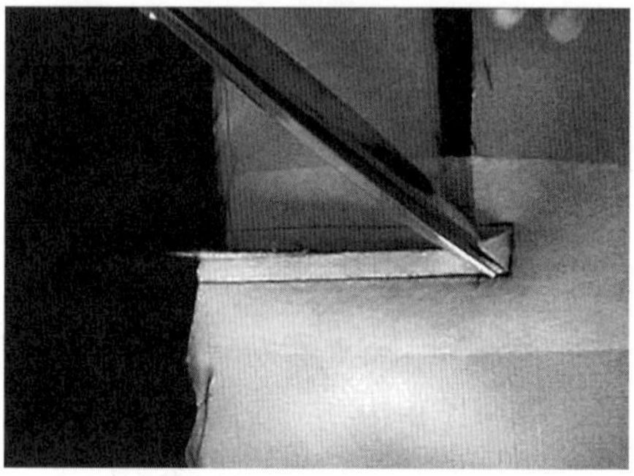

（d）

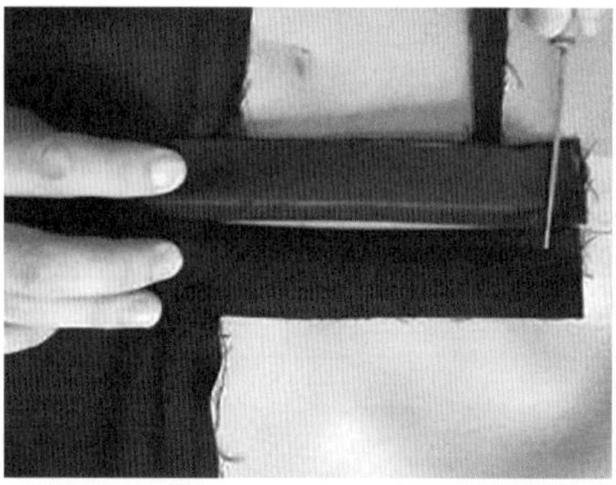

（e）

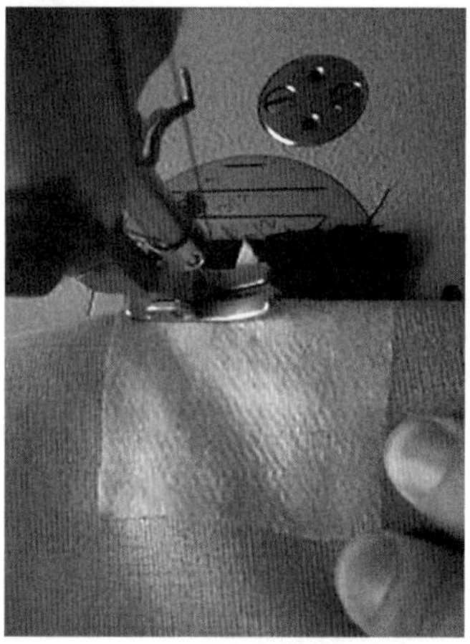

（f）

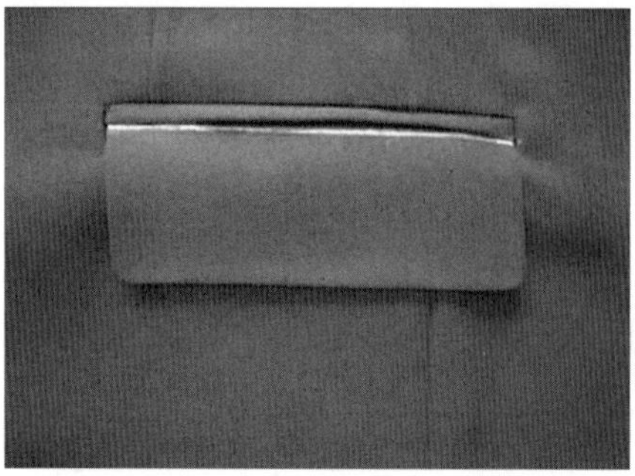

（g）

（h）

（i）

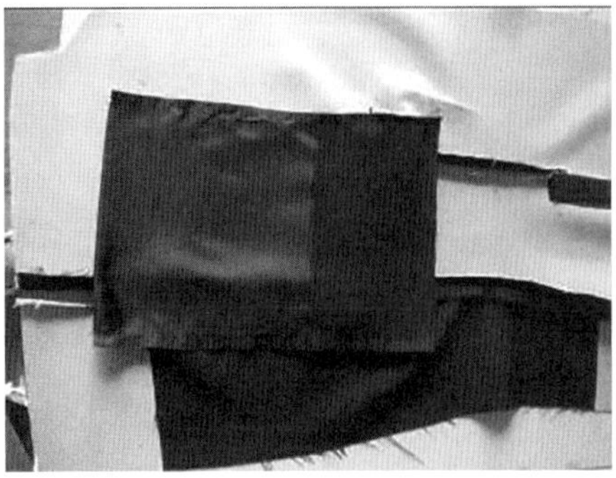

（j）

图 5-3-11　做大袋

4. 做手巾袋

（1）做手巾袋口

用树脂衬按手巾袋嵌线净样裁制袋板衬，对齐纱向压烫到手巾袋布反面（纱线的顺向要与衣片一致）。左、右两端打剪口，按照袋板衬的斜度扣烫缝份［图 5-3-12（a）］。

（2）缉手巾袋嵌线

在左衣片手巾袋口的位置上，按袋口标记画好袋口线。然后按袋口线，把手巾袋嵌线与衣片缉缝，两端打倒回针加固［图 5-3-12（b）］。

（3）缉手巾袋袋布

在衣片上从刚才的缝线向上 1 cm 处缉缝垫袋布，在手巾袋牙的缝份上缉缝袋布［图 5-3-12（c）］。

（4）剪手巾袋袋口

将手巾袋牙和垫袋布中间打一剪口，剪到距离袋口两端 1 cm 的位置，向两侧打三角［图 5-3-12（d）］。

（5）固定袋布

把垫袋布和手巾袋嵌线从剪口处翻转到反面，从正面在垫袋布接缝处缉明线固定袋布［图 5-3-12（e）］。

（6）缝合袋布

衣片正面向上，在手巾袋口一端翻折衣片，缉缝两层袋布［图 5-3-12（f）］。

（7）缉袋口明线

在手巾袋袋口两端按 0.1 cm 缉压明线进行封结［图 5-3-12（g）］。

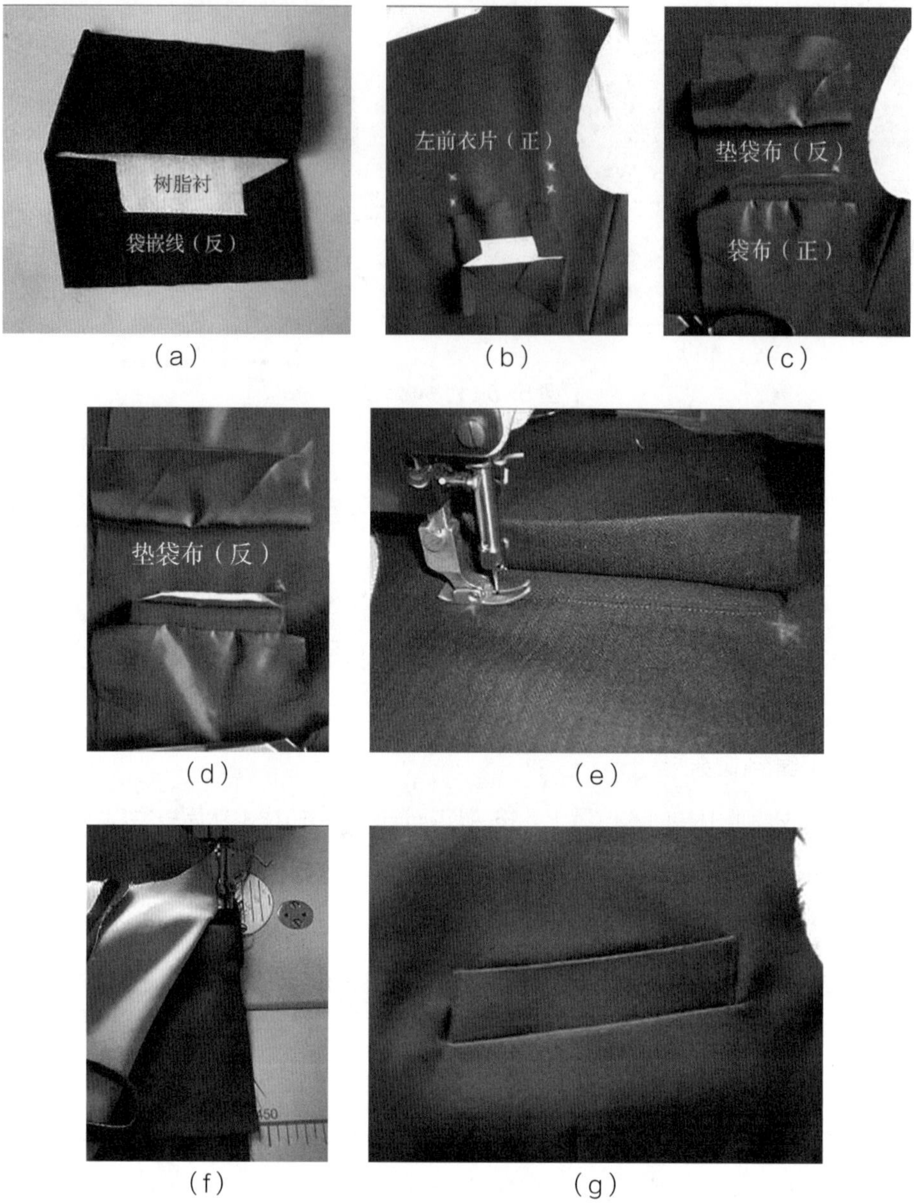

图 5-3-12　做手巾袋

5. 敷胸衬

（1）压牵条

按图示沿袖窿弧线压烫牵条，在袖窿 1/2 以下部位吃进 0.7 cm。前门襟止口和驳领边缘的嵌线，按图示的松紧度压烫 [图 5-3-13（a）]。

（2）敷胸衬

将成品胸衬平铺到前衣片反面，对好位置，胸衬的前斜线距驳折线 2 cm，胸衬的肩线高出衣片肩线 2 cm。在驳折线处用 2 cm 宽的黏合衬进行压烫［图 5-3-13（b）］。

（3）绷缝胸衬

把固定好的胸衬翻到衣片下面，正面向上放到烫垫上，使胸部保持前凸状。由肩线向下 5 cm，胸宽的 1/2 处开始绷缝固定［图 5-3-13（c）］。

（4）清剪胸衬

在距袖窿毛边 0.7 cm 处用拱针把胸衬与衣片的袖窿固定在一起，按衣片袖窿的毛边清剪多余的胸衬［图 5-3-13（d）］。

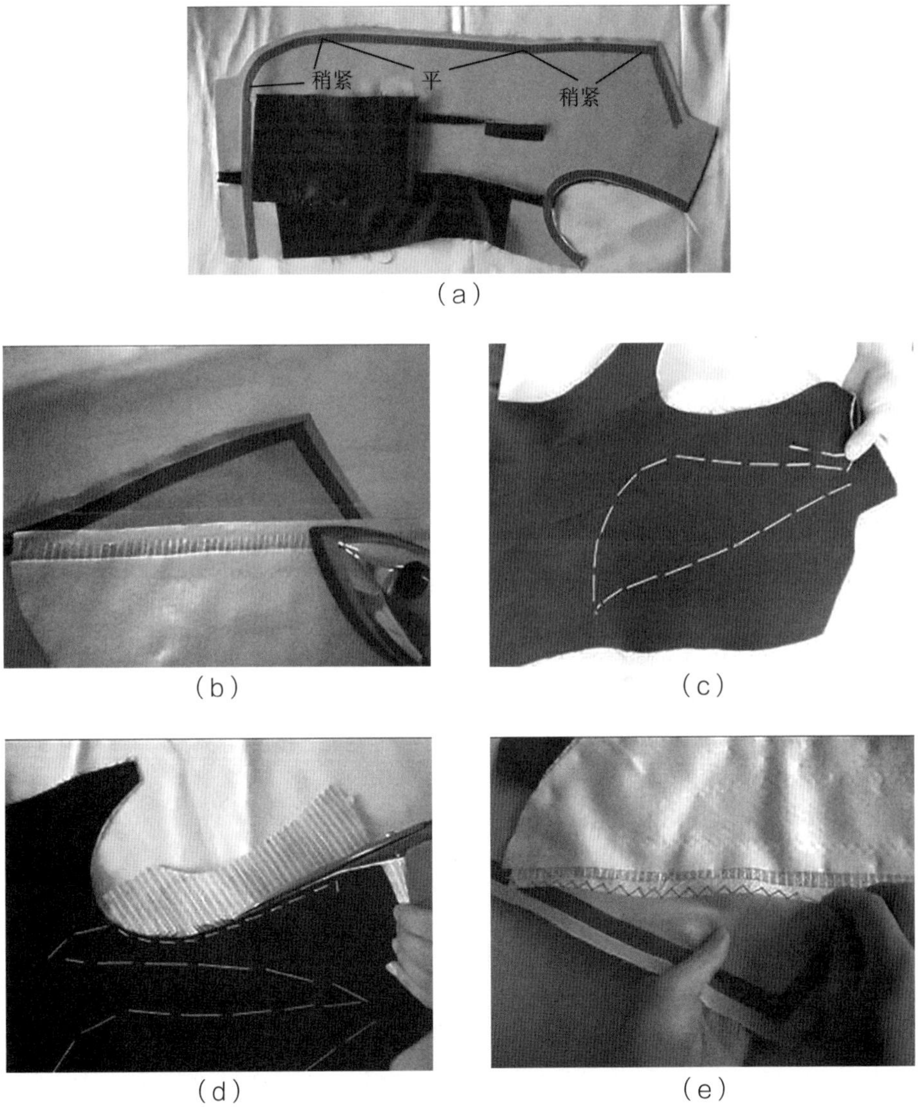

图 5-3-13 敷胸衬

（5）擡牵条

为了牢固胸衬，在牵条上用三角针擡牢胸衬，注意针脚不能透过面料正面［图 5-3-13（e）］。

（二）做里子

1. 缝合贴边

把前身里子与贴边缝合在一起，贴边在下，里子在上，面与面相对，按 1 cm 缝份缉合，在距离底摆净样线 2 cm 处打倒回针固定。缝份倒向侧缝并烫平（图 5-3-14）。

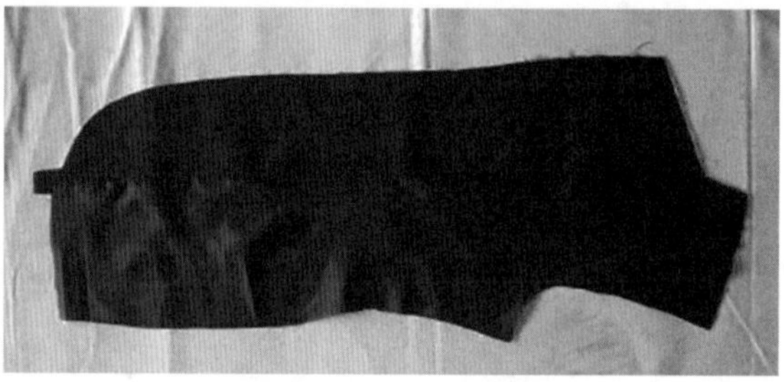

图 5-3-14　缝合贴边

2. 做内袋

方法与大口袋双开线工艺相同。

3. 做三角袋盖

裁边长 13 cm 左右的正方形里料［图 5-3-15（a）］，反面压烫无纺衬，按图 5-3-15（b）所示对称折叠并扣烫，再按图 5-3-15（c）折叠，扣烫成三角形袋盖。

4. 固定三角袋盖

在双开线中间插入三角袋盖，掀起衣片，从反面缝合固定袋盖、袋口三角和袋布（图 5-3-16）。

（三）覆贴边

1. 绱贴边

将贴边正面与衣片正面相对，对齐绱领点，用手针沿前止口线绷缝固定。贴边驳头比衣片驳头多出 0.3 cm 的松量要缩缝进去，保证驳头翻折后，贴边边缘大于衣片边缘。从第一扣位到第三扣位向下 4 cm 之间贴边没有吃势，从 4 cm 处开始到圆角，衣片略吃，贴边略紧。

2. 清剪缝份

在绱领点打剪口，清剪缝份。驳头部分，贴边留 0.3 cm 缝份，从第一扣位向下衣片留 0.3 cm（图 5-3-17）。

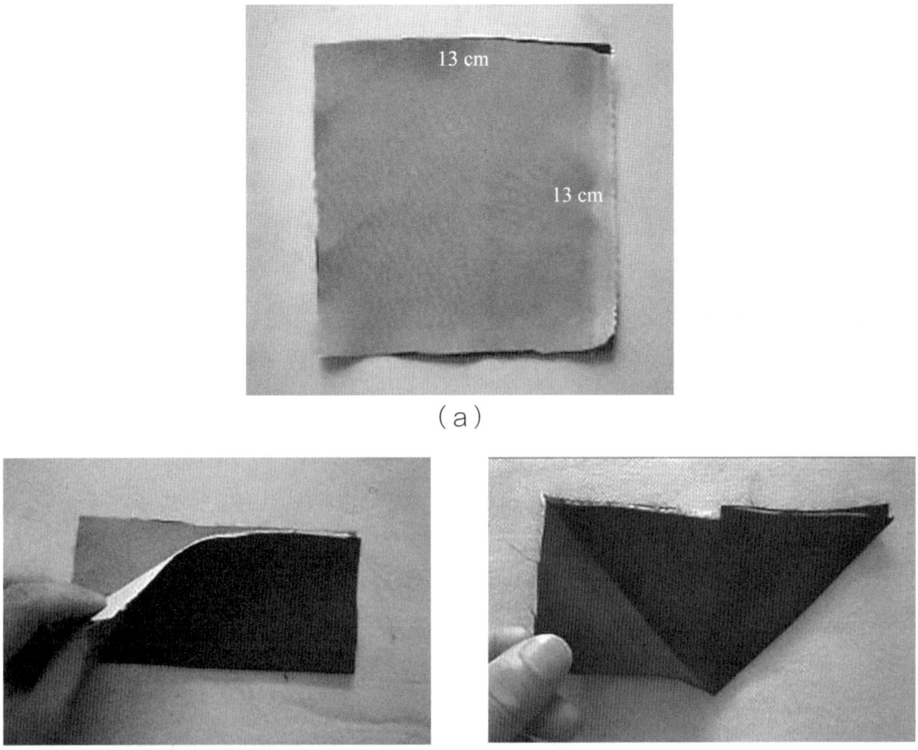

（a）

（b）　　（c）

图 5-3-15　做三角袋盖

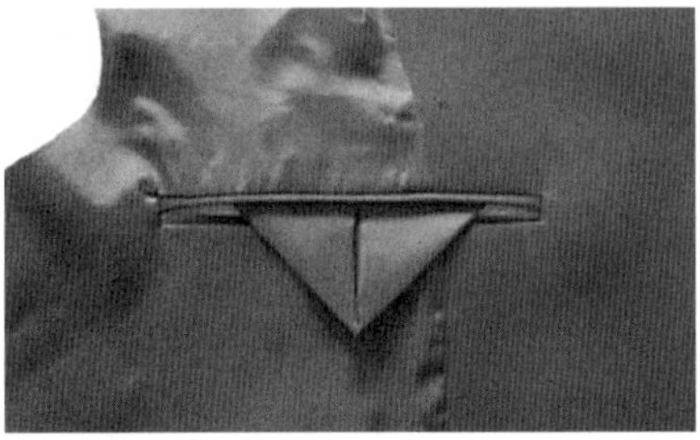

图 5-3-16　固定三角袋盖

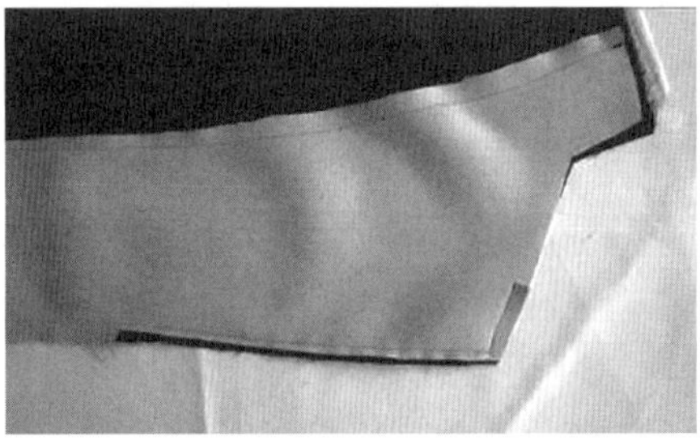

图 5-3-17　清剪缝份

3. 扣烫止口

第一扣位以上的部分把止口缝份向贴边方向扣烫，第一扣位以下的部分把缝份向衣片方向扣烫，缉线上翻 0.1 cm（图 5-3-18）。

4. 扳止口

距离止口 1.2 cm 处采用扳针针法进行扳止口，扣位以下，衣片朝上；扣位以上，贴边朝上。此操作是为了让止口处的衣片与贴边更服贴（图 5-3-19）。

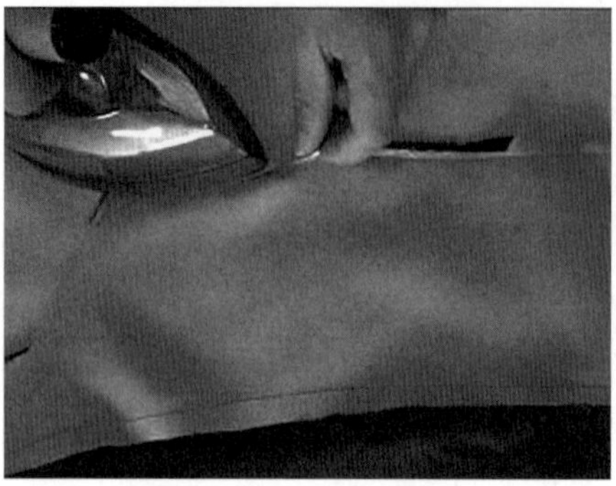

图 5-3-18 扣烫止口

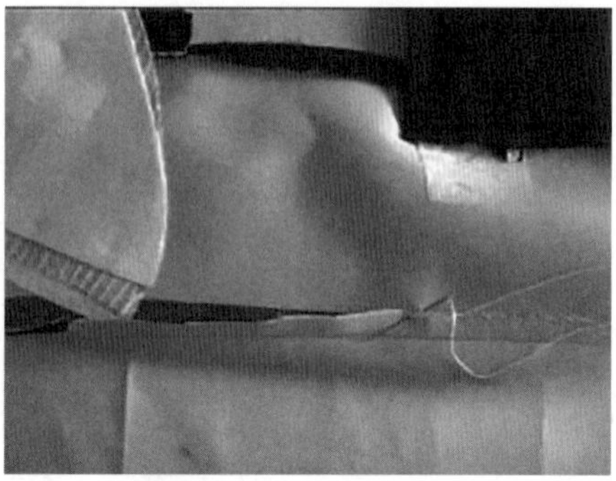

图 5-3-19 扳止口

5. 整烫止口

翻出衣片正面，整烫止口，然后按驳折线折好驳头，用手针绷缝做临时固定（图 5-3-20）。

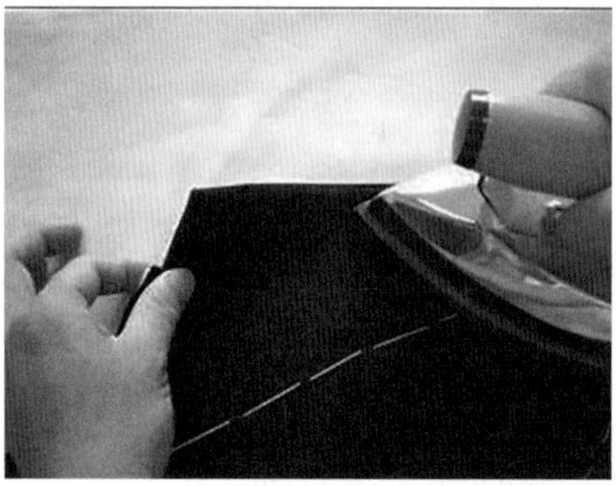

（a）

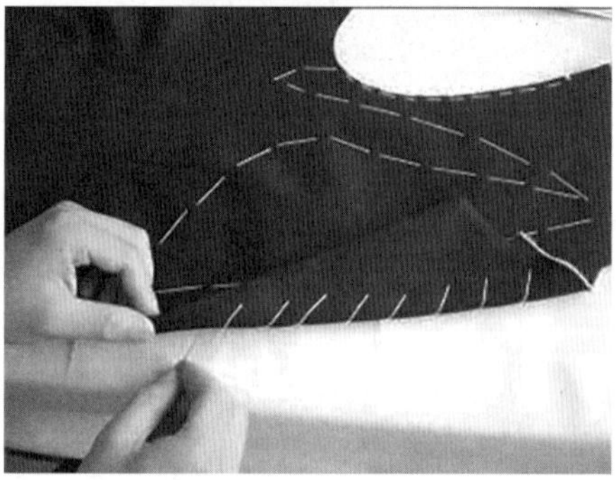

（b）

图 5-3-20 整烫止口

6. 固定贴边

里子在上，铺好前衣片，掀起里子，沿贴边缝份用三角针固定贴边与前衣片，注意正面不能露出针脚（图 5-3-21）。

7. 缝合里子侧片

里子面与面相对，缝合里子前片与侧片；将面、里铺平，清剪多余里料缝份（图 5-3-22）。

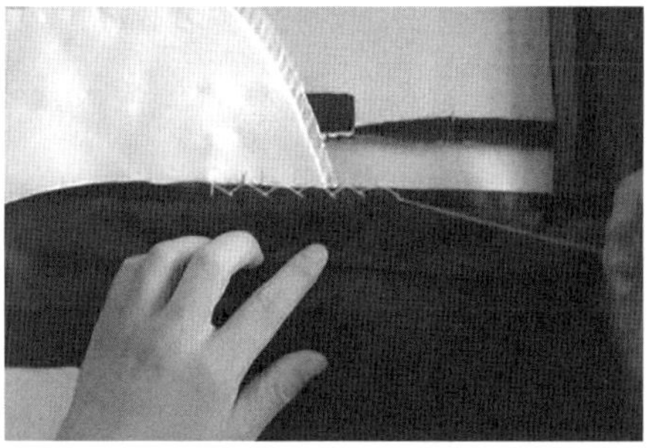

图 5-3-21 固定贴边

图 5-3-22 缝合里子侧片

（四）做后衣片

1. 缝合后衣片面料

按图示画出背缝净样线，沿净样线缉缝，上下两端倒回针固定。剪开后背中线，分缝烫平（图 5-3-23）。

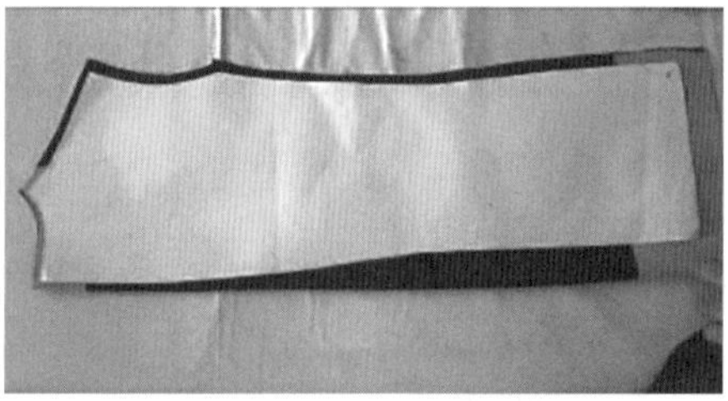

（a）

（b）

图 5-3-23 缝合后衣片面料

2. 缝合后衣片里料

按图示，缝合后背缝线，从后领中点向下 10 cm 到腰线不缝合，保证后背松量（图 5-3-24）。

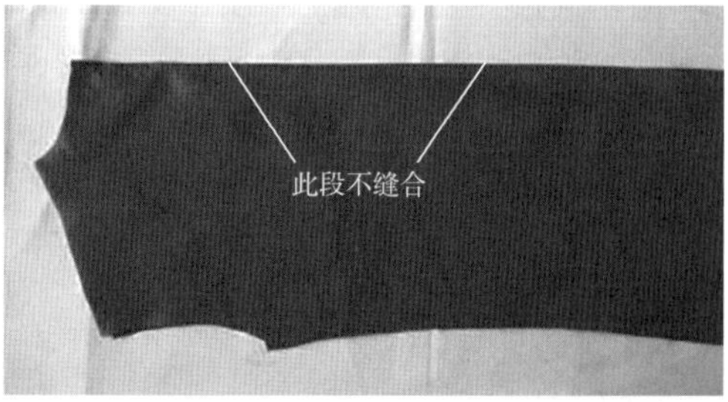

图 5-3-24 缝合后衣片里料

（五）缝合背侧缝线、肩线

① 对齐腰节线，将后片两个背侧缝与左右两个前片侧缝缉缝在一起，分缝烫平。

② 按净样线扣烫底摆，用手针绷缝固定。

③ 掀起胸衬，缝合面料肩线，注意后肩线吃势要均匀。分缝烫平肩线缝份，然后铺平胸衬，沿肩线绷缝固定胸衬。最后缝合里子肩线（图5-3-25）。

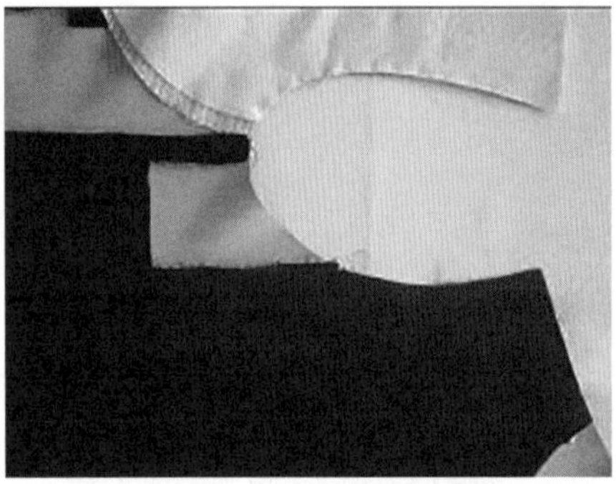

（a）

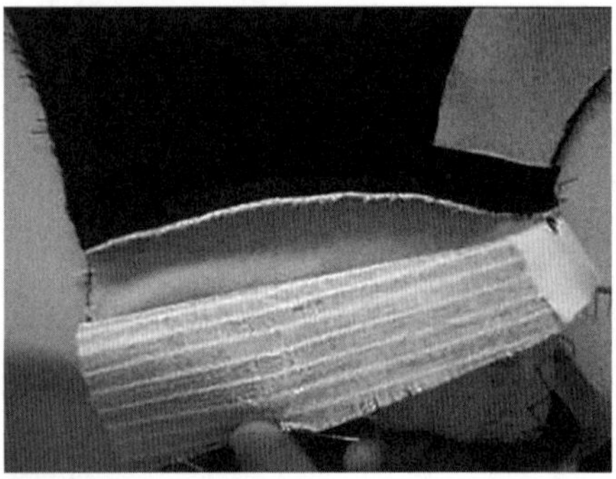

（b）

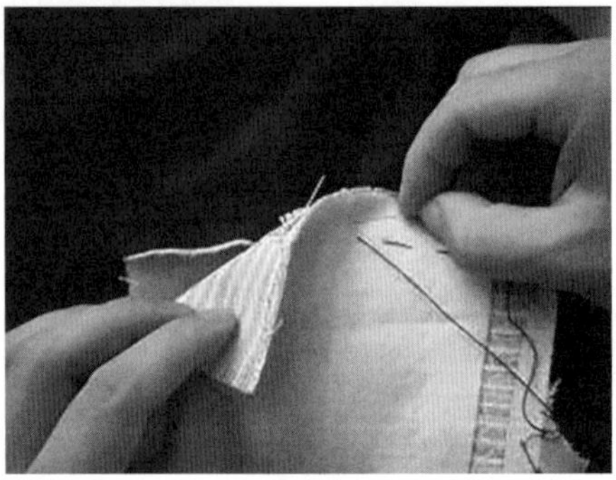

（c）

图5-3-25　缝合背侧缝线、肩线

（六）做领子

1. 缉领子

在领里反面画出领子净样线，正面相对，里在上、面在下，沿净样线缉缝。注意缝到领角位置时领面略吃［图5-3-26（a）］。

2. 清剪缝份

领面外口线保留0.5 cm的缝份，领里外口线保留0.3 cm的缝份［图5-3-26（b）］。

3. 翻转扣烫

将领面翻出，整烫领子，使领里外口线止口向里缩进 0.2 cm。

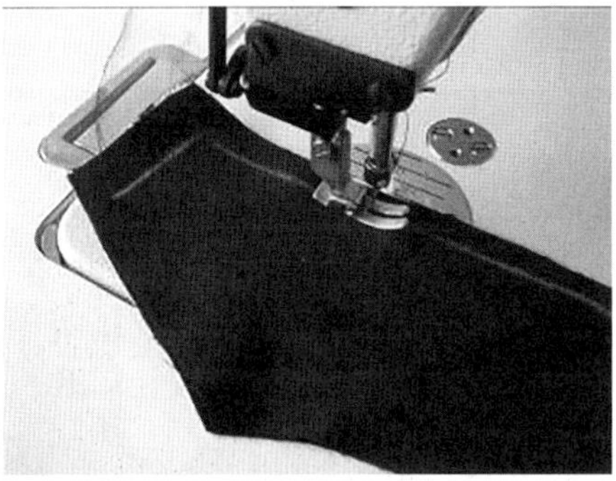

（a）

（b）

图 5-3-26 做领子

（七）绱领子

① 将衣片的正面朝里翻转，把做好的领子插入领口内，使领面正面与挂面正面相对，领里正面与衣片正面相对。对齐绱领标记后，分别缝合面、里的领口线［图 5-3-27（a）］。

② 分别将面、里领口线的缝份分开烫平，然后对齐缝份，用手针将里与面的领口线绷缝固定［图 5-3-27（b）］。

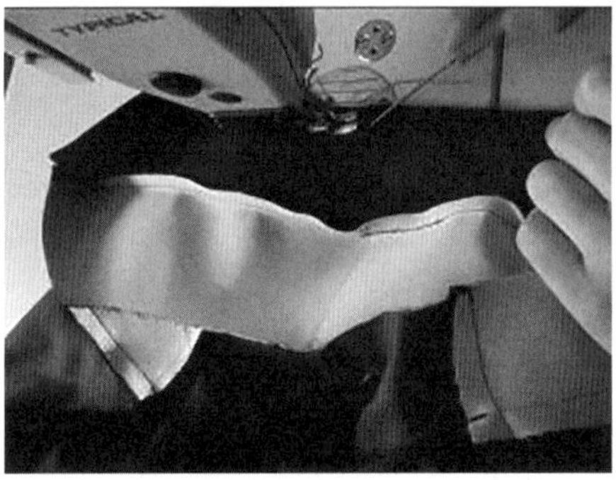

（a）

（b）

图 5-3-27 绱领子

（八）做袖子

1. 缝合前袖缝

将大、小袖片的前袖缝缝合并分缝烫平（图 5-3-28）。

2. 扣烫袖口

袖口按净缝线扣烫，把大袖开衩部位按外袖缝线扣烫。再按图示扣烫出对角线（图 5-3-29）。

图 5-3-28　缝合前袖缝

图 5-3-29　扣烫袖口

3. 做袖开衩

（1）做大袖开衩

从反面对折扣烫好的对角线，沿对角线缝合，布边处留 1 cm 打倒回针固定［图 5-3-30（a）、（b）、（c）］。

（2）清剪缝边

按 0.5 cm 缝份清剪袖衩缝边。分缝烫平并翻转到正面［图 5-3-30（d）、（e）］。

（3）做小袖开衩

在小袖片开衩部位，按袖口净样线向正面对折，按 1 cm 缝份缉缝，距袖口毛边 1 cm 处打倒回针固定，翻转到正面并烫平（图 5-3-31）。

（a）

（b）

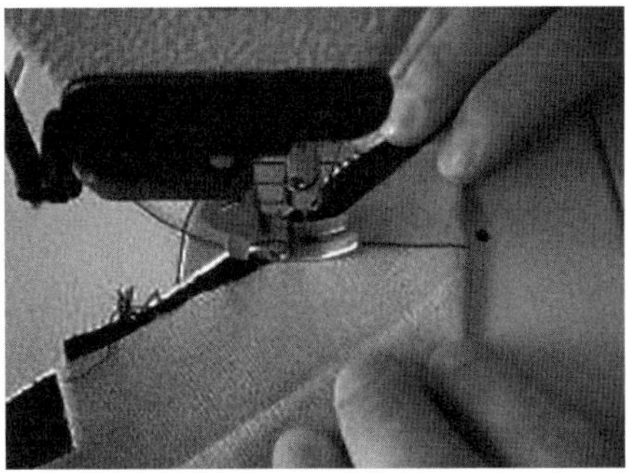

（c）

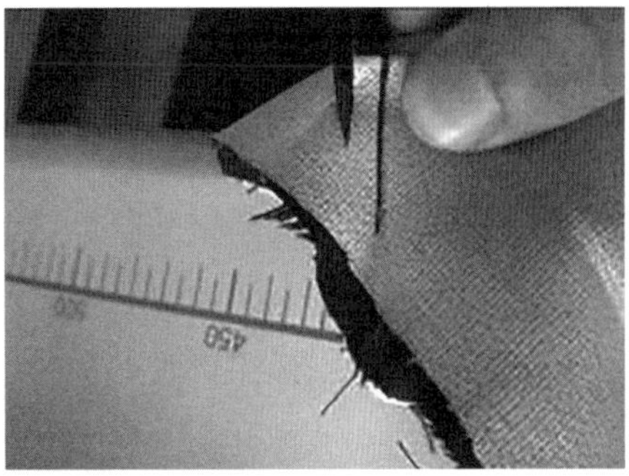

（d）

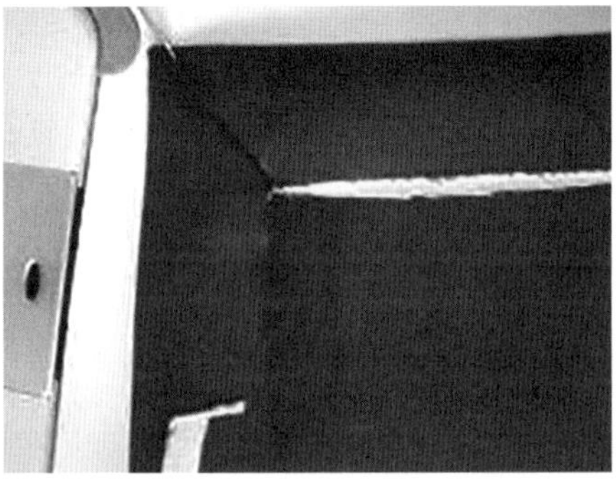

（e）

图 5-3-30　做大袖开衩、清剪缝份

（a）

（b）

图 5-3-31　做小袖开衩

4. 缝合后袖缝

按 1 cm 缝份缉缝后袖缝，注意对齐袖肘对位点和大、小袖衩止口点（图 5-3-32）。

5. 烫袖衩

开衩转弯处打剪口，扣烫开衩，开衩倒向小袖片（图 5-3-33）。

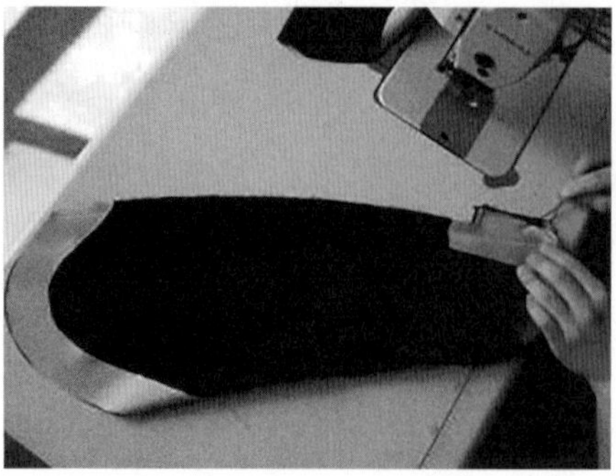

图 5-3-32 缝合后袖缝

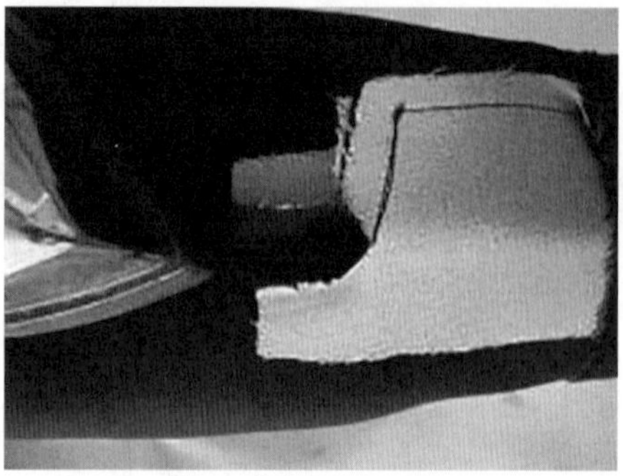

图 5-3-33 烫袖衩

6. 缝合袖里

缝合袖里前后袖缝，小袖片朝上，面与里的后袖缝放置在同一边，面袖口与里袖口对齐，按图所示，对齐袖缝，面和里正面相对，按 1 cm 缝份缝合袖口下摆［图 5-3-34（a）、（b）］。

7. 整烫袖片

把袖里翻到正面，整烫袖片，袖里在袖口处留出 1 cm 松量，作为胳膊穿脱袖子时伸缩的活动松量［图 5-3-34（c）］。

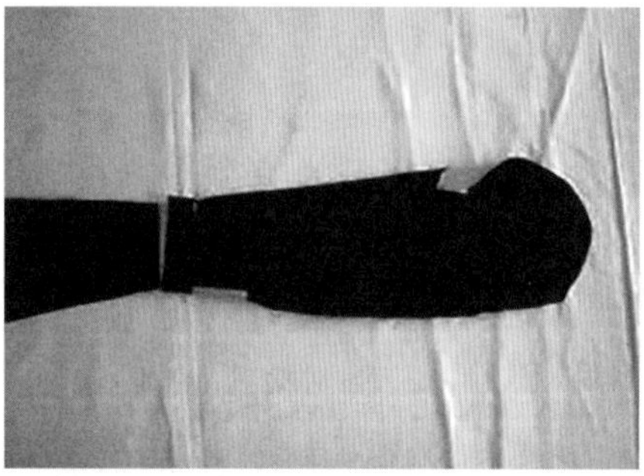

（a）

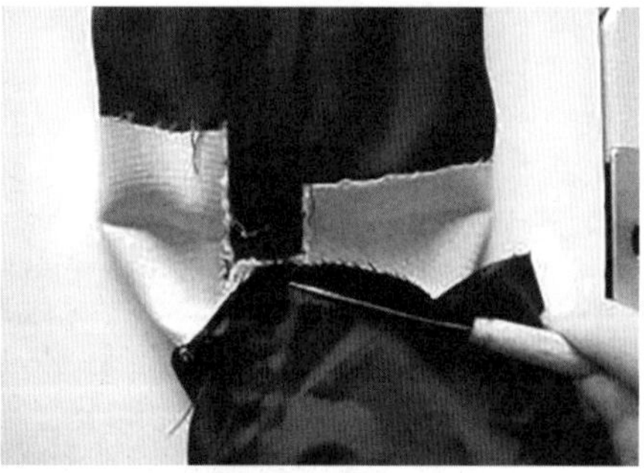

（b）

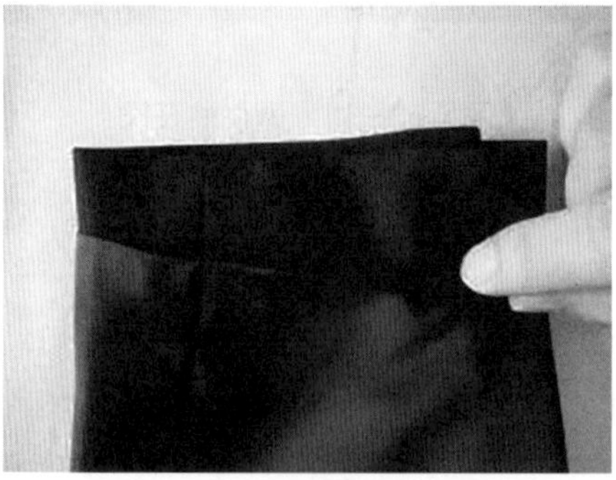

（c）

图 5-3-34 缝合袖里

（九）绱袖子

1. 抽袖山

用粗棉线距离缝边 0.3 cm 拱缝袖山弧线，针距 0.2 cm，然后抽缩吃势，使袖山弧线与袖窿弧线等长（图 5-3-35）。

2. 绷缝袖子

将抽好袖山的袖子和袖窿用粗棉线绷缝固定。注意对齐绱袖对位点（图 5-3-36）。

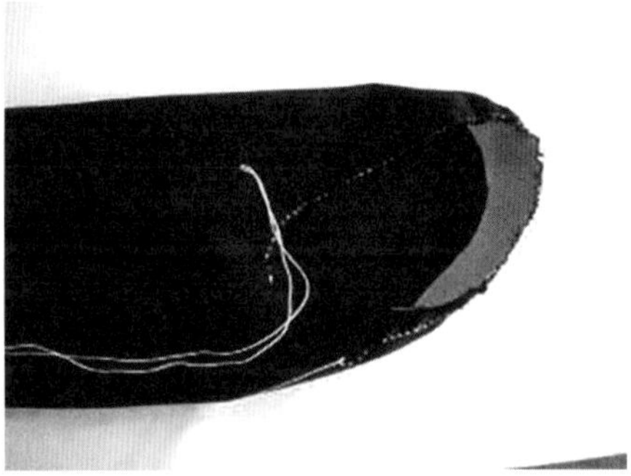

图 5-3-35　抽袖山

图 5-3-36　绷缝袖子

3. 绱袖子

袖子绷缝好以后，用手托起肩头，检查绷好的袖子是否符合要求，吃势是否均匀、圆顺。然后衣身在下、袖片在上，沿袖山弧线按 1 cm 缝份进行缉缝（图 5-3-37）。

4. 绱弹袖条

为了让袖山头饱满，造型更美观，在袖山肩头部位缉缝弹袖条，裁剪长 40 cm、宽 20 cm 的黑炭衬做弹袖条（图 5-3-38）。

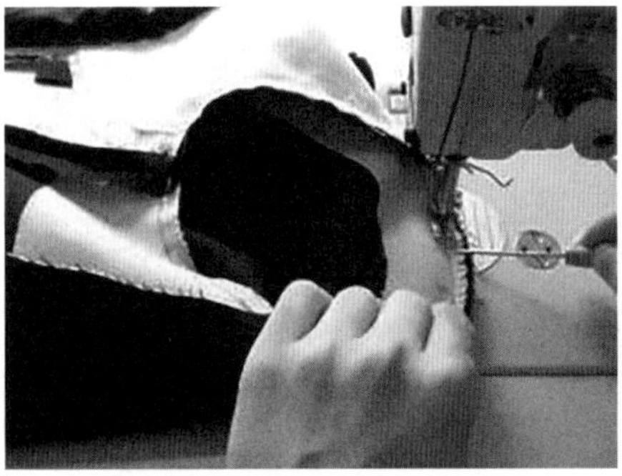

图 5-3-37　绱袖子

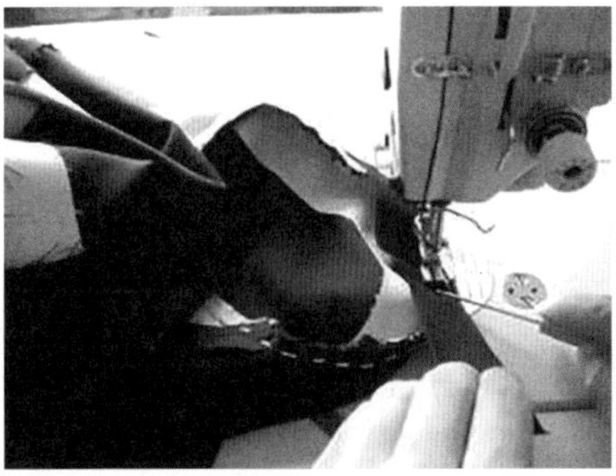

图 5-3-38　绱弹袖条

5. 绱垫肩

把垫肩对折，中点对准肩峰，垫肩探出装袖线 1 cm，粗棉线用倒勾针绷缝垫肩，线迹不宜过紧（图 5-3-39）。

6. 绱袖里

抽缩袖里的袖山，与里子袖窿进行缝合（图 5-3-40）。

图 5-3-39 绱垫肩

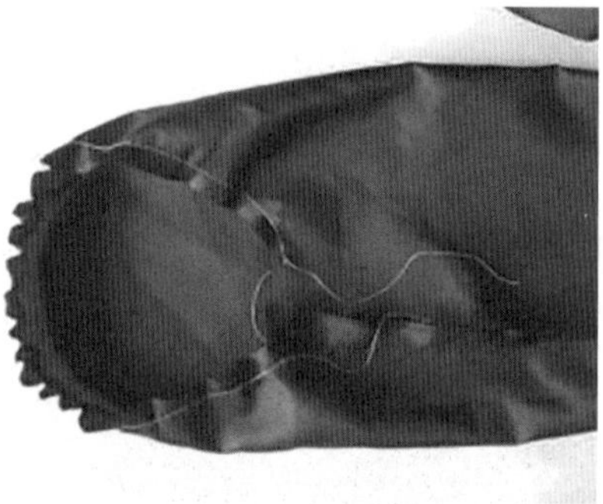

图 5-3-40 绱袖里

（十）做底摆

从反面对齐面与里的背缝、肋省缝、侧缝，按 1 cm 缝份缉缝底摆，然后翻折底摆毛缝用缲针固定底摆，里子底摆扣烫 1 cm 松量（图 5-3-41）。

（十一）翻衣片

从里子前袖缝处拆开 20 cm，两端缉倒回针固定，从此处把衣服翻到正面，然后用细针脚缲缝拆开的口子（图 5-3-42）。

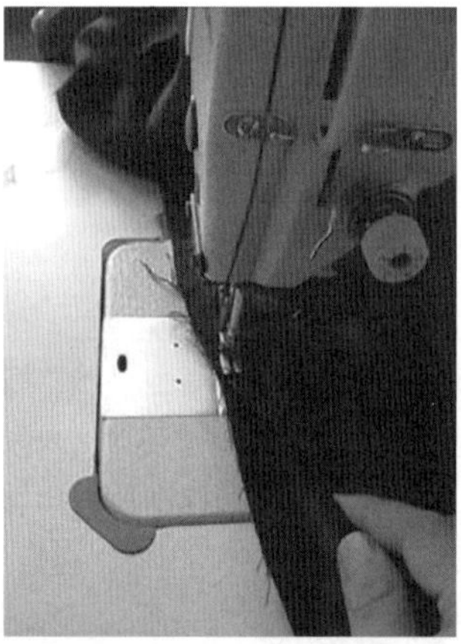

图 5-3-41 做底摆

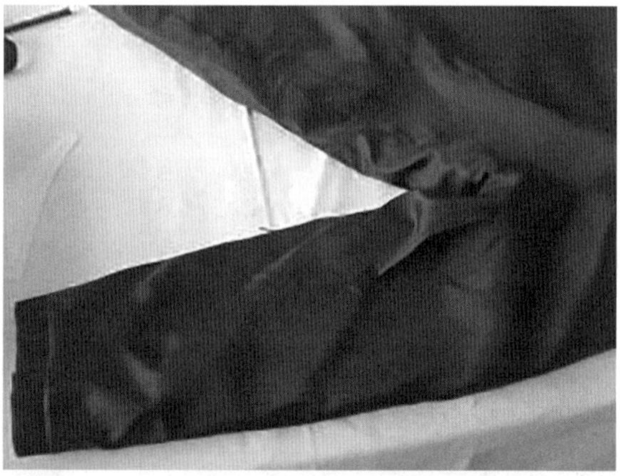

图 5-3-42 翻衣片

（十二）钉扣整烫

在左衣片前中心线上锁横向扣眼，长度为扣子的直径与厚度之和；在右衣片前中心线上钉缝扣子；袖开衩处钉三粒扣。整烫平服，完成效果见图 5-3-43。

图 5-3-43　钉扣整烫

拓展学习

海派西服是中国现代服装文化的代表之一，其形成得益于上海本地裁缝业的快速发展和技术革新。上海的裁缝们不仅继承了中国传统服装的制作技艺，还吸收了欧洲西装的先进工艺，如立体剪裁、合体度高、线条流畅等。他们在实践中不断探索和创新，将中西服装工艺巧妙地结合起来，形成了独具特色的海派西服。

海派西服在版型设计上更加注重人体工学，追求舒适与美观的完美结合；在面料选择上，倾向于使用质地细腻、手感舒适的高级面料，如羊毛、丝绸等。此外，海派西服非常重视手工制作的精细程度，如培罗蒙品牌的西服制作要求达到 15 个字的标准，包括外观上的平、直、戤、登、挺，内涵上的胖、窝、圆、服、顺等。同时，在装饰细节上展现出独特的创意，如精美的纽扣、独特的口袋设计等，这些都体现了海派文化的精致和时尚。海派西服在继承传统工艺的基础上，还积极吸收现代工业技术的先进元素，如使用高科技量体裁衣技术，并在设计制作时充分考虑顾客的喜好，确保每一件作品都能满足顾客的独特需求。海派西服不仅是服装的一种风格，更是中西文化交流的产物，它将中国传统文化的含蓄柔美与20世纪初时髦女郎的形象结合起来，展现了一种独属于中国文化的时髦摩登。

海派西服的优良工艺对中国服装行业的发展产生了深远的影响。它不仅推动了中国西装工艺的现代化进程，还提升了中国服装品牌的国际竞争力。海派西服的制作技艺和审美观念也为后来的服装设计师提供了重要的参考和启示，促进了中国服装设计的多元化和个性化发展。传统工艺与现代设计的结合是创新发展的重要途径。在全球化的背景下，我们应该积极借鉴和融合不同文化的优秀元素，不断创新和完善自己的工艺，以适应不断变化的市场需求。同时注重传承和弘扬传统工艺，让它们在现代社会中焕发新的生机与活力。

第六章　连身服装缝制工艺

第一节　连衣裙制作

一、款式特点

本款连衣裙外轮廓呈X型，腰部略收，下摆展开，前后均为方领口，装领口贴边，泡泡袖，后中装隐形拉链，前后片各有两条纵向分割线，裙长及膝，裙摆自然下垂（图6-1-1）。

图6-1-1　连衣裙款式图

二、规格与结构设计

（一）规格设计

1. 主要部位规格（表6-1-1）

表6-1-1　连衣裙主要部位规格表　　单位：cm

名称	裙长	腰节	胸围	领围	肩宽
规格	106	40	96	38	40

2. 细部规格（表 6-1-2）

表 6-1-2　连衣裙细部规格表　　单位：cm

名称	袖长	袖克夫宽	领口贴边宽
部位	25	3	7

（二）结构设计

1. 连衣裙基本结构图

图 6-1-2 为此款连衣裙的基本结构图。

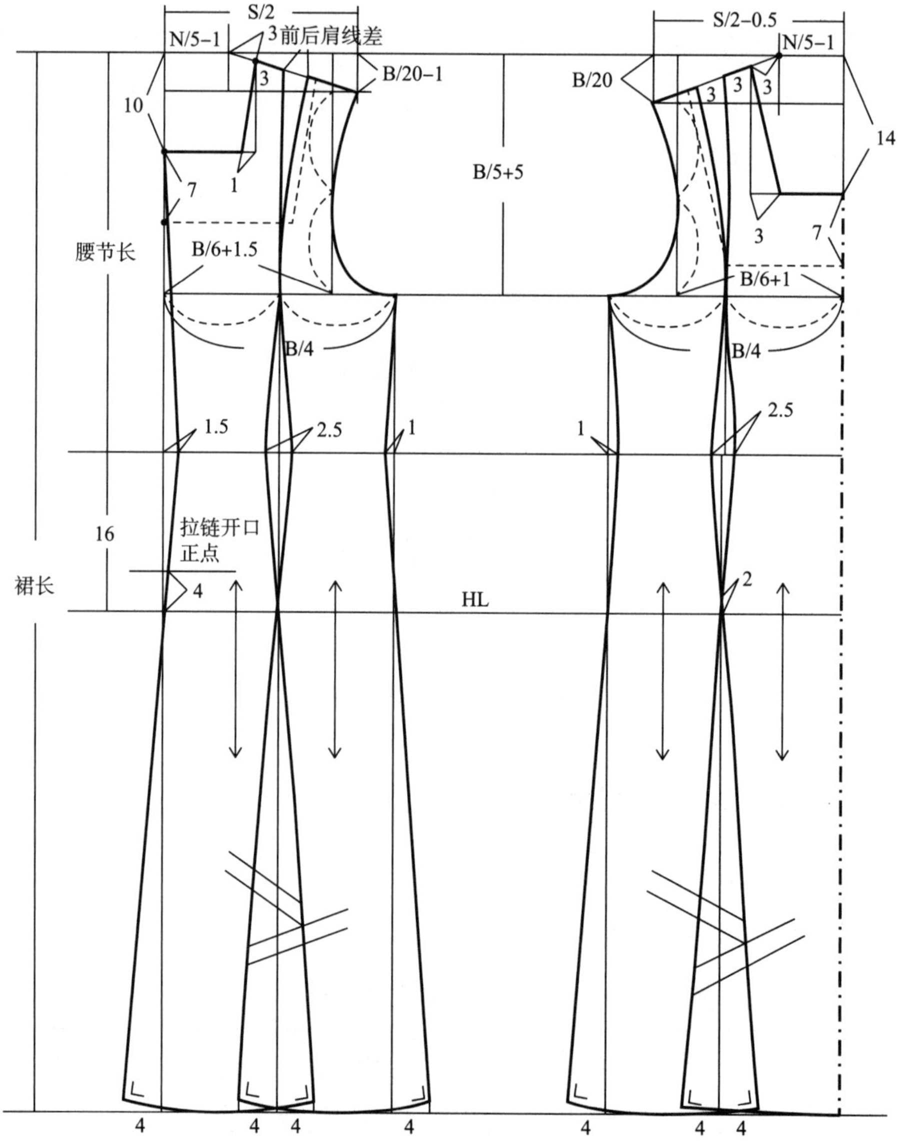

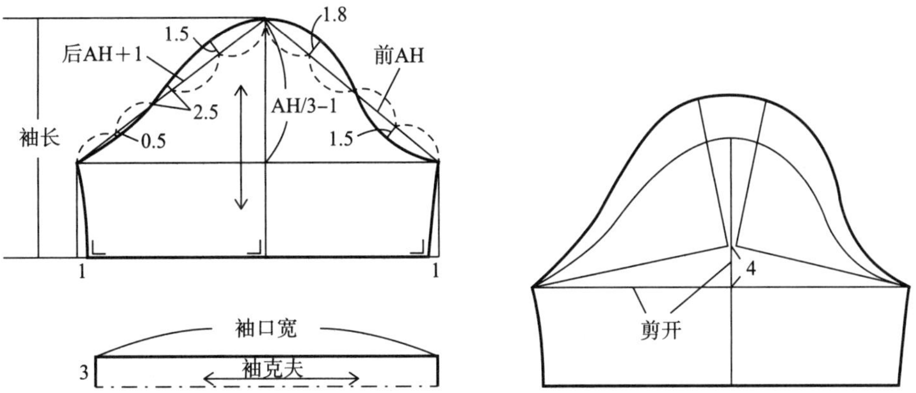

图 6-1-2　连衣裙基本结构图

2. 连衣裙净样图

图 6-1-3 为在连衣裙基本结构图的基础上，按照连衣裙的款式要求，分解出的净样图。为了防止成品出现光泽度不一致的现象和色差现象，纱向线采用单箭头表示。

为了使连衣裙的袖子呈泡泡袖的效果，袖片在设计的过程中，采取旋转展开的方法设计袖片，把基础袖片按照图中所示辅助线进行剪开，展开量为 4 cm。

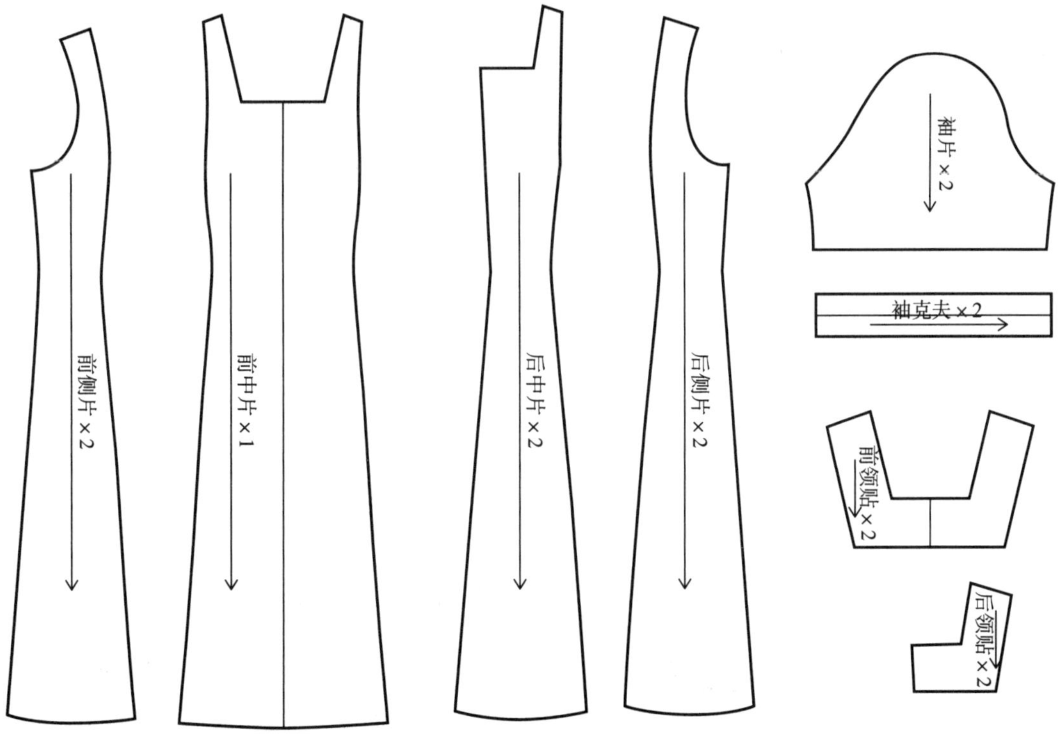

图 6-1-3　连衣裙净样图

3. 连衣裙毛样图

图 6-1-4 为连衣裙净样图的基础上，根据连衣裙的款式要求及制作工艺要求，加放缝份而成的毛样图。后中需装隐性拉链，下摆加放 3 cm 缝份。其余地方缝份的加放见图 6-1-4。为了防止成品出现光泽度不一致的现象和色差现象，纱向线采用单箭头表示。图中未特别标明的部位放缝量均为 1 cm。

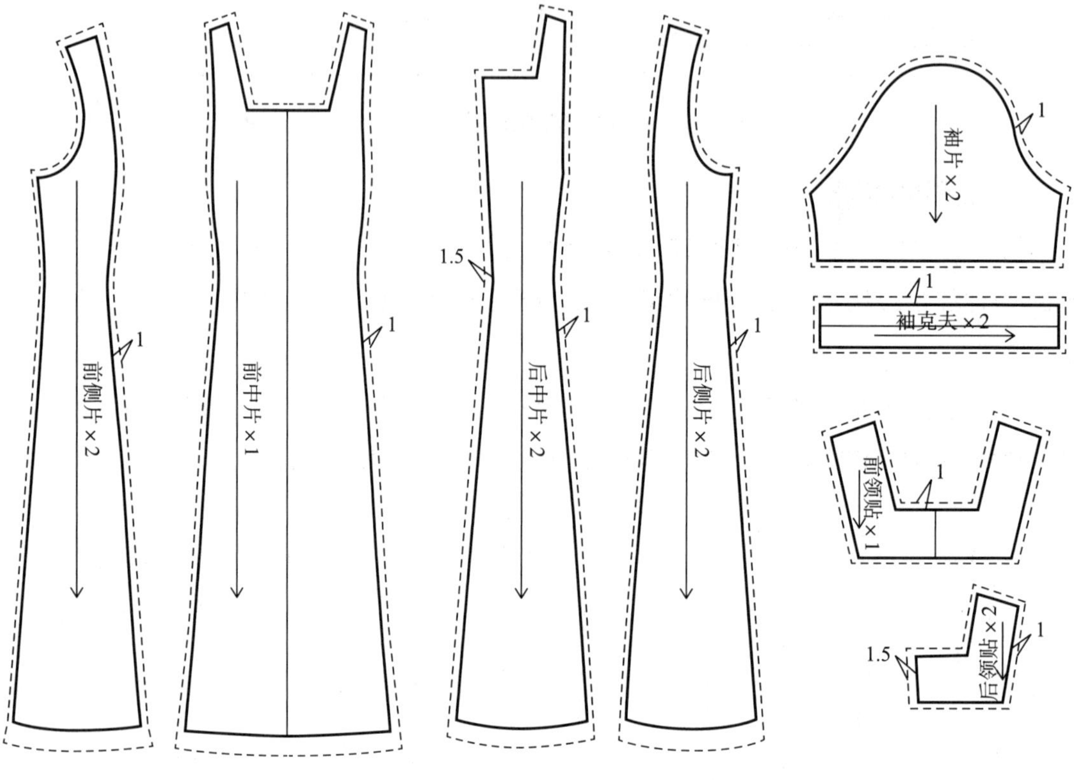

图 6-1-4 连衣裙毛样图

三、排料设计

图 6-1-5 为连衣裙排料图，是按照连衣裙毛样板各部位对纱向的要求，在幅宽为 144 cm 的面料上，将面料正面对折，按照排料要求进行紧密套排形成的排料图。为了防止成品出现光泽度不一致的现象和色差现象，纱向线采用单箭头表示。

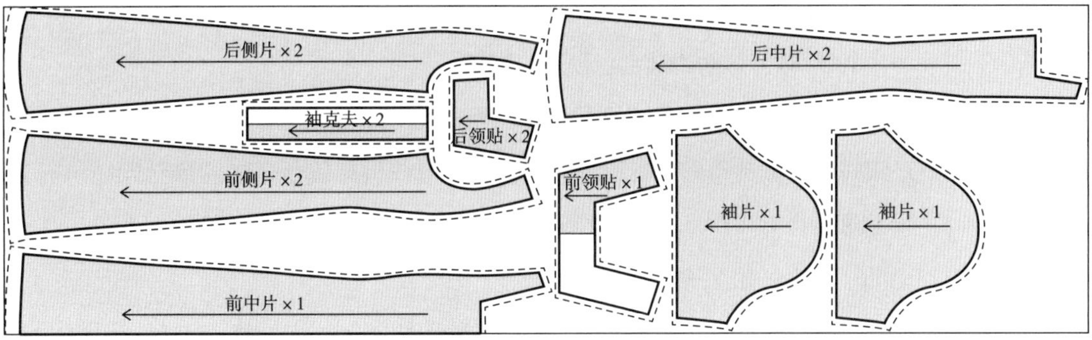

图 6-1-5　连衣裙排料图

四、缝制工艺设计

（一）前裙片制作

前裙片缝合、锁边、熨烫：平缝前片分割线，前中片与前侧片正面相对，在胸点附近略吃进前中片，腰节部位两片刀眼对齐从一端开始车缝［图 6-1-6（a）］。为防止边缘脱散，再用锁边机将缝合好的两条分割线进行锁边［图 6-1-6（b）］，然后进行熨烫，注意胸部熨烫出胸部曲面［图 6-1-6（c）］。

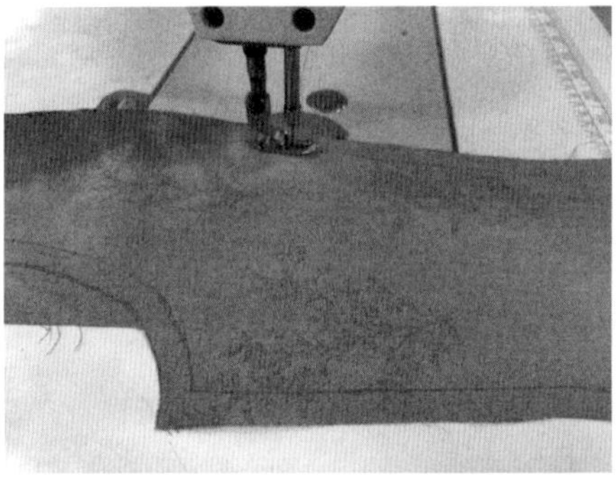

（a）

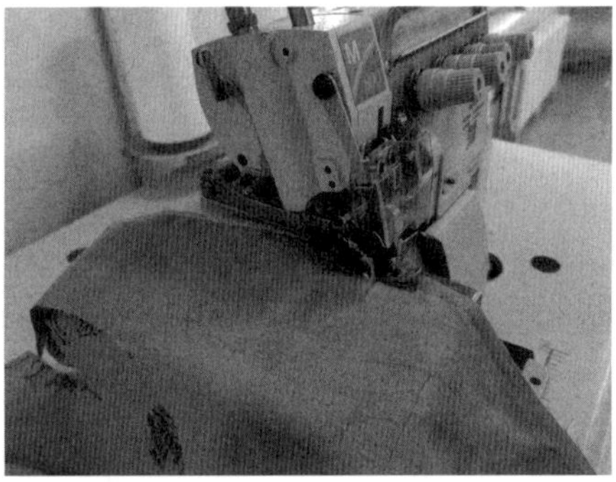

（b）

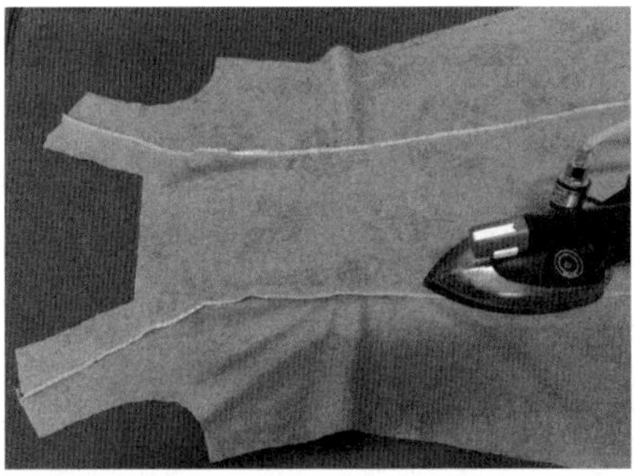

（c）

图 6-1-6　前裙片制作

（二）后裙片制作

1. 后裙片分割线缝合、锁边、熨烫

将后中片和后侧片正面相对，由下向上平缝后分割线，注意腰节部位两片刀眼对齐［图6-1-7（a）］，缝合后再用包缝机将缝合好的两条分割线进行锁边［图6-1-7（b）］，然后进行熨烫，左右分割线分别向侧缝烫倒［图6-1-7（c）］，腰部注意拔开。

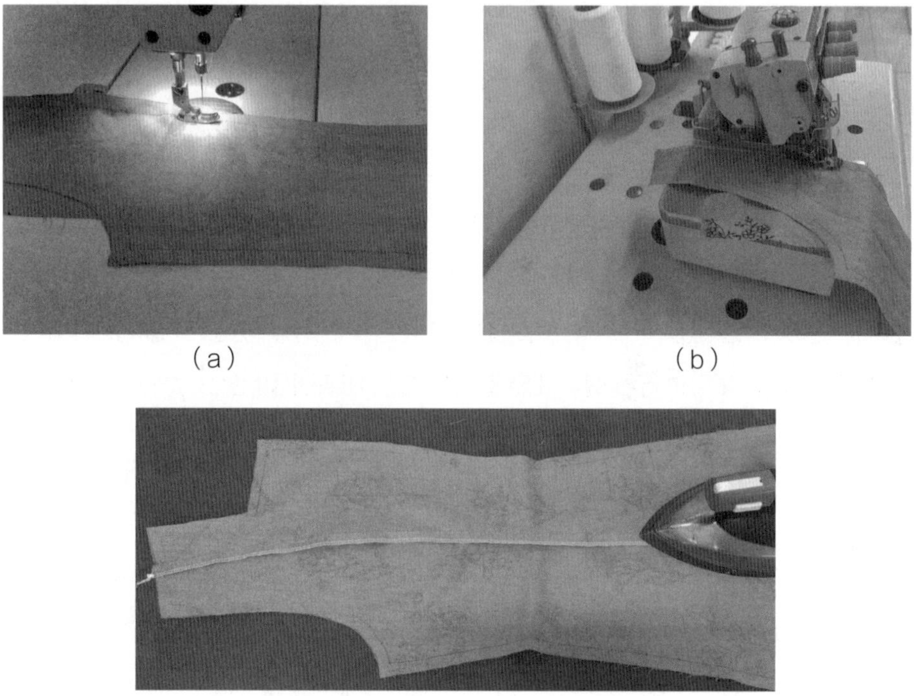

（a）　（b）

（c）

图6-1-7　后裙片分割线缝合、锁边、熨烫

2. 后裙片后中线黏衬、锁边

在左、右后中片装拉链的位置黏2.5 cm宽黏合衬，为防止后裙片后中心线边缘脱散，将后裙片的后中片正面朝上锁边（图6-1-8）。

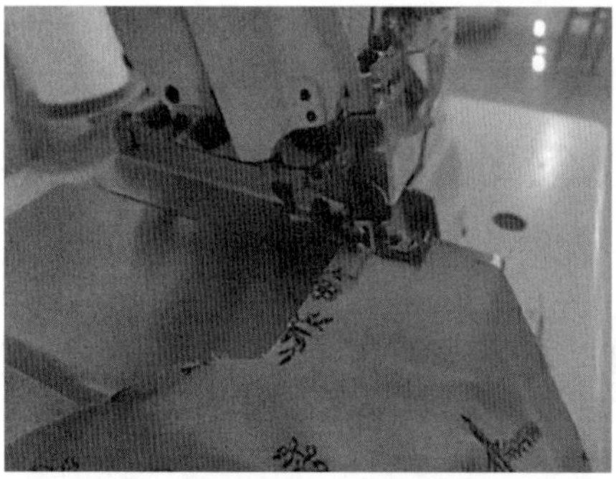

图6-1-8　后裙片后中线黏衬、锁边

3. 后裙片后中线缝合、熨烫

首先将两后中片的正面相对，对齐背中线，由拉链开口位置向下缝至

底摆线，缝份为 1.5 cm，留出绱隐性拉链位置，并将绱隐性拉链的地方按照净缝线扣烫好，用熨斗将背缝烫分开缝（图 6-1-9），注意拉链开口位置打倒回针缉缝牢固。

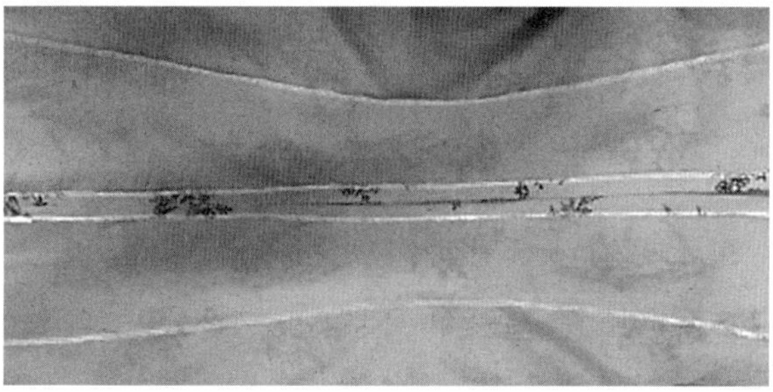

图 6-1-9　后裙片后中线缝合、熨烫

4. 装拉链

用熨斗将隐形拉链轻烫，再将拉链的两边分别与左、右后中片正面相对，拉链上口并齐后中片领口，拉链齿边与净缝对齐，可先用手针做临时固定，再用单边压脚沿齿边将拉链与裙身缉合，起、止点打倒回针。绱隐性拉链时，缉线要紧贴拉链的边缘 [图 6-1-10（a）]，装好拉链后，翻正左、右后裙片，熨烫平整 [图 6-1-10（b）]。

（a）

（b）

图 6-1-10　装拉链

（三）组合缝制

1. 前、后片肩缝缝合

将前、后裙片的正面相对，对齐肩线沿净样线车缝，缝份为 1 cm，缝合时注意后肩线略缩缝一些 [图 6-1-11（a）]，然后将前后肩缝一起锁边 [图 6-1-11（b）]，再将缝份向后片坐倒烫平 [图 6-1-11（c）]。

（a）　（b）　（c）

图 6-1-11　前、后片肩缝缝合

2. 前、后侧缝缝合

将前、后裙片的正面相对，对齐侧缝边缘，按照 1 cm 的缝份车缝侧缝线 [图 6-1-12（a）]，缝合完进行锁边 [图 6-1-12（b）]。

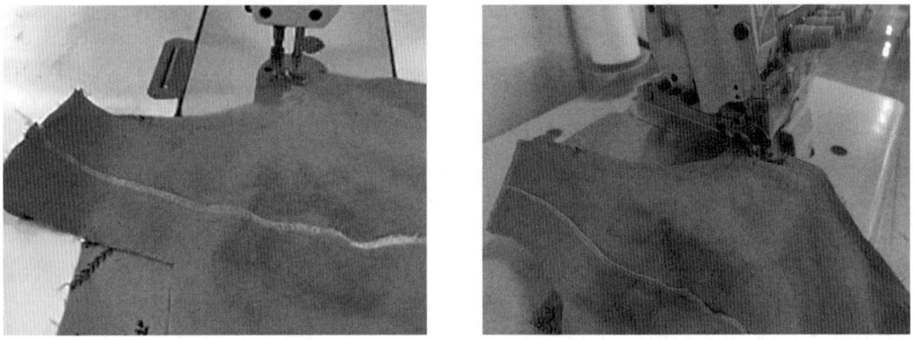

（a）　（b）

图 6-1-12　前、后侧缝缝合

3. 装领口贴边

（1）将前、后领口贴边黏无纺衬 [图 6-1-13（a）]，然后将前、后领贴外边沿进行锁边 [图 6-1-13（b）]。前后领贴正面相对，将肩缝按 1 cm 缝份缝合 [图 6-1-13（c）]，再将缝份分缝烫平 [图 6-1-13（d）]。

（2）将做好的领贴与衣身的领口按照对位点进行缝合，缝份 1 cm [图 6-1-14（a）]，缝合完进行锁边 [图 6-1-14（b）]，并在拐角处打剪口，以便领贴翻正后保持平服。

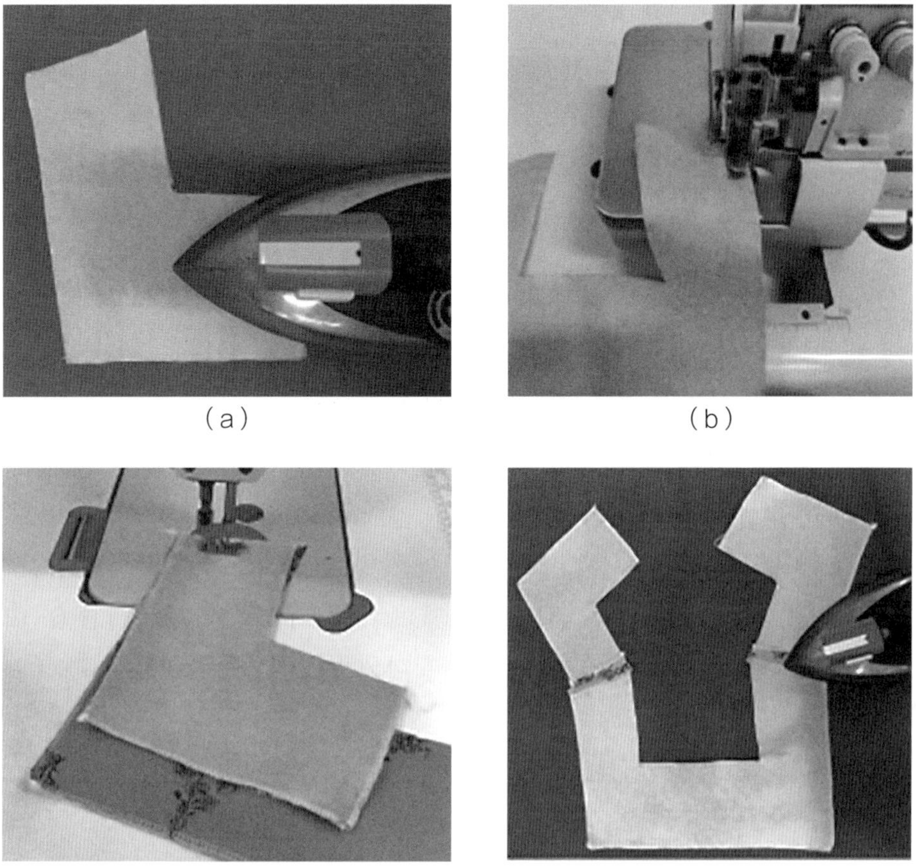

（a）　（b）　（c）　（d）

图 6-1-13　前、后领口贴边黏衬

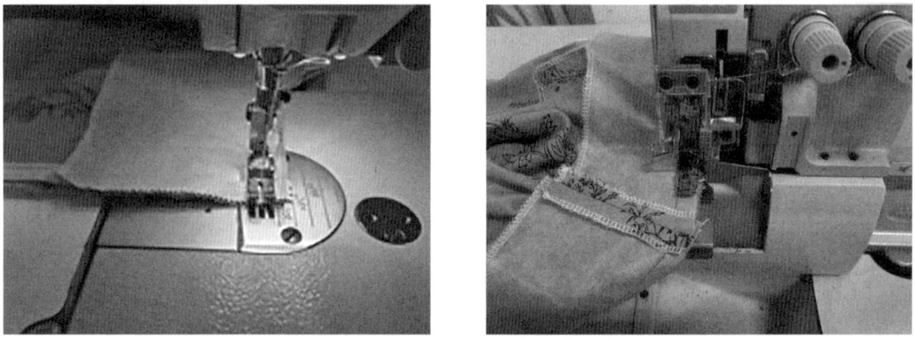

（a）　（b）

图 6-1-14　缝合领口贴边

（3）领口与领贴缝合之后，还需将领贴与后中片绱拉链部位进行缝合固定，换成单边压脚缝制，翻正领贴，熨烫平整（图 6-1-15）。

（a）

（b）

图 6-1-15 部位缝合绱拉链

4. 做袖、绱袖

（1）袖山抽褶

将裁好的袖片按照对位标记打好剪口［图 6-1-16（a）］，将缝纫机针距调到最大，在袖山头做标记的范围内车缉 0.3 cm 和 0.6 cm 两道缝线［图 6-1-16（b）］，起针和结束留出线头，按褶量要求抽碎褶，注意左右袖抽褶一致［图 6-1-16（c）］。

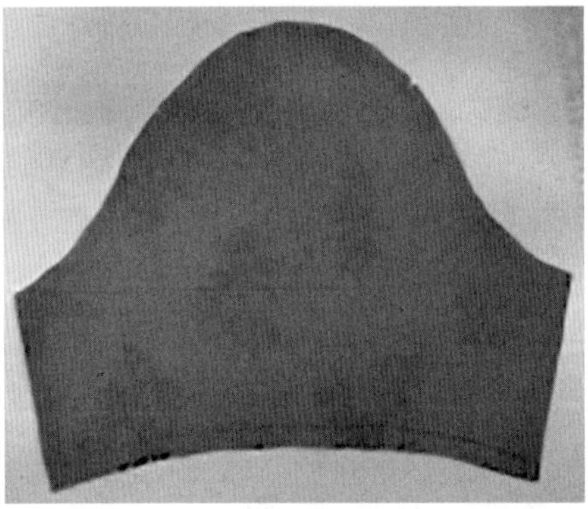
（a）

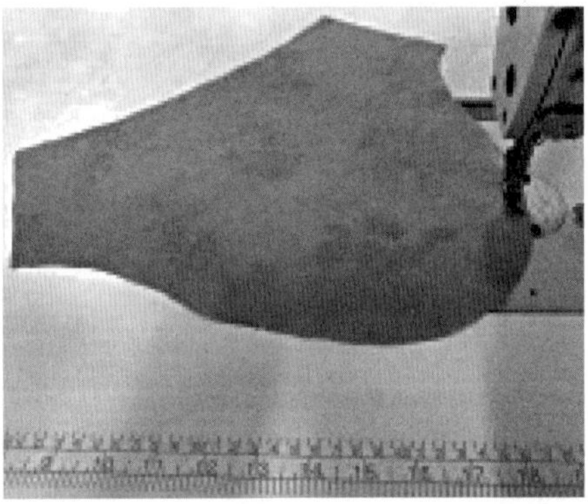
（b）

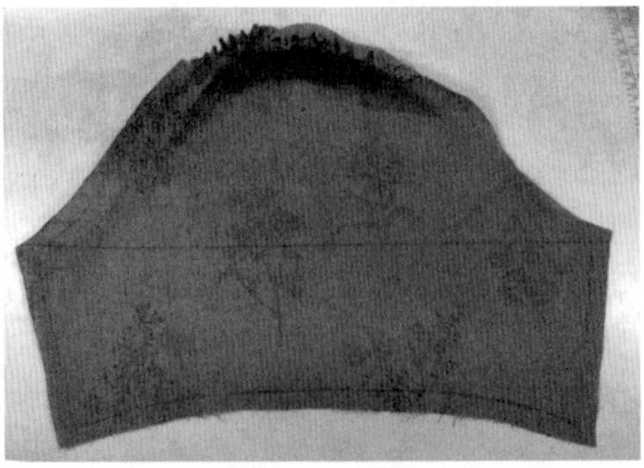
（c）

图 6-1-16 做袖、绱袖

（2）缝合袖底缝

将抽过褶的袖片袖底缝相叠，缉缝 1 cm 缝份，注意上下片松紧适宜，缝合完进行双层锁边，缝份倒向后袖熨烫平服（图 6-1-17）。

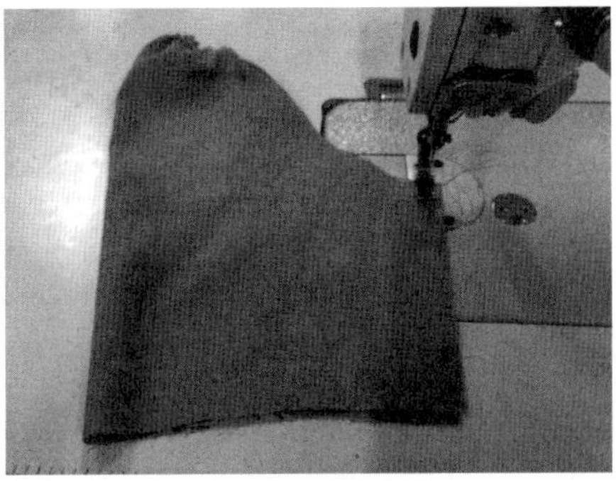

（a）

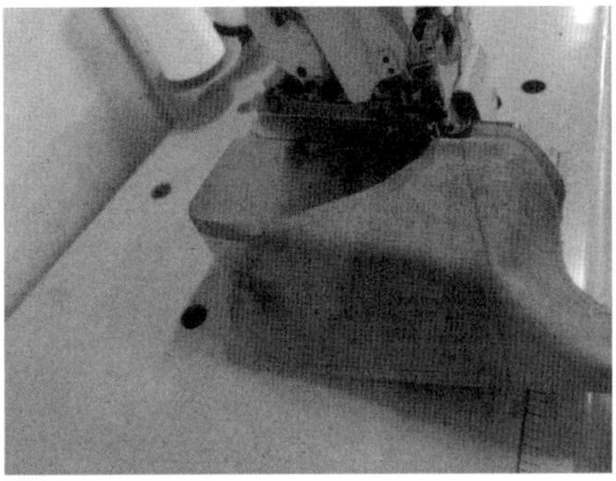

（b）

（c）

图 6-1-17　缝合袖底缝

（3）做袖克夫

袖克夫反面黏衬［图 6-1-18（a）］，在袖克夫的反面画净缝线，缝份留 1 cm，对折扣烫袖克夫缝份，里层比外层多 0.1 cm［图 6-1-18（b）、（c）］。袖克夫正面相叠，将连接处缝合在一起，并进行分缝熨烫［图 6-1-18（d）、（e）］。

（a）

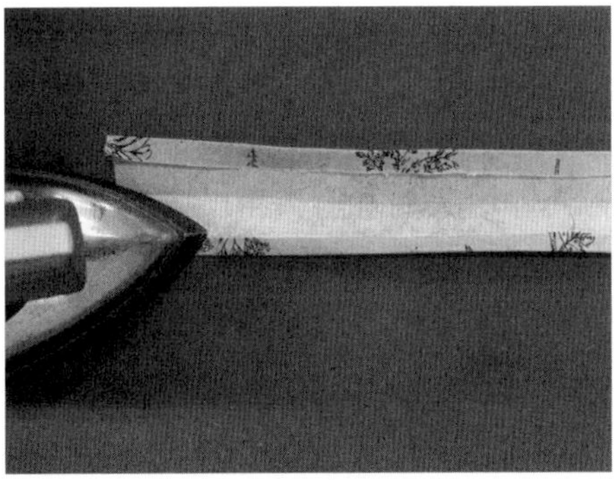

（b）

（c）

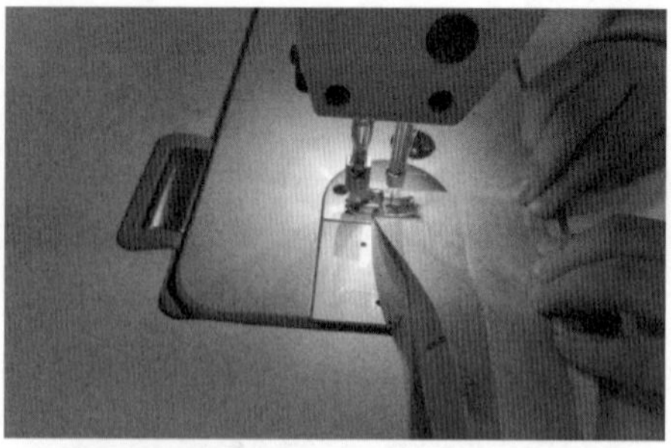

（d）

（e）

图 6-1-18　做袖克夫

（4）绱袖克夫

将袖克夫放在袖片正面的袖口上，使袖克夫面与袖口正面对齐，按 1 cm 车缝 [图 6-1-19（a）]；将袖克夫翻到袖片反面，把缝份倒向袖克夫，同时使袖克夫沿中缝扣转，刚好盖住袖克夫面缝合线，在袖克夫正面沿止口车缝 0.1 cm 明线固定 [图 6-1-19（b）]。

（a）

（b）

图 6-1-19　绱袖克夫

（5）绱袖

将袖片正面与衣片正面相对，袖片放上，袖山点对准衣片的肩线，从袖底开始沿净线车缝，结束时要叠缝几针，注意车缝时不要拉伸、移位，缝合完进行包缝锁边（图 6-1-20）。

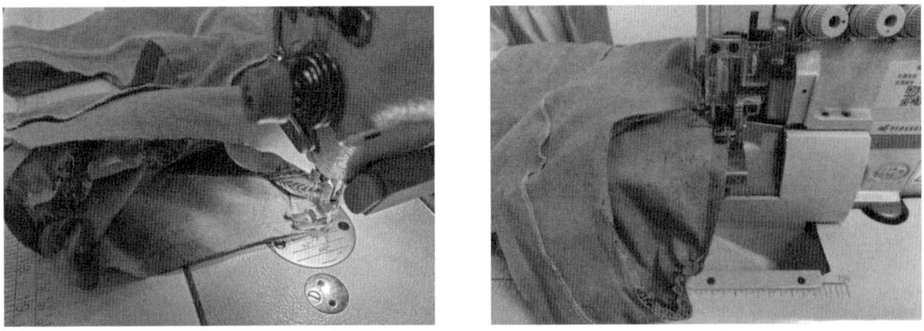

（a）　　　　　　　　　　（b）

图 6-1-20　绱袖

4. 缝合底摆

底摆进行折边缝，下摆一圈先锁边，扣烫 1 cm，再扣烫 2 cm，然后底边车缝 0.1 cm 明线固定止口（图 6-1-21）。要求底边缉线顺直，止口圆顺，熨烫平服。

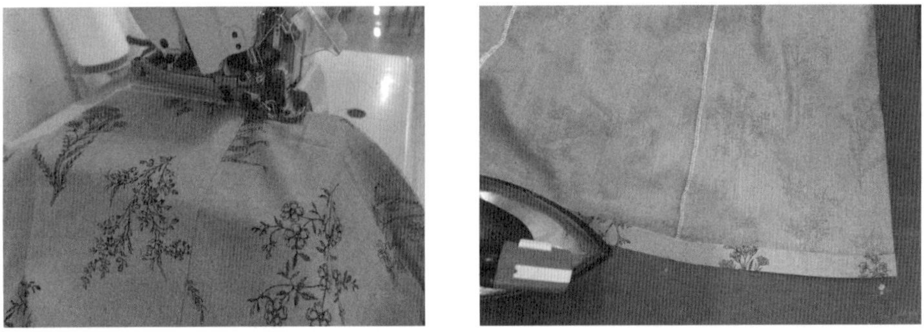

（a）　　　　　　　　　　（b）

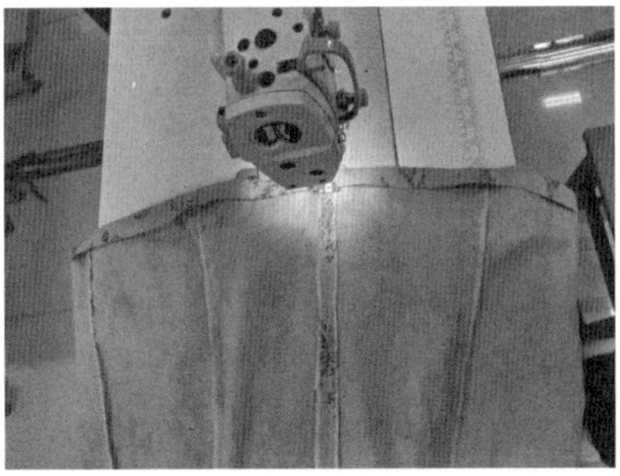

（c）

图 6-1-21　缝合底摆

（四）整烫

1. 烫分割缝、侧缝

在连衣裙的反面将侧缝倒向后片烫平理顺，腰节处适当拔伸，穿着后造型立体、腰吸自然。

2. 烫领口、袖口

连衣裙前后领口里、外熨烫平整，贴边不起翘、不外翻，袖口熨烫平服。

3. 烫底边

将底摆放在烫凳上熨烫定型，折边圆顺，不起皱。

第二节　旗袍缝制工艺

一、款式特点

旗袍是最能表达中国女性端庄柔美特点的传统服装，现代旗袍较紧身，能体现女性曲线美，本款旗袍为偏圆大襟，立领，无袖，两侧开衩，收有腰省、腋下省，领口偏襟，领子上口滚边，门襟钉葡萄扣（图6-2-1）。

图 6-2-1　旗袍款式图

二、规格与结构设计

（一）规格设计

1. 主要部位规格（表 6-2-1）

表 6-2-1　旗袍主要部位规格表　　单位：cm

名称	号型	衣长	胸围	臀围	背长
规格	160/82A	120	92	94	38

2. 细部规格（表 6-2-2）

表 6-2-2　旗袍细部规格表　　单位：cm

名称	开衩位置	盘扣长度	领宽	领围
规格	臀围线下 20 cm	6	3	40

（二）结构设计

1. 旗袍基本结构图（文化式原型制图法）

图 6-2-2 为此款旗袍的基本结构图，里料与面料等长。把面料、里料以及前片、后片、袖片集中在一起画，能够更好地理解旗袍的款式结构及制图原理。

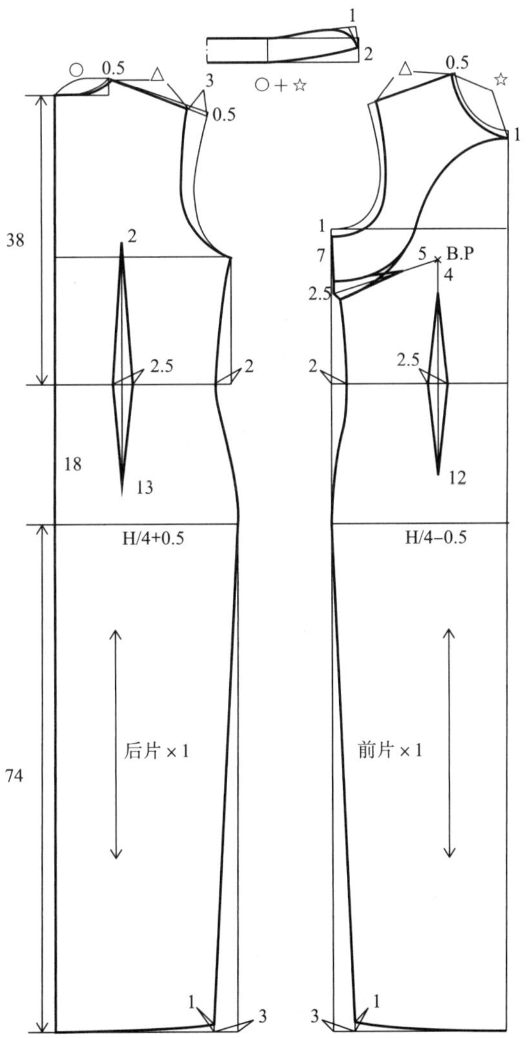

图 6-2-2　旗袍基本结构图

2. 旗袍净样图（面）

图6-2-3为在旗袍基本结构图的基础上，按照款式要求，分解出的净样图，不包括缝份。为了防止成品出现光泽度不一致的现象和色差现象，纱向线采用单箭头表示。

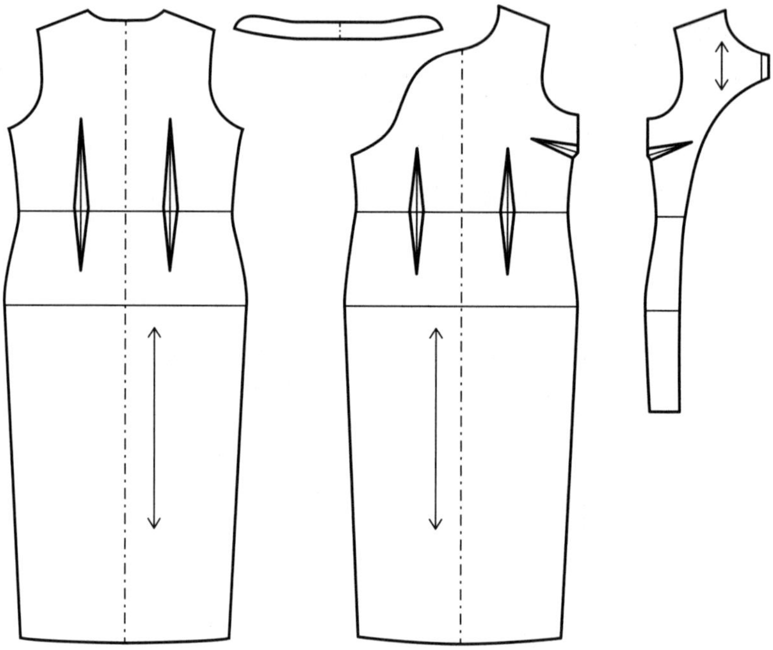

图6-2-3 旗袍净样图（面）

3. 旗袍毛样图（面）

图6-2-4为在旗袍净样图（面）的基础上，根据款式要求及制作工艺要求，加放缝份而成的毛样图（面）。为了防止成品出现光泽度不一致的现象和色差现象，纱向线采用单箭头表示。

4. 旗袍净样图（里）

图6-2-5为在旗袍基本结构图的基础上分解出的净样图（里）。为了防止成品出现光泽度不一致的现象和色差现象，纱向线采用单箭头表示。

5. 旗袍毛样图（里）

图6-2-6为在图6-2-5旗袍净样图（里）的基础上结合款式的要求在各部位加放相应的缝份而成的旗袍毛样图（里）。为了防止成品出现光泽度不一致的现象和色差现象，纱向线采用单箭头表示。

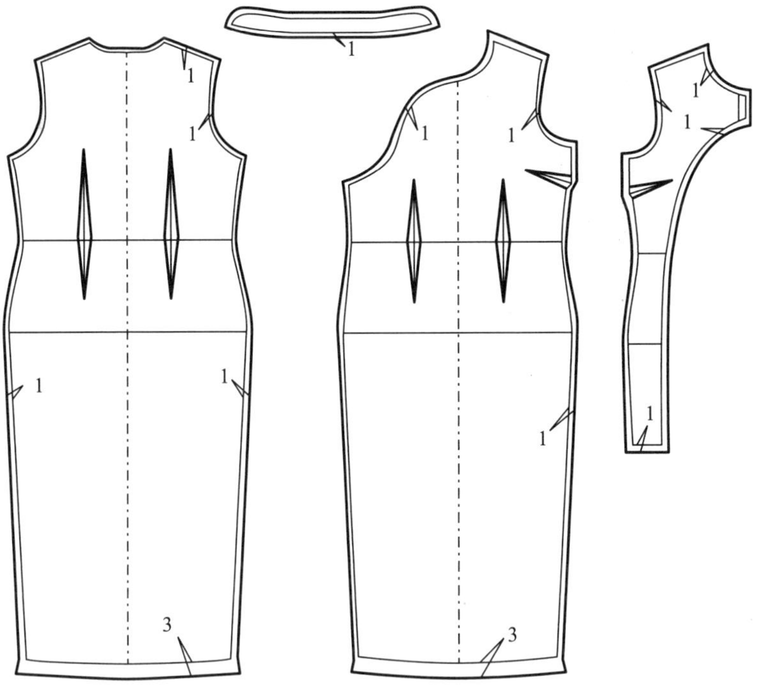

图 6-2-4 旗袍毛样图（面）

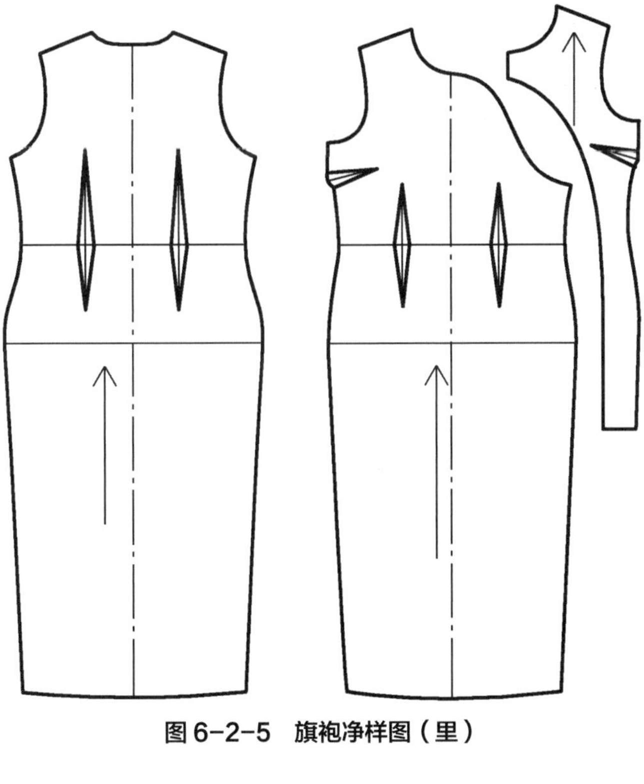

图 6-2-5 旗袍净样图（里）

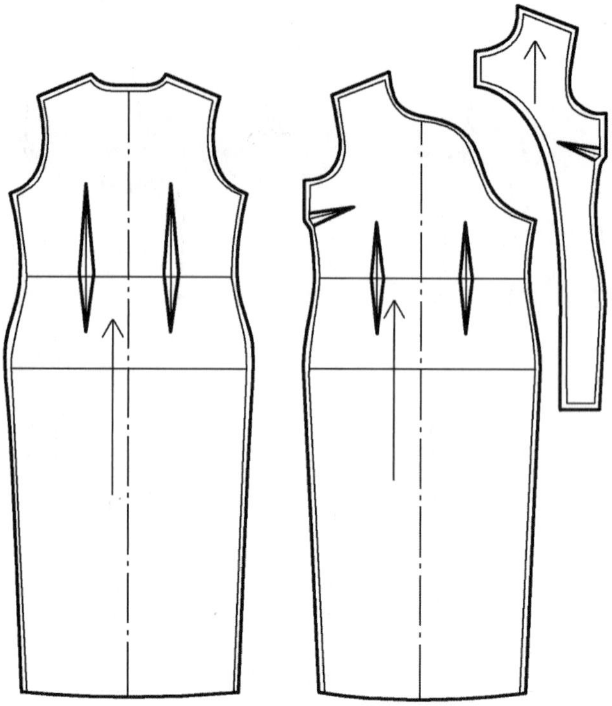

图 6-2-6　旗袍毛样图（里）

三、排料设计

（一）旗袍面料排料

图 6-2-7 为旗袍面料排料图，是按照旗袍毛样板（面）各部位对纱向的要求，在幅宽为 110 cm 的面料上，按照排料要求进行紧密套排。为了防止成品出现光泽度不一致的现象和色差现象，纱向线采用单箭头表示。领上口滚边取面料 45° 斜丝，宽度 4 cm，葡萄盘扣取面料 45° 斜丝，宽度 3.8 cm。

（二）旗袍里料排料

图 6-2-8 为旗袍里料排料图，是按照旗袍毛样板（里）各部位对纱向的要求，在幅宽为 110 cm 的里料上，按照排料要求进行紧密套排。为了防止成品出现光泽度不一致的现象和色差现象，纱向线采用单箭头表示。

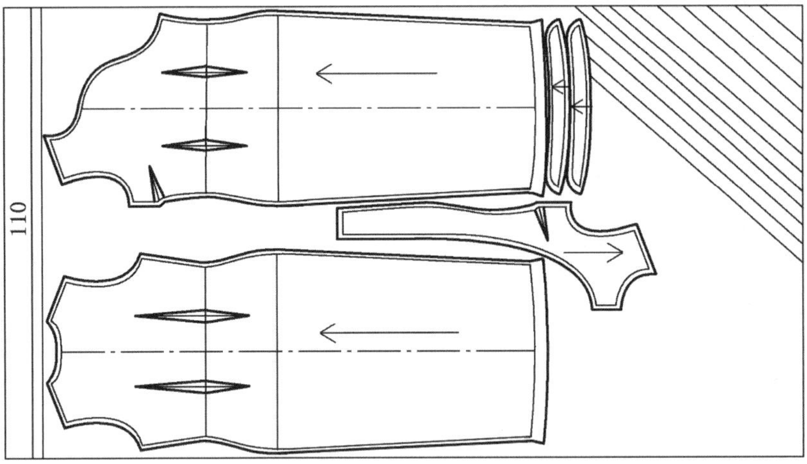

图 6-2-7　旗袍面料排料图

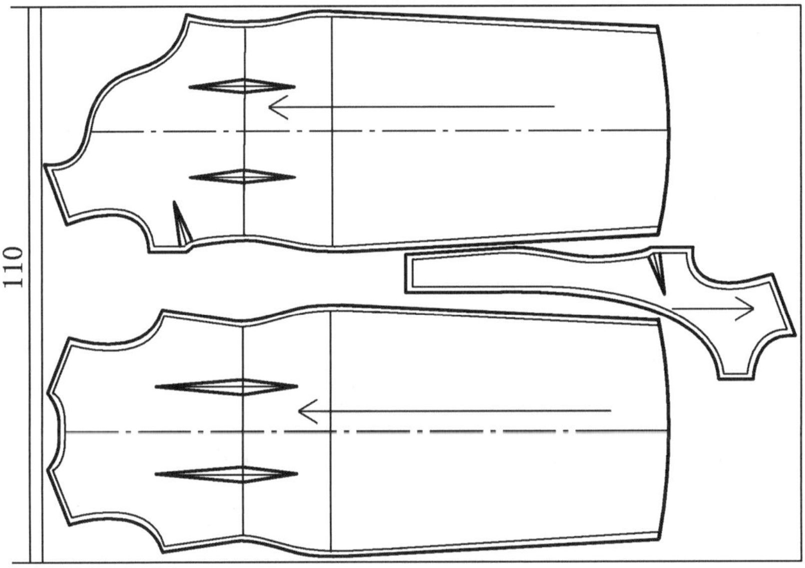

图 6-2-8　旗袍里料排料图

四、缝制工艺设计

（一）检查裁片

检查裁片数量，并在前后衣片、小襟、贴边的反面压衬（图 6-2-9）。

（二）裁剪斜条

用面料取 45° 斜丝裁 3 cm 宽斜条，做镶边条。同样取 45° 斜丝 2.5 cm 宽裁斜条，做葡萄扣（图 6-2-10）。

图 6-2-9　检查裁片

图 6-2-10　裁剪斜条

（三）缉省

在衣片反面按省位缉缝省道，注意省尖预留线头并打结固定（图 6-2-11）。

（四）烫省

把缉好省道的前后衣片反面向上，烫省。腰省向侧缝方向烫倒，腋下省向上烫倒（图 6-2-12）。

图 6-2-11　缉省

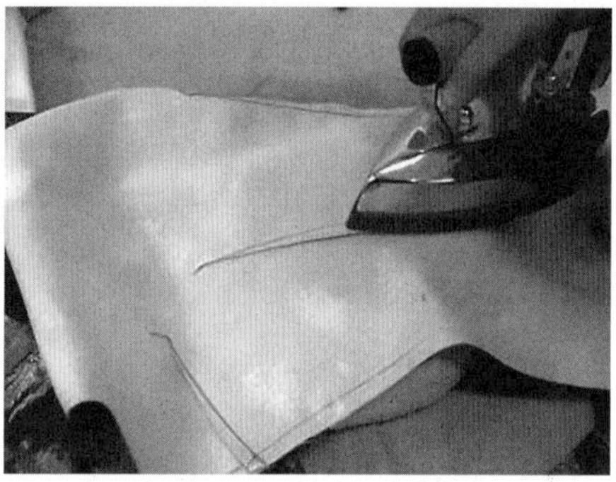

图 6-2-12　烫省

（五）做小襟

1. 缝合小襟与贴边

缉缝小襟面与里上的腋下省并向上烫倒，小襟面在上，小襟里在下，面与面相对，贴边面向上，夹在小襟面和里中间，对齐边缘按图 6-2-13 所示 A～C 线迹进行缝合。

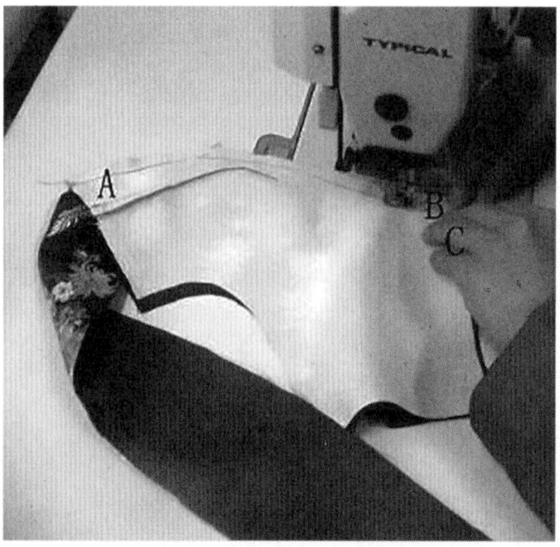

图 6-2-13　缝合小襟与贴边

2. 整烫小襟

弧线处的缝份打剪口，翻出小襟正面，烫平（图 6-2-14）。

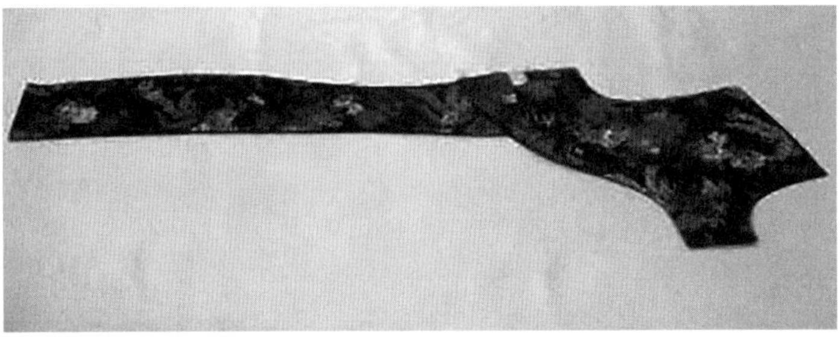

图 6-2-14 整烫小襟

（六）缝合前后衣片

1. 缉缝肩线

后衣片在下，前衣片在上，面与面相对，沿肩线按 1 cm 缝份缝合（图 6-2-15）。

2. 烫肩缝

将缉缝好的肩线分缝烫平（图 6-2-16）。

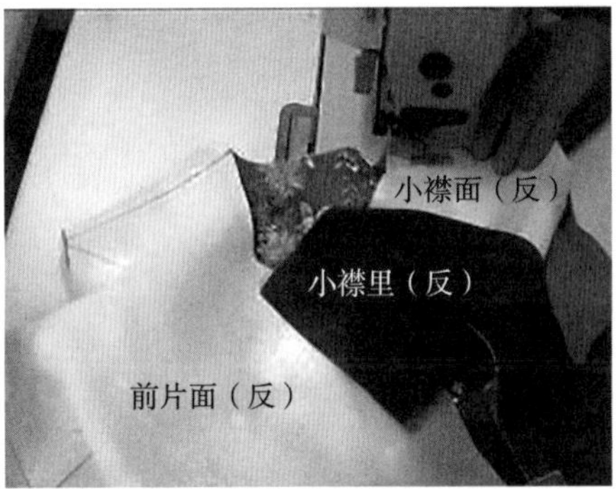

图 6-2-15 缉缝肩线

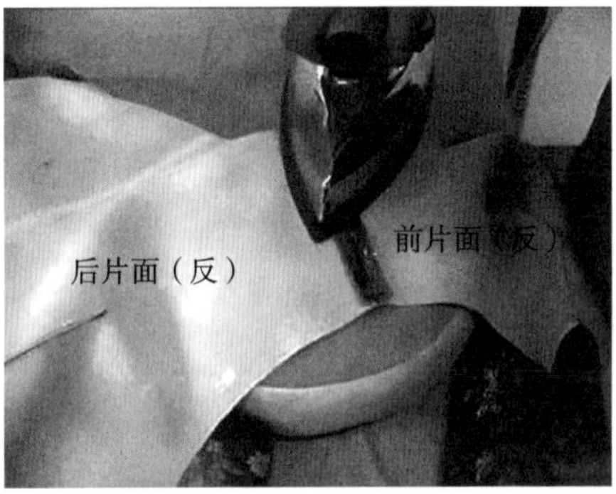

图 6-2-16 烫肩缝

（七）做领子

1. 准备滚边斜条

领外口线进行滚边装饰，需要裁剪 3 cm 宽的 45° 斜条，其中一条对接长度要大于领外口线长度，另外一条长度要大于领窝弧线加偏襟弧线的长度（图 6-2-17）。

2. 缝滚边

为了使滚边更有立体感，斜条对折以后中间要用单边压脚夹缝线绳（图 6-2-18）。

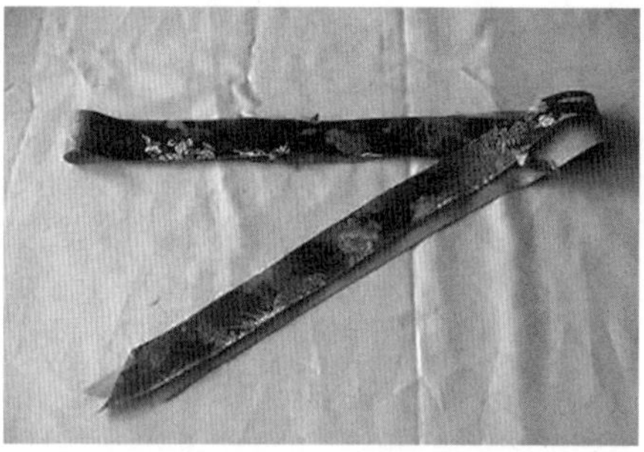

图 6-2-17 准备滚边斜条

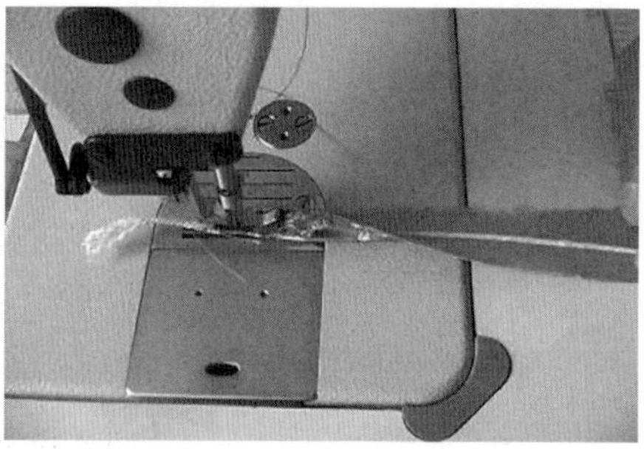

图 6-2-18 缝滚边

3. 绱滚边

领面按净缝线压烫树脂衬，然后把做好的滚边缉缝到领面的领外口线上。用单边压脚在领口到偏襟的弧线上绱滚边（图 6-2-19）。

4. 缉缝领里

领里在下，领面在上，面与面相对，缝合领上口线，注意要面松里紧（图 6-2-20）。

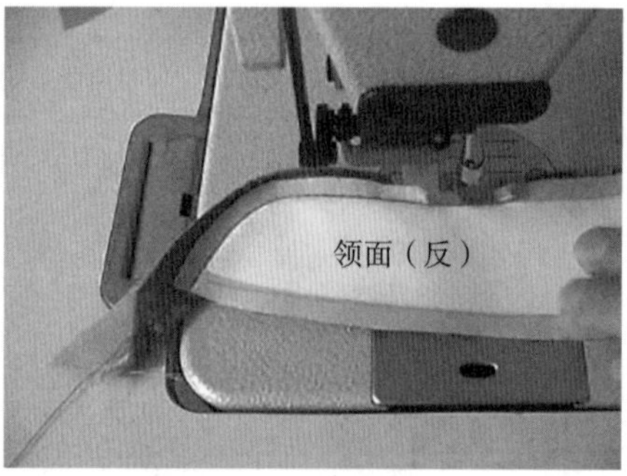

图 6-2-19 绱滚边

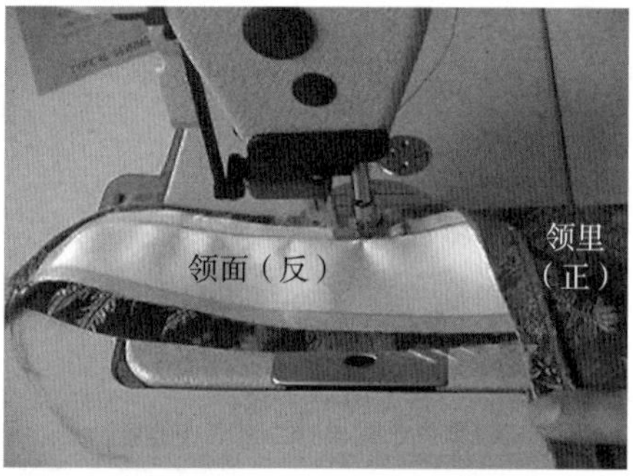

图 6-2-20 缉缝领里

5. 烫领子

翻出领子正面，烫平整，形成与人体颈部相吻合的弧度（图 6-2-21）。

图 6-2-21 烫领子